U0383002

大学生素质教育系列教材
国民素质教育培训系列教材

突发事件应对与安全教育

王威 徐军 主编
廖海波 潘洪涛 副主编

清华大学出版社
北 京

内 容 简 介

本书严格按照教育部关于“加强国民素质教育”的要求，结合社会突发公共事件应对和学校安全教育，具体介绍自然灾害类、事故灾难类、公共卫生类、社会安全类等突发事件及安全教育体系知识，并通过对重大突发事件的案例剖析，为学生提供各类突发事件的应对必备知识、求生技巧、安全培训，提升学生应对突发事件的能力。

由于本书具有知识系统、内容丰富、案例真实、贴近实际、操作性强、强化素质培养等特点，并注重各类突发事件的应对操作，因此本书既可以作为普通高校、高职高专及各类院校安全教育的首选教材，也可以作为各级基层政府管理者提升危机管理能力的学习教程，并为广大社区居民提供突发事件应对指导。

图书在版编目(CIP)数据

突发事件应对与安全教育/王威，徐军主编. --北京：清华大学出版社，2014
大学生素质教育系列教材　国民素质教育培训系列教材
ISBN 978-7-302-34776-7

Ⅰ.①突…　Ⅱ.①王…　②徐…　Ⅲ.①突发事件－处理－高等学校－教材　②安全教育－高等学校－教材　Ⅳ.①X4②X925

中国版本图书馆CIP数据核字(2013)第298510号

责任编辑：田在儒
封面设计：傅瑞学
责任校对：刘　静
责任印制：宋　林

出版发行：清华大学出版社
网　　址：http://www.tup.com.cn，http://www.wqbook.com
地　　址：北京清华大学学研大厦A座　　邮　　编：100084
社 总 机：010-62770175　　邮　　购：010-62786544
投稿与读者服务：010-62776969，c-service@tup.tsinghua.edu.cn
质 量 反 馈：010-62772015，zhiliang@tup.tsinghua.edu.cn
课 件 下 载：http://www.tup.com.cn，010-62795764
印 刷 者：三河市君旺印装厂
装 订 者：三河市新茂装订有限公司
经　　销：全国新华书店
开　　本：185mm×260mm　　印　张：15.75　　字　　数：357千字
版　　次：2014年3月第1版　　印　　次：2014年3月第1次印刷
印　　数：1～2500
定　　价：35.00元

产品编号：057193-01

教材编审委员会

序言

新中国成立以来，党和政府一直高度重视教育，特别强调要全面提高学生的综合素质。2001年6月，中共中央国务院《关于深化教育改革全面推进素质教育的决定》做了最为明确、准确的表述："实施素质教育就是全面贯彻党的教育方针，以提高国民素质为根本宗旨，以培养学生的创新精神和实践能力为重点，造就有理想、有道德、有文化、有纪律的德智体美劳全面发展的社会主义建设者和接班人。"

素质教育是以提高民族素质为宗旨的教育，它是依据《中华人民共和国教育法》规定的国家教育方针，着眼于受教育者及社会长远发展的要求，以面向全体学生、全面提高学生的基本素质为根本宗旨，以注重培养受教育者的态度、能力，促进他们在德智体美劳方面生动、活泼、主动地发展为基本特征的教育。

素质教育的内涵丰富，从定位角度来看，"素质教育的宗旨是提高国民素质，目标是培养德智体美劳全面发展的合格公民，灵魂是思想道德教育，重点是提高创新精神和实践能力"；从功能角度来看，"素质教育充分考虑人与社会发展的需要，尊重学生的主体地位、主动精神和个性差异，注重形成健全的人格"；从价值取向角度来看，"素质教育关注人的'能力、创造性、潜在竞争力、可持续发展'，并以促进学生的长远发展作为核心价值"。

目前，我国已进入全面建设小康社会，加快推进社会主义市场经济，加速现代化经济发展的关键时期。随着全球经济一体化进程的加快和科技进步的日新月异，随着改革开放和中国经济国际化发展的趋势，随着国家经济转型和产业结构调整，需要解决就业、择业、晋升、薪酬、竞争、恋爱、生理、心理、治安等社会问题，而解决这些社会问题的最根本和最好的办法，就是关注早期素质教育，加强综合素质培养。

21世纪，我国从计划经济体制转变为社会主义市场经济体制，经济增长方式从粗放型转变为集约型，而且正在实施"科教兴国"和"可持续发展"战略。我国要在21世纪激烈的国际竞争中处于战略主动地位，最大的问题就是解决好人的素质和人才问题。

国以才立，政以才治，业以才兴，素质是人才的根本，社会主义事业需要合格的建设者和可靠的接班人。人的实践需要人的主观能动性、创造性、自主性，现代化建设需要人的求实精神、开拓精神、无私奉献精神，社会主义市场经济需要人的创造力、应变力、竞争力、承受力。从根本上说，人的这种主体性、精神、能力都来源于人的素质，只有不断提高人的素质，才能推进人的全面发展，造就数以亿计的高素质劳动者、数以千万计的专门人才和一大批拔尖的创新创造型人才。

本系列教材根据《中华人民共和国教育法》规定的国家教育方针，全面贯彻党的素质教育要求，以高等院校、职业院校为主，兼顾企业、社区工作者和居民，属于通用型的素质教育培训教材。

本系列教材作为素质教育培训的特色教材，坚持以科学发展观为统领，力求严谨，注重与时俱进；在吸收国内外素质教育权威专家、学者的最新科研成果的基础上，融入了素质教育的最新教学理念；依照素质教育所设计的问题和施教规律，根据素质教育发展的新形势和新特点，全面贯彻国家新近颁布实施的有关素质教育的法律法规及管理规定；按照社会及企业用人的需求模式，结合解决学生就业及加强素质教育的实际要求；注重结合大学生遇到的各种问题，强化德智体美劳全面发展，突出培养创新精神和实践能力，并注重教学内容和教材结构的创新。

本系列教材的出版，对普及国民素质教育，创建和谐社会，帮助学生加强素质培养，提高竞争力，毕业后能够顺利就业具有特殊的意义。

编委会
2012年8月

前言

突发事件是指潜藏在人们社会生活中，且不可预测的各种各样的突然发生的事故，突发事件具有突发性、危害性、破坏性，对国家和人民生命财产构成了巨大威胁。近几年来，我国每年突发事件高达120万起，造成约20万人死亡、170万人(次)伤残、200多万户家庭陷入贫困，直接损失达3 000多亿元人民币。在上述伤亡人中，有相当多的人是因为不能及时避险或是不能得到及时有效的救治而受到伤害的。

《中华人民共和国突发事件应对法》第六条规定："国家建立有效的社会动员机制，增强全民的公共安全和防范风险的意识，提高全社会的避险救助能力。"培育全社会防范和应对突发公共事件的能力是降低突发事件危害程度的一个重要途径，也是政府危机管理的一项重要任务。为了提高公民突发事件的应对能力，促进公众学习突发事件应对知识，提高公众突发事件处置能力，教育部已将突发事件安全教育纳入国民素质教育体系中。

1996年，国家教委等7部委联合发文，决定将每年3月最后一周的星期一定为全国中小学生安全教育日。因为安全事故已经成为14岁以下少年儿童的第一死因，有专家指出，通过安全教育可以提高中小学生的自我保护能力，80%的意外伤害将可以避免。为了大力降低各类伤亡事故的发生率，切实做好中小学生的安全保护工作，一定要深入开展中小学安全教育工作。

学校是非传统性、非正常性、复杂性和破坏性的突发公共事件频频发生场所之一。面对日益频繁发生的突发公共事件，学校应该完善学生应对突发公共事件的教育体系，增强学生的应急能力与解决突发问题的能力，减弱和预防突发事件的破坏性和频发性，有力地维护校园安全稳定，促进改善民生，构建和谐发展社会。

本书作为大学生素质教育的特色教材，严格按照教育部关于"加强国民素质教育"的要求，结合大学生群体的实际特点，帮助大学生了解和掌握突发事件应对与安全教育的相关知识和操作规律，提高大学生的安全意识和突发事件应对能力，这既是保护大学生身心健康、关注其人生长远发展，也是本书出版的真正目的和意义。

全书共五章，以学习者素质培养为主线，坚持以科学发展观为统领，根据各种突发事件的特点、按照突发事件划分类型的逻辑规律，结合社会突发公共事件应对和学校安全教育，具体介绍自然灾害类、事故灾难类、公共卫生类、危险规避类、社会安全类等突发事件及安全教育体系知识，并通过对重大突发事件的案例剖析，为学生提供各类突发事件的应对必备知识、求生技巧、安全培训，提升学生应对突发事件的能力。

由于本书融入了素质教育最新的教学理念，力求严谨，注重与时俱进，具有知识系统、内容丰富、案例真实、贴近实际、操作性强、强化素质培养等特点，并注重各类突发事件与安全保护的应对操作，因此本书既可以作为普通高校、高职高专及各类院校安全教育的首选教材，也可以作为各级基层政府管理者提升危机管理能力的学习教程，并为广大社区居民提供突发事件应对指导。

本书由李大军进行总体方案策划并具体组织，王威和徐军主编，王威统改稿，廖海波、潘洪涛为副主编，由具有丰富的大学生安全教育实践经验的冯丽霞主审、温智复审。作者编写分工：牟惟仲（序言），廖海波（第一章），王威（第二章、第三章），徐军（第四章），潘洪涛（第五章），林玲玲、武岳、王若洪（附录）；华燕萍（文字修改和版式调整），李晓新（制作教学课件）。

在本书编写过程中，作者参阅了大量突发事件应对与安全教育的最新书刊、网站资料以及国家和教育部历年颁布实施的突发事件应对与安全教育的相关法规、通知文件及管理规定，收集了大量具有实用价值的典型案例，并得到了业界专家教授的具体指导，在此一并致谢。为了配合本书的发行使用，还提供了配套的电子课件，读者可以从清华大学出版社(www. tup. com. cn)免费下载。因作者水平有限，书中难免存在疏漏和不足，故恳请同行和读者批评指正。

编　者

2014 年 1 月

目录

第一章　突发事件概述

学习目的

掌握突发事件的基本知识点。

学习重点

学校各类易发突发事件的应对措施。

国际上，突发事件所对应的词语是 Emergency，广义的突发事件泛指一切突然发生的、危害人民生命财产安全、直接给社会造成严重后果和影响的事件，既包括由人为因素导致的突发事件，也包括由自然因素导致的突发事件。狭义的突发事件仅指突然发生的、具有较大规模的、严重危害国家政治、经济社会治安秩序安定的违法事件。

在 2006 年 1 月 8 日国务院发布的《国家突发公共事件总体应急预案》中，将突发事件定义如下：突然发生，造成或者可能造成重大人员伤亡、财产损失、生态环境破坏和严重社会危害，危及公共安全的紧急事件。

本章知识架构

（1）突发事件的特征及分级。
（2）剖析突发事件发生的原因。
（3）描述突发事件的处置原则和程序。

第一节　突发事件的特征及处置程序

一、突发事件的特征

一般来说，突发事件具有如下几个特征。

（一）突发性

突发性是突发事件最根本的特征，往往事件的爆发没有更多的先兆和预兆，出乎意料之外。新闻报道中涉及最多的是重大交通事故、生产事故、水灾、火灾、矿难等。带有很强的随机性，而且一旦爆发，蔓延迅速，很难控制。

（二）不确定性

突发事件的形成、发展和演变很难有一个特定的模式来供人们研究和应对，可以说有多少突发事件就有多少突发事件的发展模式和运行轨迹。

（三）危害性和灾难性

多数突发事件对当事人都具有危害性和灾难性。

（四）关注度

突发事件最能引起人们的关注和兴趣，自然也就是媒体最大的新闻源。当突发事件发生后，媒体的版面或时间都是围绕突发事件报道的。

（五）规模信息量

突发事件最重要的特征即单位事件爆发的信息量极大，尤其是在爆发初期，所以突发事件新闻报道往往具有先入为主的特征，即谁先抓住受众，谁就引导了舆论和设定了人们的“认知议程”。

二、突发事件的分类

（一）根据《中华人民共和国突发事件应对法》划分

根据《国务院办公厅关于做好2005年各类突发事件评估分析的通知》，突发事件通常分为自然灾害类、事故灾难类、公共卫生类、社会安全事件类4种。根据《中华人民共和国突发事件应对法》，突发事件是指突然发生、造成或者可能造成严重社会危害，需要采取应急处置措施予以应对的自然灾害、事故灾难、公共卫生事件和社会安全事件。

（1）自然灾害。其主要包括水旱灾害、台风、严寒、高温、雷电、灰霾、冰雹、大雾、大风等气象灾害，地震灾害，山体崩塌、滑坡、泥石流等地质灾害，风暴潮、海啸、赤潮等海洋灾害，重大生物灾害和森林火灾等。

（2）事故灾难。其主要包括矿山、石油化工、危险化学品、特种设备、旅游、建设工程、国防科技工业生产等安全事故，民航、铁路、公路、水运等交通运输事故，地铁、供电、供水、供气和供油等城市公共服务设施安全事故以及通信、信息网络生产安全事故，火灾事故，核与辐射事故，环境污染和生态破坏事故等。

（3）公共卫生事件。其主要包括传染病疫情、群体性不明原因疾病、食物安全和职业危害以及其他严重影响公众健康和生命安全的事件。

（4）社会安全事件。其主要包括危及公共安全的刑事案件、涉外突发事件、恐怖袭击事件、民族宗教事件、经济安全事件以及群体性事件等。

（二）根据预警划分

1. 蓝色等级（Ⅳ级）

预计将要发生一般（Ⅳ级）以上突发公共安全事件，事件即将临近，事态可能会扩大。

2. 黄色等级（Ⅲ级）

预计将要发生较大（Ⅲ级）以上突发公共安全事件，事件已经临近，事态有扩大的趋势。

3. 橙色等级（Ⅱ级）

预计将要发生重大（Ⅱ级）以上突发公共安全事件，事件即将发生，事态正在逐步扩大。

4. 红色等级（Ⅰ级）

预计将要发生特别重大（Ⅰ级）以上突发公共安全事件，事件会随时发生，事态正在不断蔓延。

（三）根据处置方式划分

根据处置方式，突发事件分四级处置。

1. 一般突发公共事件（Ⅳ级）

一般突发公共事件是指突然发生，事态比较简单，仅对较小范围内的公共安全、政治稳定和社会经济秩序造成严重危害或威胁，已经或可能造成人员伤亡和财产损失，只需要调度个别部门或区县的力量和资源就能够处置的事件。

2. 较大突发公共事件（Ⅲ级）

较大突发公共事件是指突然发生，事态较为复杂，对一定区域内的公共安全、政治稳定和社会经济秩序造成一定危害或威胁，已经或可能造成较大人员伤亡、较大财产损失或生态环境破坏，需要调度个别部门、区县的力量和资源进行处置的事件。

3. 重大突发公共事件（Ⅱ级）

重大突发公共事件是指突然发生，事态复杂，对一定区域内的公共安全、政治稳定和社会经济秩序造成严重危害或威胁，已经或可能造成重大人员伤亡、重大财产损失或严重生态环境破坏，需要调度多个部门、区县和相关单位的力量和资源进行联合处置的紧急事件。

4. 特别重大突发公共事件（Ⅰ级）

特别重大突发公共事件是指突然发生，事态非常复杂，对北京市公共安全、政治稳定和社会经济秩序带来严重危害或威胁，已经或可能造成特别重大人员伤亡、特别重大财产损失或重大生态环境破坏，需要市委、市政府统一组织协调，调度首都各方面的资源和力量进行应急处置的紧急事件。

三、突发事件的处置程序

由于突发事件所处的具体环境和条件不同，每一事件的特殊矛盾、规模、程度、性质和后果不同，卷入事件的群众情况不同，因而处置的办法和程序也不同。但是，无论其状况如何，一般来说，都要经过以下6个程序，每一个程序又各有一些需要注意的事项和处置策略。

（一）控制事态

当突发事件发生后，领导者迅速控制事态是处置事件的第一步。事件的突发性，要求处置工作必须突出一个“快”字。快速出动是把突发事件控制在最小范围、消灭在萌芽状态的重要保证。要快速发现、快速报告，快速出动、快速到位，快速展开、快速介入，以便抓住先机，争取主动。要尽快控制事态发展，领导者可以根据具体情况成立临时专门机构。

例如，在处置突发事件的过程中，可以把所辖机构分成突发事件决策机构和处置机构两部分，决策机构及其人员主要是对事件发展情况进行预测，制定处置事件的策略和步骤，对全面工作进行指导；处置机构及其人员负责掌握动向、反馈信息、贯彻决策机构意图、对事件进行具体处置。把决策层和执行层分开，有利于各司其职、各负其责。

领导者控制事态的策略表现在如下几个方面。

1. 要迅速隔离险境

当出现灾害事故类突发事件时，为了确保社会及公众的生命财产不受损失或少受损失，应采取果断措施，迅速隔离险境，力争把突发事件和重大事故所造成的损失降低到最低限度，为恢复正常状态提供保证。

2. 转移群众的注意力

一般来说，每次群体性突发事件中，群众的注意力都会集中在一两个敏感、热点问题上，在这种情况下，转移群众的注意力，对于控制事态是十分有利的。可以通过说服诱导，寻找双方利益的交汇点，使群众对党和政府的主张产生认同；可以从群众的角度出发，承认某些可以理解和合理的方面，做出无损于实质的让步或许诺；还可以运用归谬法引导事件的参与者意识到最终可能出现的双方都不愿意看到的不良后果，使大多数人恢复理智，同时找出解决问题的正确途径和方法。

3. 进行强制性干预

在解决突发事件的过程中，政府的强制性干预是十分必要的。面对突发事件，“政府中枢决策系统就必须享有发号施令的权威，并且可以制定和执行带有强制性的政策”。

因为在突发事件状态下，每一个人的信息量毕竟是有限的，某些群众和个别领导者还会处于一种非理性状态，同时决策也会遇到各方面的阻力，其风险性使得任何意见都难以像常规情况下那么容易达成妥协和统一，因此，依靠领导权威、推行强制性的决策是唯一的选择。这样做的目的在于迅速而有效地遏制事态的扩大、升级、蔓延。

（二）调查研究

当突发事件得到初步控制以后，领导者应马上进入第二阶段，即组织力量开展调查研究。对突发事件的调查，在内容上，强调针对性和相关性，查明事件发生的时间、地点、背景、人员伤亡、财产损失、事态发展、控制措施、相关部门和人员的态度以及公众在事件中的反应；在方法上，强调灵活性和快速性。

调研过程中，应广泛收集和听取事件参与者、目睹者的意见、反映和要求，从中分析事件的性质和因由；要与事件的参与者正面接触，尽量抓住事件的薄弱环节和暴露之处进行调查，以利于发现问题。一般来说，目睹者观察和提供的情况，是较为客观和准确的，因为其与事件没有直接的利害关系，能够客观公正地分析和反映情况，为领导者制定对策提供可靠依据。根据调查来的情况，找出突发事件发生的因果联系，把握主要问题，就可以为确定事件的性质打下基础。

（三） 制定对策

通过调查研究，对事件的来龙去脉和性质予以确定之后，应迅速会同有关职能部门，进行分析讨论，制定相应的对策。制定对策须注意以下 3 个方面的问题。

(1) 对策必须具有可行性，且能在现有条件下付诸实施。

(2) 对策应充分考虑到可能出现的各种情况和问题，做多种准备，不能简单从事。

(3) 重视专家的意见，因为突发事件的出现，有时是在领导者不太熟悉的领域，而专家对自身涉及领域的问题有专门的知识和经验，专家的意见可以弥补领导者知识和经验的不足，特别是在事态基本得到控制的情况下，制定对策更应该重视专家的意见。

总之，突发事件的处置，对领导者素质和能力的要求特别高，不允许决策出现失误和漏洞，也不允许在执行过程中软弱无力。领导者在抓主要矛盾的同时，应注意总体配合，综合治理，以便尽快解决问题。

（四） 贯彻实施

经过前 3 个阶段的准备工作，在贯彻实施阶段，领导者应动员社会力量有序参与。面对灾害类以及恐怖动乱类突发事件，在一个开放、分权和多中心治理的社会，没有社会力量的参与是不可想象的。社会力量的参与，可以缓解突发事件在公众中产生的副作用，使公众了解真相，打消恐惧，起到稳定社会、恢复秩序的作用。

突发事件造成的最大危害在于社会正常秩序遭到破坏并由此带来社会公众心理上的脆弱，所以，保持稳定的社会秩序和原有的社会运行轨迹、提高公众心理承受能力是首要的选择。要尽可能保证社会公共生活的正常运转，尽可能避免突发事件进一步造成更大的公众心理伤害。对于社会性突发事件，领导者要公开表明立场，恳切地道出自己的希望和担心，这样可以增加社会公众的信任感，使感情距离拉近。诚实的态度容易赢得社会公众的尊重，减轻他们的恐慌心理，有助于尽快解决问题，恢复正常的工作和生活秩序。

（五） 评估总结

突发事件解决后，领导者要对整个事件的过程进行评估。

(1) 注意从社会效应、经济效应、心理效应和形象效应等方面评估有关措施的合理性和有效性，并实事求是地撰写出详尽的突发事件处置报告，为以后处置类似的事件提供参照。

(2) 认真分析突发事件发生的原因，反思工作中的不足。如果是组织机构设置有问题，那就重新建立健全的预防突发事件的运行机制，堵塞漏洞；如果是政策有问题，就应重新调整政策；如果是干部工作作风有问题，就要从克服官僚主义、改进工作作风入手，想人民之所想，急人民之所急，以得到群众的理解和支持；如果是领导者政治敏锐性差，就应严肃纪律，让应当承担责任的人承担必须承担的责任。要通过评估反思，切实改进工作，努力消除各种不安定因素，从根本上杜绝类似突发事件的发生。处置突发事件的善后工作做好了，才能说该事件圆满解决了。

（六）重塑形象

即使领导者采取积极有效的措施处置了突发事件，政府的形象也仍然有可能受到一定的负面影响。因此，在突发事件过后，领导者要采取一定措施，进一步完善管理体制，调整组织机构使之更精干、更有工作效率，与此同时，还要以诚实和坦率的态度安排各种交流活动，加强与社会公众的沟通和联系，及时告知其突发事件后的新局面、新进展，消除突发事件带来的形象后果，恢复或重新建立政府的良好声誉和美好声望，再度赢得社会的理解、支持与合作。

四、突发事件的处置原则

根据国内外处置突发事件的理论与实践，处置突发事件应遵循以下原则。

（一）救治第一原则

不管是什么类型的突发事件，首先要保护人民的生命安全。应将媒体报道和公众反应首先集中于对伤亡人员的救助，而不是领导人的活动、缉拿罪犯、防范措施等，这样有利于号召和动员公众支持政府，参与救援活动，是在特殊情况下增强社会凝聚力和得到公众支持的必然选择。

（二）把握主要矛盾原则

任何突发事件都有一个牵动全局的主要矛盾，把握主要矛盾，并采取适当的措施予以解决和转化，是解决突发事件的根本之所在。因此，领导者应注意全面地认识事件的各种现象，潜心分析各种现象间和现象背后的因果联系，要在把握各种联系的基础上，通过一一过滤、比较和筛选，认准制约整个事件的主要矛盾，从而找到整个事件的“总闸门”。对于自然灾害类突发事件，要全力抓住薄弱环节和关键部位，控制火头和水源；对于社会政治类突发事件，必须全力控制和解决首要人物。

（三）重视信息传播原则

当突发事件出现以后，为了求得公众的深入理解和全面谅解，必须向广大公众传播有关准确信息，从而通过信息控制舆论导向。封锁消息是无益的，只能让谣言制造混乱。

（四）协调作战原则

突发事件的复杂性和综合性，要求处置手段必须借助合力，任何一起突发事件都会涉及社会各领域、各行业、各层面，如交通、通信、医疗服务、消防等。当突发事件发生时，只有在领导的统一指挥下，各有关部门协同配合，才能准确、全面地把握突发事件的性质和症结，及时形成和贯彻科学的决策，迅速控制事件的发展。

（五）科学处置原则

科学处置主要针对那些因工业技术而引起的灾害以及由自然灾害而造成的事件，如台风、火灾、飞机失事等。对于突发事件在处置中一定要注意科学性、技术性，多征求特定技术领域内专家的意见，不能蛮干。

第二节　学校突发事件概述

学校是教书育人的场所，学校的安全稳定是开展教学、培养人才的前提基础。随着社会经济的发展，一些社会深层次的矛盾会不断显现，可能引发一些校园突发事件。

学校是学生集中学习和居住的地方，自然灾害会造成人数众多的伤亡，学校师生的生命财产安全将直接关系到社会的稳定和发展。因此，必须最大限度地减少突发事件对学生造成的伤害，为学生成长提供良好的环境。

一、学校突发事件的分类及原因

（一）分类

1. 特别重大

特别重大突发事件主要是指地震、洪涝、台风等自然灾害和地质灾害，这种灾害可能给师生的生命财产带来毁灭性和极为重大的损失。

2. 重大

重大突发事件主要是指火灾、爆炸、踩踏和交通事故等事故性灾难，这种事故性灾难可能给师生生命和财产带来重大损失。

3. 较大

较大突发事件主要是指传染病疫情、群体性不明原因疾病，食物中毒、水污染等公共卫生事件。这种公共卫生事件会给师生带来较大的损失。

4. 一般

一般突发事件主要是指群体性事件、治安事件等，这种突发事件可能给师生带来一定的危害。

（二）校园突发事件的特点

校园是人员密集、活动频繁且生活工作环境复杂的场所，由于学生的身心尚未成熟，因此决定了校园突发事件的必然性和高发性。校园风险既有其他领域的一些共性又有其自身的特点。

(1) 特殊性。青少年天生活泼好动,安全管理难度较大,且其认知水平低,防范能力差,极易发生伤害事故。

(2) 广泛性。校园生活涉及师生活动交往的各个环节。每一个环节、每一时刻都存在安全问题,防范较难。

(3) 细微性。校园的安全隐患往往是由于某一环节的疏忽或某一程序的不规范造成的。如某一栏杆高度不够、蔬菜加工没烧透、门卫没认真检查、门窗没及时关闭、电线没及时更换、心理问题没有及时矫正等。一些细小失误极易导致事故的发生。

(4) 潜在性。事故的发生有时存在侥幸心理,如对事故的隐患重视不够、教育宣传不够、对发生隐患及时处理不够等。意识上麻痹、思想上放松、行为上粗略,是最大的潜在隐患。

(三) 突发事件发生的原因

由于学校设备设施不规范和管理不到位,形成诸多安全隐患,以致发生安全事故,造成对学生的伤害。究其原因,主要有如下两方面。

1. 地方政府责任缺失

地方政府责任缺失表现在急功近利,搞形象工程、德政工程等挤占、挪用、截留教育经费,造成对教育的投入逐年减少。校园现有的D级危房、劣质房改造任重道远,每年又有不少新增的危房,严重威胁师生人身安全和财产安全,不少学校的围墙、栏杆、饮用水、设备设施离国家质量标准有差距,且存在较大的安全隐患,造成校舍倒塌、食物中毒、校园火灾、疾病流行等大大小小的许多安全事故;其次是校园周边环境治理不力。

部门相互推诿,没形成合力,治理效果差,校园周边涉及学校的治安、交通、卫生问题依然存在,社会闲杂人员,流氓黑恶侵害师生合法权益和食品卫生危及师生生命安全的恶性事故时有发生。

2. 教育行政部门和学校安全管理较为薄弱

管理机构不健全,认识不到位,人员不落实,经费不能保证;安全制度上有漏洞,执行不力、督察不实;隐患排查整治没落到实处;教师工作责任心不强,教育方法不当;安全教育流于形式,不仅造成师生的安全意识不强,防范能力较低,而且还导致学生意外伤害事故增多。

二、学校突发事件的处理程序

(一) 处理程序

(1) 当发生学生伤害事故时,学校应及时救助受伤害学生,并应及时告知未成年学生的监护人;有条件的,还应采取紧急救援等方式救助。

(2) 当发生学生伤害事故时,情形严重的,学校应及时向主管教育行政部门及有关部门报告;属于重大伤亡事故的,教育行政部门应按照有关规定及时向同级人民政府和上一级教育行政部门报告。

（3）学校的主管教育行政部门应学校要求或者认为必要时，可以指导、协助学校进行事故的处理工作，以尽快恢复学校正常的教育教学秩序。

（4）当发生学生伤害事故时，学校与受伤害学生或者学生家长可以通过协商方式解决；若双方自愿，可以书面请求主管教育行政部门进行调解。成年学生或者未成年学生的监护人也可以依法直接提起诉讼。

（5）当教育行政部门收到调解申请后，认为必要的，可以指定专门人员进行调解，并应在受理申请之日起60日内完成调解。

（6）经教育行政部门调解后，双方就事故处理达成一致意见的，应在调解人员的见证下签订调解协议，结束调解；在调解期限内，若双方不能达成一致意见，或者调解过程中一方提起诉讼，人民法院已经受理的，应终止调解。调解结束或者终止，教育行政部门应书面通知当事人。

（7）对经调解达成的协议，一方当事人不履行或者反悔的，双方可以依法提起诉讼。

（8）事故处理结束，学校应将事故处理结果书面报告主管的教育行政部门；重大伤亡事故的处理结果，学校主管的教育行政部门应向同级人民政府和上一级教育行政部门报告。

（二）事故损害的赔偿

（1）对发生学生伤害事故负有责任的组织或者个人，应当按照法律法规的有关规定，承担相应的损害赔偿责任。

（2）学生伤害事故赔偿的范围与标准，应按照有关行政法规、地方性法规或者最高人民法院司法解释中的有关规定确定。教育行政部门进行调解时，认为学校有责任的，可以依照有关法律法规及国家有关规定，提出相应的调解方案。

（3）对受伤害学生的伤残程度存在争议的，可以委托当地具有相应鉴定资格的医院或者有关机构，依据国家规定的人体伤残标准进行鉴定。

（4）学校对学生伤害事故负有责任的，根据责任大小，应适当予以经济赔偿，但不承担解决户口、住房、就业等与救助受伤害学生、赔偿相应经济损失无直接关系的其他事项。学校无责任的，如果有条件，可以根据实际情况，本着自愿和可能的原则，对受伤害学生给予适当的帮助。

（5）因学校教师或者其他工作人员在履行职务中的故意或者重大过失造成的学生伤害事故，学校予以赔偿后，可以向有关责任人员追偿。

（6）未成年学生对学生伤害事故负有责任的，由其监护人依法承担相应的赔偿责任。学生的行为侵害学校教师及其他工作人员以及其他组织、个人的合法权益，造成损失的，成年学生或者未成年学生的监护人应当依法予以赔偿。

（7）根据双方达成的协议、经调解形成的协议或者人民法院的生效判决，应当由学校负担的赔偿金，学校应当负责筹措；学校无力完全筹措的，由学校的主管部门或者举办者协助筹措。

（8）县级以上人民政府教育行政部门或者学校举办者有条件的，可以通过设立学生伤害赔偿准备金等多种形式，依法筹措伤害赔偿金。

（三）事故责任者的处理

(1) 发生学生伤害事故，学校负有责任且情节严重的，教育行政部门应当根据有关规定，对学校的直接负责的主管人员和其他直接责任人员分别给予相应的行政处分；有关责任人的行为触犯刑律的，应当移送司法机关依法追究刑事责任。

(2) 学校管理混乱，存在重大安全隐患的，主管的教育行政部门或者其他有关部门应当责令其限期整顿；对情节严重或者拒不改正的，应当依据法律法规的有关规定给予相应的行政处罚。

(3) 教育行政部门未履行相应职责，对学生伤害事故的发生负有责任的，由有关部门对直接负责的主管人员和其他直接责任人员分别给予相应的行政处分；有关责任人的行为触犯刑律的，应当移送司法机关依法追究刑事责任。

(4) 违反学校纪律，对造成学生伤害事故负有责任的学生，学校可以给予相应的处分；触犯刑律的，由司法机关依法追究刑事责任。

(5) 受伤害学生的监护人、亲属或者其他有关人员，在事故处理过程中无理取闹，扰乱学校正常教育教学秩序，或者侵犯学校、学校教师或者其他工作人员的合法权益的，学校应当报告公安机关依法处理；造成损失的，可以依法要求赔偿。

三、学校突发事件的分类及防范措施

（一）交通伤害事故与防范应急措施

1. 案例

2005 年 11 月 14 日凌晨，山西沁源第二中学学生出早操时，一辆拉煤车冲入学生队伍，造成 21 人死亡、18 人受伤的重大交通事故。

2005 年 3 月 8 日，山东省临沂市经济技术开发区芝麻墩民办“小神童”幼儿园一辆经过非法改装的金杯牌面包车，在运送 22 名师生离园回家途中发生重大事故，造成 12 名儿童死亡、5 人受伤。

2005 年 8 月 8 日，山东济南银座双语幼儿园 5 岁儿童吴梓被接送孩子的两位老师及司机遗忘在封闭的班车上达 9h 后困死。

2007 年 5 月 12 日 9 时，山东省曹县某幼儿园驾驶员李学兵驾驶面包车（未经年审，没有接送学生的专门标识）和王成到曹县苏集镇接 4 名幼儿后，至一个十字路口重新启动车辆时，车内突然起火。李学兵在救出两名幼儿后，没有积极抢救车内后座的幼童张某（男，6 岁）、张某某（男，5 岁），反而和王成慌忙逃离了现场，并隐瞒真相欺骗周围群众，谎称车内已没有儿童，致使两名幼童被烧死。

2. 防范与应急措施

(1) 经常对学生进行乘机动车、乘火车、乘船和骑自行车等的出行安全知识教育。

(2) 教育学生坚决不乘坐有安全隐患的车辆。

(3) 严禁学生在道路上跑步上操。

(4) 严禁出租学校场地做停车场。

(5) 集体出行要制订应急预案,责任到人,以确保安全。

(6) 定期检测校车,有安全隐患坚决停运。

(7) 一旦发生事故,立即拨打110、120、122请求救援。

(二)溺水伤害事故与防范应急措施

1. 案例

2007年9月26日13时20分,河南省驻马店市上蔡县芦岗乡麦仁村7名小学生结伴上学,途经村南500m处一废弃砖窑厂积水坑时,因戏水玩耍,不慎滑入水中,7名学生全部溺水死亡。

2008年2月13日,昭通市昭阳区守望乡一小学的8名3~5年级的学生,在守望乡卡子村土锅塘村的闸塘上溜冰,冰面突然发生破裂,8名小学生全部落水。其中,4名稍大的孩子奋力爬上冰面得以逃生,另外4名溺水死亡。

2006年6月7号下午,海南省昌江县乌烈镇发生学生溺水事故。乌烈镇第一小学22名学生在上课时间里擅自离开学校为同学亲属送葬,下午没有返回学校,而是去了附近的昌化江玩耍,结果造成8名女孩溺水身亡。该镇中心校长、副校长和第一小学校长3人被免职。

2007年暑期,山东省菏泽市牡丹区一名四年级学生到开发区走亲戚,表弟带表哥到河边玩耍,两人下河洗澡,表弟被水冲走,表哥急忙施救,表弟牢牢抓住表哥双臂,致使表哥几乎动弹不得,导致两人双双溺水身亡。

2. 防范与应急措施

(1) 经常对学生进行防溺水教育。

(2) 教育学生不到陌生水域游泳。

(3) 教育学生不在冰面玩耍。

(4) 发现有人溺水要呼唤成人施救,不要做力所不及的抢救,以免扩大伤害。

(5) 发现有人溺水,应及时拨打电话求救。

(三) 火灾伤害事故与防范应急措施

1. 案例

1994年12月8日下午,新疆维吾尔自治区教委"两基"(基本普及九年义务教育,基本扫除青壮年文盲)评估验收团到克拉玛依市检查工作,克市教委组织中小学生在友谊馆为验收团举行汇报演出,部分中小学生、教师、工作人员、验收团成员及当地领导共796人到馆内参加活动。当日16时20分左右,由于舞台上方7号光柱灯烤燃附近纱幕,引起大幕起火,火势迅速蔓延,约1min后电线短路,灯光熄灭,剧厅内各种易燃材料燃烧后产生大量有毒有害气体,致使众人被烧或窒息,伤亡极为惨重。共死亡325人,其中小学生288人,干部、教师及工作人员37人,受伤住院130人。

2001年6月5日,江西广播电视艺术幼儿园发生火灾,13名3~4岁的幼儿在火灾中丧生。

2007年3月30日上午，四川省宜宾市城区南岸某小学组织学生春游，10时许，小芳等8个女生准备吃火锅，由于火候不好，有人拿酒精给她们烧锅。“陈老师上前看火时，一脚踢倒了装酒精的瓶子，酒精洒出后迅速燃烧，火苗蹿起，将围在锅边的小芳等3人烧伤。”小梅伤势最重，全身烧伤面积达40%。

2007年4月2日21时10分，内蒙古自治区呼伦贝尔市莫旗欧肯河农场中心学校宿舍发生火灾，有两名小学生(分别为一年级和三年级)在起火后躲在床板下，错过了救援时机而死亡，其他学生被安全疏散。火灾系学生在熄灯后点燃蜡烛不慎引燃床铺造成。

2. 防范与应急措施

(1) 经常排查消防安全隐患并及时消除。

(2) 教会学生正确使用灭火器灭火。

(3) 教育学生一旦发现火情，要有秩序地疏散，严防拥挤踩踏。

(4) 严禁学生在宿舍内使用明火。

(5) 配足配齐灭火器材和应急灯、逃生标志。

(6) 每校每年至少搞一次消防逃生演练。

(7) 牢记火警电话119，发现火情立即报警。

(四)中毒伤害事故与防范应急措施

1. 案例

2006年4月4日中午，苍南县民族中学和苍南县大观中心辅导小学的学生放学后，在校门口一街边小吃摊吃了牛肉羹。13时许，两所学校的30多名学生突然出现不良症状，被医院确定为食物中毒。

2007年12月4日晚，山西省临汾市蒲县蒲城镇南曜村教学点6名小学生突然死亡。后经公安部门检测结果表明，6名小学生突然死亡原因为一氧化碳中毒。南曜村教学点学生宿舍是一间大房子，中间用木板隔成两间，一间住学生，一间放有一台3 000W的发电机。4日晚，发电机开机发电，由于木板封闭不严，发电机工作过程中排放的一氧化碳传入学生宿舍，致学生中毒而死。

2006年4月11日，四川省凉山宁南县俱乐乡中心校放学后，3名学前班学生在校外小卖部买到含有毒鼠强的果冻分食，两人死亡，一人受伤。

2006年9月12日，山东单县一民办寄宿制小学早晨做的小米饭未卖完，中午加温后再卖给学生，仍未卖完，到晚饭时又继续卖给学生，导致51名学生发生呕吐、腹痛等食物中毒现象。

2007年9月，山东巨野县某中学炒豆角时未炒熟，导致大量皂角素产生，学生食用6h后，近百人发生不良反应。当时，校内一片混乱，接近失控。

2. 防范与应急措施

(1) 经常对学生进行食品安全教育。

(2) 教育学生自觉不购买零售摊点特别是流动摊点出售的“三无”食品。
(3) 加强学校食堂管理，校领导要经常深入食堂检查工作，发现问题应及时处理。
(4) 建议学校食堂不出售易产生皂角素的蔬菜。
(5) 建议学校食堂春节后不再出售土豆菜。
(6) 教育学生远离毒品，坚决拒绝吸食毒品。
(7) 煤炉取暖要安装烟囱弯头，防止煤气中毒。
(8) 教育学生防止农药中毒和农药污染物中毒。

(五) 暴力伤害事故与防范应急措施

1. 案例

2008 年 11 月 27 日晚 18 时 55 分左右，阜南县铸才中学初三学生邢某某与同班同学鲍某某在教室内打闹，互勒脖子，导致邢某某出现生命危险，立即被学校送往该县中医院抢救，后因抢救无效死亡。公安机关初步调查认定，邢某某死亡系鲍某某所致。

2007 年 4 月 12 日，曹县某中学初二学生发生矛盾，双双约定当晚在茶水房边“较量”。甲生瘦小担心吃亏，特地准备了一把尖刀；乙生自恃身强力壮，未加防范，结果被甲生一刀刺破肝脏，经抢救无效于当晚死亡。

2004 年 8 月 5 日，北京大学第一医院幼儿园发生了一起持刀行凶事件，共有 15 名儿童和 3 名教师被人砍伤，虽经医院全力抢救，但仍有一名儿童因为伤势过重死亡。

2005 年 4 月 5 日 17 时 30 分左右，横县横州镇第二初级中学初三年级学生陆江俭(男，1988 年 11 月出生)在食堂打饭时，因插队和同年级同学梁大勇(男，1988 年 8 月出生)发生争吵，随后陆江俭和同年级不同班的陆亮、宁国思、卢锦昌、甘宁生共 5 人到梁大勇宿舍争吵，在争打过程中梁大勇用刀捅伤陆江俭，梁大勇也受伤，学校知情后立即把受伤学生送进县人民医院抢救，陆江俭于 6 时 30 分左右抢救无效死亡。

2. 防范与应急措施

(1) 定期邀请法制副校长到校做法制教育报告，每学期至少一次。
(2) 定期收缴管制刀具，每学期一次。
(3) 教育门卫切实履行好职责，严格检查登记制度，把好学校安全第一关。
(4) 选择一个暴力伤害典型案例，条分缕析，讲清危害，以达到警示教育的目的。
(5) 严禁教师体罚和变相体罚学生。
(6) 一旦发生暴力事件，一定要想办法救人。

(六) 倒塌伤害事故与防范应急措施

1. 案例

1998 年 4 月 29 日，江苏省灌南县长茂镇耿冯小学 12 岁的学生冯盼盼在校园内旗杆下玩耍时，由于旗杆上端固定的铁栓脱落，致使旗杆倒下，将冯盼盼的右手砸伤。经连云港市第一人民医院诊断为右手食指近指节中段缺失，中指近指节骨折，灌南法院法医鉴定为七级伤残。灌南县法院判令耿冯小学赔偿学生冯盼盼医疗费、营养费、护理费、残疾补助费等共计 16 095 元。

2001 年夏天，河南巩义李小黑与其亲戚杨妮商量，用杨妮家的房子开办幼儿园，经同意后，在未办理任何手续的情况下私自开办了蒲公英幼儿园，后被教育部门责令停止开办，李小黑拒不执行，且仍在明知幼儿园周围建筑设施陈旧，长期无人管理、居住的情况下，不采取必要的安全防护措施，致使 2003 年 8 月 27 日 9 时许，发生幼儿园南墙倒塌，砸死 7 人，砸伤 4 人的重大事故。

2005 年 9 月 12 日，广州天河区某学校初一(3)班学生上课时，教室内一正在运转的吊扇掉下来，4 名同学被击中，其中一名学生后脑受伤，缝合了 14 针，并留下了头痛、呕吐等后遗症。

2002 年 8 月 25 日，山东鄄城李进士堂乡石楼小学校舍杨木梁因腐朽断裂，导致校舍倒塌，砸死一人，砸伤 9 人。

1999 年 4 月，山东定陶县张湾乡中学一学生宿舍木梁上立柱断裂，砸死一人。

2. 防范与应急措施

(1) 要经常检查校舍及设施，发现危险应及时维修。学校无力维修的要报告政府。

(2) 无论何时何地，只要发现险情，要先把学生转移到安全地带，再报告上级。

(3) 坚决不使用 D 级危房。

(4) 教育学生远离 B、C 级危房。

（七）踩踏伤害事故与防范应急措施

1. 案例

2006 年 11 月 18 日，江西省九江市都昌县土塘中学带班老师集中在办公室批改期中考试卷。该校初一年级几百名学生上完晚自习后，有学生下至二楼与一楼拐弯处被后面学生挤倒，后面下楼的学生见状惊恐万分、蜂拥下楼欲逃，学生挤在狭窄的楼梯拐弯处，互相挤踏，导致 5 男 1 女共 6 名学生死亡，另有 11 名重伤。该校校长被隔离审查。

2005 年 10 月 25 日晚 8 时许，四川省巴中市通江县广纳镇小学四～六年级寄宿制学生下晚自习刚走出教室，灯突然熄灭，不知是谁趁机大喊“鬼来了”，听到喊声，学生们都跟着大喊“鬼来了”。楼道一片漆黑，大家争着向楼下奔跑。突然，前面有同学摔倒了，后面同学仍跟着冲下来，并踩在倒下同学的身上，接着又有同学倒下，现场惨叫不断，但后面的同学仍不断地向楼下奔跑，造成 10 名小学生死亡，30 多名小学生受伤。

2009 年 12 月 7 日 21 时 10 分，湖南湘乡私立育才中学晚自习下课，学生在下楼过程中，因一人跌倒，导致拥挤踩踏，造成 8 人死亡，26 人受伤。

2. 防范与应急措施

(1) 严格履行晚自习校长带班、教师值班制度。

(2) 在楼梯拐弯处书写安全提示语，如“上下楼梯靠右行”、“上下楼梯勿拥挤”等。

(3) 制定大型集体活动应急预案。

(4) 按时检查楼道照明设施，发现隐患应及时消除。

(5) 教育学生不要散布恐怖信息制造紧张气氛，自己吓唬自己，酿成本不该发生的悲剧。

(八) 触电伤害事故与防范应急措施

1. 案例

2004年3月1日1时20分，吞盘乡念录小学二年级学生李越、赵结两人放学后抄小路回家，看见一根电线掉在路边，9岁的李越顺手拿起电线摇晃，由于用力较大，电线碰到10kV线路转角杆跳线，李越当即被电弧击中，四肢、面颊受到不同程度的烧伤，赵结闻讯拉开李越时手指也被电弧烧伤。其中，李越伤势较重，在靖西医院留医治疗长达一个多月。

2006年5月，开发区一少年放学回家途中，看到高压线落地，由于调皮，向高压线上撒尿，结果生殖器被击伤。

2006年5月10日，某县一幼儿园3岁女孩因好奇用手触摸电源插座，被电击伤。当时，孩子呼吸心跳停止，奶奶用徒手心肺复苏对其进行抢救。心跳呼吸恢复后，孩子被送往唐山市妇幼保健院小儿外科治疗。

2006年6月28日下午，张然下课后回到宿舍在自己的床铺上自习功课，因学习需要用到笔记本电脑，为节省笔记本电脑电池的电量，他就找出两根铜芯电线，准备从头顶上的吊扇电源上引出电线作为笔记本电脑的电源。在其从吊扇电源处往外接线的过程中，不小心左手拇指和中指同时接触到了两根电线的外露铜线头部分，强大的电流瞬间将张然击倒在床。同宿舍内的另一名同学见状，立即拨打120急救电话。120急救医生急速赶到现场进行了抢救，然而未能挽回张然的年轻生命。

2. 防范与应急措施

(1) 严禁学生私拉乱扯电线。

(2) 教育学生不懂不要接触电器。

(3) 学校要经常检查用电设施，及时排除隐患。

(4) 在电力设施等部位应张贴安全提示语。

(5) 若发现有人触电，应立即向成年人求救，千万不要直接用手去拉，以免自己也触电。

(6) 若发现落地电线，应离开10m以外，不要用手捡拾，更不要向电线撒尿。

(九) 网瘾伤害事故与防范应急措施

1. 案例

2003年3月5日，河北省保定市某县初中二年级学生程飞因母亲阻止他去网吧，竟然用绳索将母亲勒昏，并在脖子上砍了两刀。而后，他从母亲身上翻出500元和一部手机，跑到网吧上网。现在，已经被关进铁窗的程飞说："当时头脑里就想拿钱去上网，杀了她就没人再阻拦我了。大家千万别像我一样迷恋网络游戏了，它会让你变成冷血的魔鬼。"

2005年6月8日晚11时许，山东巨野县某中学高二学生因网瘾发作，几乎不能控制，便翻越校墙去上网，不料校墙外堆满了施工的荒石，棱角尖利，该生一脚踏空头触尖石，当场死亡。

2006年12月23日，吉林省延吉市某初中学生孙玲(化名)背着父母约男网友赵某见面。

孙玲发现赵某长得挺精神，还挺诚实，就把赵某当成了朋友。当晚 11 时 30 分许，二人来到延吉市东市场附近某个体旅店，开了一间房，赵某提出要与孙玲发生性关系，孙玲不从，被赵某强奸。见孙玲不停哭闹，还要告发自己，赵某害怕之下将其勒死。

2005 年 11 月 10 日，河北某中学 8 年级学生蒋某迷上了一种新游戏，越打越兴奋，连续打了 3 天 3 夜后晕倒，口吐白沫。送医院检查后，确诊为突发性耳聋。

2. 防范与应急措施

(1) 认真学习《全国青少年网络文明公约》，严格约束自己，文明上网。

(2) 教育学生坚决控制上网时间，每次上网以不超过 2h 为宜，长时间沉迷网络有害健康。

(3) 不要轻易与网友会面，特别是女生。

(4) 对网上求爱者不要理睬，以免陷入网恋陷阱。

(5) 单独在家时不要轻易让网友来访。

(6) 教育学生远离暴力游戏、远离色情网站。

（十）活动伤害事故与防范应急措施

1. 案例

2003 年 11 月 20 日下午，北京市某中学高三(2)班在学校操场上体育课，20min 后，体育教师安排同学们自由活动便离开操场。张力与同学苏强在足球场边玩起了摔跤游戏，张力被摔倒时头部着地，当场感觉头昏脑涨。送医院检查后诊断为脑震荡。治疗数月，花费 3 万元才有所好转，但未能参加当年高考。

1998 年 12 月 10 日下午课间休息时，湖南省某小学学生孙慧婷在教室的二楼走廊上与同学跳皮筋。当跳到第四节时两位拉皮筋的同学将皮筋栓至腰部，离地约 90cm，孙慧婷双手扶着铁栏杆翻身用脚钩皮筋，用力过猛翻过了栏杆从二楼摔下，当场昏迷。住院治疗 124 天，花费 8 万余元。学校和家长各承担了 50%的责任。

2005 年 10 月 16 日上午 9 时 30 分，新疆生产建设兵团农一师第二中学附属小学学生在下楼参加升国旗活动时，发生拥挤踩踏事故，造成 1 名学生死亡，12 名学生受伤。

2003 年 10 月 15 日北京某高中学生邹娜在进行化学实验时按照教师的分组找到自己的座位，但自己的座位被同学温华占了，只好在一边观看。温华随手拿了一个烧杯垫酒精灯，没料被路过的同学的胳膊肘碰翻，洒在旁边观看的邹娜的脸和脖子上，由于惊恐，用两只手来扑打，结果两只手全被烧伤，后经诊断为深二度烧伤。

2. 防范与应急措施

(1) 学校组织大型集体活动时，要制订详细的应急预案。

(2) 学校组织体育活动时，体育教师要讲清动作要领，落实保护措施，且不得擅离职守。

(3) 学校组织实验活动时，要讲清操作规范，落实防范措施，防止发生触电、爆炸、起火、硫酸灼伤等事故。

(4) 教育学生课间玩耍时，注意安全，防止伤人和自伤。

(5) 教育学生参加集体活动时，要遵守纪律、服从指挥，严禁擅自行动。

（6）一旦发生安全事故，要沉着应对，果断处置，绝不能惊慌失措。

（十一）性侵害与防范应急措施

1. 案例

2007年10月12日，河南省唐河县13岁的初中生王某放学后打开影碟机，偷看了父母遗忘在影碟机里的黄色影片后欲望难耐，便将邻家10岁的女孩强奸。法院审理认为，被告王某给原告的身心造成了极大伤害，虽未成年，依法不追究刑事责任，但应承担相应的民事赔偿责任，遂依据有关规定，判决被告王某的父母赔偿原告医疗费50元，精神损害赔偿金2万元。

襄樊市襄城区卧龙镇某小学教师李某，对学生施以小恩小惠诱惑，借机先后奸淫21名小学女生。由于受害人多顾及"名声"及李某威胁，以致李某的"兽行"持续3年才被揭发。2009年3月3日，李某因强奸罪一审被襄樊市中院判处死刑。

2. 防范与应急措施

（1）女孩外出时，应了解环境，尽量在安全路线行走，避开荒僻和陌生的地方。

（2）女孩外出时，要注意周围动静，不要和陌生人搭腔，如有人盯梢或纠缠，应尽快向大庭广众之处靠近，必要时，可呼救。

（3）女孩外出时，应随时与家长联系，未得家长许可，不可在别人家夜宿。

（4）应该避免单独和男子在家里或是在宁静、封闭的环境中会面，尤其是在男子的家里。

（5）在外不可随便享用陌生人给的饮料或食品，谨防有麻醉药物。

（6）拒绝男士提供的色情影视录像和书刊图片，预防其图谋不轨。

（7）女孩独自在家时，应注意关门上锁，拒绝陌生人进屋。对自称是服务维修的人员，应告知其等家长回来再来。

（8）晚上女孩外出时，应结伴而行，年幼女孩外出，家长一定要接送。

（9）衣着不可过露，不要过于打扮，切忌轻浮张扬。

（10）晚上单独在家睡觉，如果发觉有陌生人进入室内，不要谎张害怕，更不要钻到被窝里蒙着头，应果断开灯尖叫求救。受到了性侵害后，要尽快告诉家长或报警，切不可因害羞、胆怯延误时间丧失证据，让疑犯逍遥法外。

（十二）自然灾害事故与防范应急措施

1. 案例

2002年5月27日，河南省获嘉县中和镇某中学教学楼遭到雷电的袭击，致使28名学生不同程度地被雷电击伤，其中三四名学生伤势较重。

2004年5月31日晚，新疆某县普降暴雨，引发山洪，4名中学生在放学途中被洪水卷走不幸遇难。

2001年7月2日，广西合浦县10名中学生私自驾着木船上了一座孤岛，不久台风到达，由于木船无法承受台风掀起的巨浪，学生们只好在岛上过了一夜，数名学生虚脱。在海水即将漫过孤岛的危险时刻，北海市政府和合浦县政府紧急出动船只，最终使10名学生脱离险境。

2. 防范与应急措施

（1）学校应当经常向学生讲授预防自然灾害如雷电、地震、台风、洪水、泥石流、暴风雪等知识，以提高其防范能力。

（2）学校应在高大建筑物及其他附属设施上安装避雷设施，并定期检测，以确保防雷效果良好。

（3）教育学生注意天气预报，雷雨时做好防雷准备。

（4）教育学生注意汛情变化，做好防洪准备。

（5）每年每校都要组织一次防地震、防暴风雪、防洪水等的逃生演练。

四、学校事故预防工作

（一）检查消除隐患

中小学校要在春秋季开学前，普遍开展一次校园安全大检查，以消除各类安全隐患。地方各级教育行政和督导部门要以农村中小学为重点，通过明察暗访等多种方式，指导督促学校将上级部门对安全管理和教育工作的各项要求和措施扎扎实实地落到实处。要将督导检查情况向当地政府反馈，并在行政区域内进行通报。要把督导检查结果和学校安全工作情况作为评价教育行政部门和学校整体工作的重要指标。

（二）提高安全教育意识

地方各级教育行政部门和中小学校要与当地公安机关和共青团、少先队等组织密切配合，围绕“珍爱生命，安全第一”的主题，深入组织学生开展“全国中小学生安全教育日”、“中国少年儿童平安行动”等安全教育活动，使学生在教育活动中切实提高安全意识和防范能力。中小学校要通过举办专题讲座、开展知识竞赛、组织观看录像、发放安全手册、制作宣传板等多种形式，生动形象地对学生进行预防火灾、拥挤踩踏、交通、溺水等事故的教育；要精心组织，周密部署，面向全体学生组织开展一次紧急疏散、逃生自救演练，以提高全体教职工和学生应对突发事件的能力。

地方各级教育行政部门要继续分级分批组织开展学校安全管理培训。要根据当地实际制订培训计划，将安全管理纳入校长培训内容，通过远程教育和集中培训等多种形式，不断提高学校管理人员的安全意识和管理水平。

（三）加强合作齐抓共管

地方各级教育行政部门要继续加强与公安、安监、卫生、文化、建设等有关部门的联系，密切配合，齐抓共管，及时沟通情况，解决重点问题，在当地政府的统一领导下，共同做好中小学安全管理工作。把中小学及周边环境综合治理、打击违法犯罪活动等各项任务和措施落到实处。要会同卫生部门切实做好学校传染病防控与食品卫生安全工作，有效控制学校突发公共卫生事件的发生。

（四）落实《公安机关维护校园及周边治安秩序八条措施》

（1）对发生在校园及周边，侵害师生人身、财产权利的刑事和治安案件，实行专案专人责任制。

（2）在校园周边治安复杂地区设立治安岗亭，有针对性地开展治安巡逻，强化治安管理。

（3）根据需要向学校、幼儿园派驻保安员，负责维护校园安全。

（4）选派民警担任中小学和幼儿园的法制副校长或法制辅导员，负责治安防范、交通和消防安全宣传教育工作，每月至少到校园工作两次。

（5）在外地交通复杂路段的小学、幼儿园上学、放学时，派民警或协管员维护校园门口道路的交通秩序。

（6）在学校、幼儿园周边道路设置完善的警告、限速、慢行、让行等交通标志及交通安全设施，在学校门前的道路上施画人行横道线，有条件的道路设置人行横道信号灯。

（7）在城市学校、幼儿园周边有条件的道路设置上学、放学时段的临时停车泊位，方便接送学生车辆停放。

（8）对寄宿制的学校、幼儿园，每半年至少组织一次消防监督检查；对其他学校、幼儿园，每年至少组织一次，并督促指导其依法履行消防职责。

扩展阅读

学校突发事件的责任划分

1. 校园突发事件，学校应承担的责任

根据教育部颁布的《学生伤害事故处理办法》，因下列情形之一造成的学生伤害事故，学校应当依法承担相应的责任。

（1）学校的校舍、场地、其他公共设施以及学校提供给学生使用的学具、教育教学和生活设施、设备不符合国家规定的标准，或者有明显不安全因素的。

（2）学校的安全保卫、消防、设施设备管理等安全管理制度有明显疏漏，或者管理混乱，存在重大安全隐患，而未及时采取措施的。

（3）学校向学生提供的药品、食品、饮用水等不符合国家或者行业的有关标准、要求的。

（4）学校组织学生参加教育教学活动或者校外活动，未对学生进行相应的安全教育，并未在可预见的范围内采取必要的安全措施的。

（5）学校知道教师或者其他工作人员患有不适宜担任教育教学工作的疾病，但未采取必要措施的。

（6）学校违反有关规定，组织或者安排未成年学生从事不宜未成年人参加的劳动、体育运动或者其他活动的。

(7) 学生有特异体质或者特定疾病，不宜参加某种教育教学活动，学校知道或者应当知道，但未予以必要的注意的。

(8) 学生在校期间突发疾病或者受到伤害，学校发现，但未根据实际情况及时采取相应措施，导致不良后果加重的。

(9) 学校教师或者其他工作人员体罚或者变相体罚学生，或者在履行职责过程中违反工作要求、操作规程、职业道德或者其他有关规定的。

(10) 学校教师或者其他工作人员在负有组织、管理未成年学生的职责期间，发现学生行为具有危险性，但未进行必要的管理、告诫或者制止的。

(11) 对未成年学生擅自离校等与学生人身安全直接相关的信息，学校发现或者知道，但未及时告知未成年学生的监护人，导致未成年学生因脱离监护人的保护而发生伤害的。

(12) 学校有未依法履行职责的其他情形的。

2. 学生或者未成年学生监护人承担责任的情形

根据教育部颁布的《学生伤害事故处理办法》，学生或者未成年学生监护人由于过错，有下列情形之一，造成学生伤害事故，应当依法承担相应的责任。

(1) 学生违反法律法规的规定，违反社会公共行为准则、学校的规章制度或者纪律，实施按其年龄和认知能力应当知道具有危险或者可能危及他人的行为的。

(2) 学生行为具有危险性，学校、教师已经告诫、纠正，但学生不听劝阻、拒不改正的。

(3) 学生或者其监护人知道学生有特异体质，或者患有特定疾病，但未告知学校的。

(4) 未成年学生的身体状况、行为、情绪等有异常情况，监护人知道或者已被学校告知，但未履行相应监护职责的。

(5) 学生或者未成年学生监护人有其他过错的。

安全小贴士

应对突发事件的基本心态

沉着、冷静。对突发事件，必须冷静、理智，不可一味地针锋相对，一时冲动往往会导致矛盾更加激化，错过妥善处理的最佳时机。要使各方都能够冷静下来，防止突发事件扩散，就要做到认真倾听，细致耐心。

勇气、责任。处理突发事件容不得半点拖延，在这种情况下，做出决策和采取措施的思考和准备时间非常有限，处置突发事件要坚决果断，勇于承担责任。

讨论题

校园是人员密集、活动频繁且生活工作环境复杂的场所，由于学生的身心尚未成熟，因此决定了学校突发事件的必然性和高发性。学校和家长需要对学生进行哪些方面的安全教育？

第二章 自然灾害类突发事件的应对

学习目的

掌握自然灾害类突发事件的应对措施。

学习重点

地震、台风、雪灾、雷雨天气、高温天气的基本知识点。

自然灾害类突发事件主要包括水旱灾害、台风、暴雨、冰雹、风雪、高温、沙尘暴等气象灾害，地震、山体崩塌、滑坡、泥石流等地质灾害，风暴潮、海啸等海洋灾害，森林火灾和生物灾害等。

我国自然灾害种类多、频度高、分布广、损失大。由于特有的地质构造条件和自然地理环境，我国是世界上遭受自然灾害最严重的国家之一。

由于近一个世纪以来我国人口的快速增长，对自然资源压力加大，资源过度开采及浪费、破坏资源的情况时有发生，生态环境遭破坏；化学制品的普遍使用，农药等的不当使用，使环境污染状况严重；此外，转基因技术等生物新科技的不当使用，也对自然产生难以预卜的影响。这些因素的存在使洪水、沙尘暴等自然灾害频繁出现，一旦应对不当，就会引发突发性自然灾害。

本章知识架构

(1) 地震的应对知识。

(2) 雪灾的应对知识。

(3) 雷雨极端天气的应对知识。

(4) 台风天气的应对知识。

(5) 高温天气的应对知识。

第一节　地震的应对与安全教育

地震是一种自然现象，目前人类尚不能阻止地震的发生。但是，人们可以采取有效措施最大限度地减轻地震灾害。

一、地震知识

地震(Earthquake)又称地动、地振动，是地壳快速释放能量过程中造成振动，期间会产生地震波的一种自然现象。全球每年发生地震约550万次。地震常常造成严重的人员伤亡，能引起火灾、水灾、有毒气体泄漏、细菌及放射性物质扩散，还可能造成海啸、滑坡、崩塌、地裂缝等次生灾害。

(一) 地震的危害

地震时，最基本的现象是地面的连续振动，主要特征是明显的晃动。极震区的人在感到大的晃动之前，有时首先感到上下跳动。因为地震波从地内向地面传来，纵波首先到达，横波接着产生大振幅的水平方向的晃动，这是造成地震灾害的主要原因。1960年，智利大地震时，最大的晃动持续了3min。地震造成的灾害首先是破坏房屋和建筑物，如1976年中国河北唐山地震中，70%～80%的建筑物倒塌，人员伤亡惨重。

地震对自然界景观产生很大影响，最主要的后果是地面出现断层和地裂缝。大地震的地表断层常绵延几十千米至几百千米，往往具有较明显的垂直错距和水平错距，能反映出震源处的构造变动特征。但并不是所有的地表断裂都直接与震源的运动相联系，它们也可能是由于地震波造成的次生影响。

特别是地表沉积层较厚的地区，坡地边缘、河岸和道路两旁常出现地裂缝，这往往是由于地形因素，在一侧没有依托的条件下晃动使表土松垮和崩裂。地震的晃动使表土下沉，浅层的地下水受挤压会沿地裂缝上升至地表，形成喷沙冒水现象。大地震能使局部地形改观，或隆起，或沉降。使城乡道路坼裂、铁轨扭曲、桥梁折断。

在现代化城市中，由于地下管道破裂和电缆被切断造成停水、停电和通信受阻。煤气、有毒气体和放射性物质泄漏可导致火灾和毒物、放射性污染等次生灾害。在山区，地震还能引起山崩和滑坡，常造成掩埋村镇的惨剧。崩塌的山石堵塞江河，在上游形成地震湖。

1. 地震造成的直接灾害

(1) 由建筑物的倒塌等直接导致人员伤亡、财产损失等。

(2) 建筑物与构筑物的破坏，如房屋倒塌、桥梁断裂、水坝开裂、铁轨变形等。

(3) 地面破坏，如地面裂缝、塌陷、喷沙冒水等。

(4) 山体等自然物的破坏，如山崩、滑坡等。

(5) 海啸、海底地震引起的巨大海浪冲上海岸，造成沿海地区的破坏。

地震的直接灾害发生后，会引发次生灾害。有时，次生灾害所造成的伤亡和损失比直接灾害还大。1932年，日本关东大地震，直接因地震倒塌的房屋仅1万幢，而地震时引发火灾却烧毁了70万幢。

2. 地震引起的次生灾害

(1) 火灾，由震后火源失控引起。

(2) 水灾,由水坝决口或山崩壅塞河道等引起。

(3) 毒气泄漏、核泄漏等,由建筑物或装置破坏等引起。

(4) 瘟疫,由震后生存环境的严重破坏所引起。

(二) 地震类型

1. 构造地震

由于地下深处岩石破裂、错动把长期积累起来的能量急剧释放出来,以地震波的形式向四面八方传播出去,到地面引起的房摇地动称为构造地震。这类地震发生的次数最多,破坏力也最大,占全世界地震的90%以上。

2. 火山地震

由于火山作用,如岩浆活动、气体爆炸等引起的地震称为火山地震。只有在火山活动区才可能发生火山地震,这类地震只占全世界地震的7%左右。

3. 塌陷地震

由于地下岩洞或矿井顶部塌陷而引起的地震称为塌陷地震。这类地震规模比较小、次数也很少,即使有,也往往发生在溶洞密布的石灰岩地区或大规模地下开采的矿区。

4. 诱发地震

由于水库蓄水、油田注水等活动而引发的地震称为诱发地震。这类地震仅仅在某些特定的水库库区或油田地区发生。

5. 人工地震

地下核爆炸、炸药爆破等人为引起的地面振动称为人工地震。人工地震是由人为活动引起的地震。例如,工业爆破、地下核爆炸等造成的振动;在深井中,进行高压注水以及大水库蓄水后增加了地壳的压力,有时也会诱发地震。

(三) 地震震级

目前,衡量地震大小和破坏强烈程度的标准主要有震级和烈度。一般情况下,仅就烈度和震源、震级间的关系来说,震级越大震源越浅,烈度也越大。

地震烈度(Seismic Intensity)表示地震对地表及工程建筑物影响的强弱程度(或解释为地震影响和破坏的程度)。多是在没有仪器记录的情况下,凭地震时人们的感觉或地震发生后器物反应的程度、工程建筑物的损坏或破坏程度、地表的变化状况而定的一种宏观尺度。在中国地震烈度表上,对人的感觉、一般房屋震害程度和其他现象做了描述,可以作为确定烈度的基本依据,见表2-1。

表2-1　中国地震烈度表

1度	无感——仅仪器能记录到
2度	微有感——特别敏感的人在完全静止中有感
3度	少有感——室内少数人在静止中有感,悬挂物轻微摆动
4度	多有感——室内大多数人,室外少数人有感,悬挂物摆动,不稳器皿作响

续表

5 度	惊醒——室外大多数人有感，家畜不宁，门窗作响，墙壁表面出现裂纹
6 度	惊慌——人站立不稳，家畜外逃，器皿翻落，简陋棚舍损坏，陡坎滑坡
7 度	房屋损坏——房屋轻微损坏，牌坊、烟囱等损坏，地表出现裂缝及喷沙冒水
8 度	建筑物破坏——房屋多有损坏，少数破坏路基塌方，地下管道破裂
9 度	建筑物普遍破坏——房屋大多数破坏，少数倾倒，牌坊、烟囱等崩塌，铁轨弯曲
10 度	建筑物普遍摧毁——房屋倾倒，道路毁坏，山石大量崩塌，水面大浪扑岸
11 度	毁灭——房屋大量倒塌，路基堤岸大段崩毁，地表产生很大变化
12 度	山川易景——建筑物普遍毁坏，地形剧烈变化动植物遭毁灭

地震震级是根据地震时释放的能量的大小而定的。一次地震释放的能量越多，其地震级别越大。在国际上，一般采用里氏地震规模。里氏规模是地震波最大振幅以 10 为底的对数，并选择距震中 100km 的距离为标准。里氏规模每增强一级，释放的能量约增加 32 倍。

小于里氏 2.5 的地震，人一般不易察觉，称为小震或微震；里氏 2.5～5.0 的地震，震中附近的人会有不同程度的感觉，称为有感地震，全世界每年大约发生十几万次；大于里氏规模 5.0 的地震，会造成建筑物不同程度的损坏，称为破坏性地震。里氏规模 4.5 以上的地震可以在全球范围内监测到。有记录以来，历史上最大的地震是发生在 1960 年 5 月 22 日 19 时 11 分南美洲的智利，根据美国地质调查所记载，里氏规模竟达 9.5。

二、地震的预防与应对措施

根据地震发生的过程，从震前、震中、震后 3 个阶段来预防与处置。

（一）震前前兆

震前前兆是指地震发生前出现的异常现象，伴随地震而产生的物理、化学变化（振动、电、磁、气象、水氡含量异常等），往往能使一些动物的某种感觉器官受到刺激而发生异常反应。

1. 地下水异常

地下水主要包括井水、泉水等。地震前出现的主要异常有发浑、翻花、冒泡、升温、变色、变味、井孔明显变形、泉眼突然枯竭或涌出等现象。人们总结了震前井水变化的谚语：井水是个宝，地震有前兆。无雨泉水浑，天干井水冒。水位升降大，翻花冒气泡。有的变颜色，有的变味道。

2. 动物异常

许多动物的某些器官感觉特别灵敏，其能比人类提前知道一些灾害事件的发生，日常中见到地震前动物反应异常表现如下：牛、马、驴、骡等惊慌不安、不进厩、不进食、乱闹乱叫、打群架、挣断缰绳逃跑、蹬地、刨地、行走中突然惊跑。鸡飞上树鸣叫、鸭不下水、猪不吃食、狗乱叫、大鼠叼小鼠满街跑等现象。

3. 电磁异常

电磁异常是指地震前家用电器，如收音机、电视机、日光灯等出现的失灵现象。最常见的是收音机的失灵、手机信号减弱或消失、电子闹钟失灵等现象。

（二）防震准备

1. 消除隐患

在已发布地震预报地区或者地震易发地区的居民须做好家庭防震准备，制订一个家庭防震计划，检查并及时消除家里不利于防震的隐患。

（1）检查和加固住房，对不利于抗震的房屋要加固，不宜加固的危房要撤离。对于笨重的房屋装饰物，如女儿墙、高门脸等应拆掉。

（2）合理放置家具、物品，固定好高大家具，防止倾倒砸人，牢固的家具下面要腾空，以备震时藏身；家具物品摆放做到"重在下，轻在上"，墙上的悬挂物要取下来或固定位，防止掉下来伤人；注意家具的摆放，确保安全的空间。清理好杂物，让门口、楼道畅通；阳台护墙要清理，拿掉花盆、杂物；易燃、易爆和有毒物品要放在安全的地方。

（3）准备好必要的防震物品，准备一个包括食品、饮用水、应急灯、简单药品、绳索、便携式收音机等在内的家庭防震包，放在便于取到处。

（4）进行家庭防震演练、紧急撤离与疏散练习以及"一分钟紧急避险"练习。

2. 应急准备

在已发布破坏性地震临震预报或易发生地震的地区，政府部门应做好以下几个方面的应急工作。

（1）备好临震急用物品，当地震发生之后，食品、医药等日常生活用品的生产和供应都会受到影响，水塔、水管往往被震坏，造成供水中断。为能度过震后初期的生活难关，临震前社会和家庭都应准备一定数量的食品、水和日用品，以解燃眉之急。

（2）建立临震避难场所。房舍被震坏，需要安身之处；余震不断发生，要有躲藏处。这就需要临时搭建防震、防火、防寒、防雨的防震棚。各种帐篷都可以利用，农村储粮的小圆仓，也是很好的抗震房。

（3）划定疏散场所，转运危险物品。城市人口密集，人员避震和疏散比较困难，为确保震时人员安全，震前要按街、区分布，就近划定群众避震疏散路线和场所。要把易燃、易爆和有毒物质及时转运到城外。

（4）设置伤员急救中心。在城内抗震能力强的场所或城外设置急救中心，备好床位、医疗器械、照明设备和药品等。

（5）暂停公共活动。得到正式临震预报通知后，各种公共场所应暂停活动，观众或顾客要有秩序地撤离；中小学校可临时在室外上课；车站、码头可在露天候车。

（6）组织人员撤离并转移重要财产。如果得到正式临震警报或通知，要迅速而有秩序地动员和组织群众撤离房屋。正在治疗的重症病人要转移到安全的地方。对少数思想麻痹者，也要动员到安全区。农村的大牲畜、拖拉机等生产资料，临震前要妥善转移到安全地带，机关、企事业单位的车辆要开出车库，停在空旷地方，以便在抗震救灾中发挥作用。

（7）防止次生灾害的发生，城市发生地震可能出现严重的次生灾害，特别是化工厂、煤气厂等易发生地震次生灾害的单位，要加强监测和管理，设专人昼夜站岗和值班。城市内各种机要部门和银行较多，地震时要加强安全保护，防止国有资产损失和机密泄漏。消防队的车辆必须出库，消防人员要整装待发，以便及时扑灭火灾，减少经济损失。

(8) 组织抢险队伍，合理安排生产。临震前，各级政府要就地组织好抢险救灾队伍(救人、医疗、灭火、供水、供电、通信等)。必要时，某些工厂应在防震指挥部的统一指令下暂停生产或低负荷运行。

(三) 地震时的应对措施

地震发生时，采取正确的避验和自救互救方法，就能减少伤害和财产损失。

1. 地震时，在家中的人员的个人防护

当感到地面或建筑物晃动时，切记最大的危害是来自掉下来的碎片，此刻，要采取动作机灵的躲避。

(1) 若在房屋里，则应赶快到安全的地方，如躲到书桌、工作台、床底下。在单元楼内，可选择开间小的卫生间、墙角，依靠上下水管道和煤气管道的支撑，减少伤亡。对于户外开阔，住平房的职工，震时可头顶被子、枕头或安全帽逃出户外；来不及时，最好在室内避震，要注意远离窗户，趴下时，头靠墙，使鼻子上方双眼之间凹部枕在横着的双臂上面，闭上眼和嘴，用鼻子呼吸。一般来说，不要跑出建筑物，最好就近找个安全处躲避，待地震后，如果需要疏散，再沉着离开。

(2) 地震时，门框会因变形而打不开，所以在防震期间，最好不要关门。夜间地震时，要争分夺秒地向安全地方转移，不要因寻找物品和穿衣而耽误时间，如有可能，要立即拉断电源、关闭煤气、熄灭明灯。照明最好用手电筒，不要用火柴、蜡烛等明火。

(3) 地震时，如已被砸伤或埋在塌物下面，应先观察周围环境，寻找通道，千方百计想办法出去。若无通道，则要保存体力，不要大喊大叫，要静听外面的动静，如听到有人走过的声音，可敲击铁管或墙避使声音传出去，以便救援。同时，要在狭小的空间里寻找食物维持生命。

2. 地震时，室外人员的个人防护

(1) 地震时，在户外的人千万不要冒着大地的震动进屋去救亲人，只能等地震过后，再对他们及时抢救。

(2) 如果正行走在高楼旁的人行道上，则应迅速躲到高楼的门口处，以防碎片掉下来砸伤。

(3) 汽车司机要就地刹车，火车司机要采取紧急制动措施，稳稳地逐渐刹车，以保证列车和旅客的人身安全。

(4) 如果在山坡上感到地震发生，千万不要跟着滚石往山下跑，而应躲在山坡上隆起的小山包背后，同时要远离陡崖峭壁，以防止崩塌、滑坡和泥石流的威胁。

(5) 在海边，如发现海水突然后退，且比退潮更快、更低，则就要注意海啸的突然袭击，并尽快向高处转移。

3. 地震时，在工作岗位上的工作人员的个人防护

一旦地震发生，在工作、生产岗位上的人员，首先应关闭易燃、易爆、有毒气体的阀门，同

时应根据个人所处的环境，当机立断迅速避震。

(1) 地震时，在办公楼的工作人员，要赶紧躲在办公桌下面，震后迅速从楼梯撤离，千万不要跳楼。

(2) 在厂区上班的工人，地震时，要立即关闭机器、断掉电源，迅速躲在车床、机床及高大的设备下，绝不要慌忙乱跑。

(3) 对于井下作业的工人，地震时，应立即停止生产，不要急于往外跑，地面下一般较地面上安全。避开巷道或竖井等危险地区，选择有支撑的巷道避震。地震过后，有组织、有秩序地向地面转移。

(4) 一些生命线工程中的在岗人员，应根据各自的专业特点、规范，立即采取措施避震。例如，化工厂在地震时，应紧急防止易燃、易爆、有毒气体和液体外溢，立即关停各种闸门和电源，关闭运转设备，以防止次生灾害的发生。

4. 地震时，在公共场所的人员的个人防护

在群众集聚的公共场所遇到地震时，最忌慌乱，否则将造成秩序混乱、相互挤压而导致人员伤亡，应有组织地从多路口快速疏散。

(1) 在影剧院、体育馆等处遇到地震时，要沉着冷静，特别是当场内断电时，不要乱喊乱叫，更不得乱挤乱拥，应就地蹲下或躲在排椅下，注意避开吊灯、电扇等悬挂物，用皮包等物保护头部，等地震过后，听从工作人员指挥，再有组织地撤离。

(2) 地震时，若正处于商场、书店、展览馆等处，则应选择结实的柜台、商品(如低矮家具等)或柱子边，或者内墙角处就地蹲下，用手或其他东西护头，避开玻璃门窗和玻璃橱窗，也可在通道中蹲下，等待地震平息，然后有秩序地撤离出去。

(3) 正在上课的学生，要在教师的指挥下迅速抱头、闭眼，躲在各自的课桌下，决不能乱跑或跳楼，地震后，有组织地撤离教室，到就近的开阔地避震。

(4) 对于正在进行比赛的体育场，应立即停止比赛，稳定观众情绪，防止混乱拥挤，并有组织、有步骤地向体育场外疏散。

(四) 震后自救与互救

1. 地震后的个人自救方法

一次大震发生后，到处是断垣残壁、危楼及倒房构成的瓦砾堆。在没有外来人员援救之前，自救是一项与死神争分夺秒的斗争。地震发生后一天内扒出的人，救活率可达80%，第二天的有30%～40%，时间越长，存活率越低。地震对人身的伤害，大部分是倒塌的房屋所造成的，一旦被埋压后，要做到如下几点。

(1) 被埋压在废墟下时，至关重要的是不能在精神上发生崩溃，要有勇气和毅力。强烈的求生欲望和充满信心的乐观精神，是自救过程中创造奇迹的强大动力。

(2) 被压埋后，注意用湿毛巾、衣服或其他布料等捂住口鼻和头部，避免灰尘呛闷发生窒息及意外事故，尽量活动手和脚，消除压在身上的各种物体，用周围可搬动的物品支撑身体上面的重物，避免塌落，扩大安全活动空间，以保证有足够的空气。条件允许时，应尽量设法逃避险境，朝更安全宽敞、有光亮的地方移动。

（3）被埋压后，要注意观察周围环境，寻找通道，设法爬出去；当无法爬出去时，不要大声呼喊，当听到外面有人时，再呼叫或敲击出声，向外界传信息求救。

（4）当无力脱险时，应尽量减少体力消耗，寻找食物和水，并计划使用，乐观等待时机，同时想办法与外面援救人员取得联系。

2. 地震后群众互救方法

对于地震后救人，时间就是生命。因此，救人应当先从最近处救起，不论是家人、邻居、工作岗位上的同事，还是萍水相逢的路人，只要是近处有人被埋压，就要先救他们，这样可以争取时间，减少伤亡。

震后救人的原则如下。

（1）在互救过程中，要有组织，讲究方法，避免盲目图快而增加不应有的伤亡。首先通过侦听、呼叫、询问及根据建筑物的结构特点判断被埋人员的位置，特别是头部方位，在开挖施救中，最好用手一点点地拨，不可用利器刨挖。

（2）对于伤势严重，不能自行出来的，不得强拉硬拖，而应设法暴露全身，查明伤情，施行包扎固定或急救。

（3）在互救中，应利用铲、铁杆等轻便工具和毛巾、被单、衬衣、木板等方便器材。

（4）挖掘时，要分清哪些是支撑物，哪些是压埋阻挡物，应保护支撑物，清除埋压物，以保护被压埋者赖以生存的空间不遭覆压。

（5）清除压埋物及钻凿、分割时，有条件的，要泼水，以防伤员呛闷致死。

实训课堂

（1）地震时，你在家中怎么办？

（2）地震时，你在室外怎么办？

（3）地震时，你在公共场所怎么办？

（4）地震时，你在工作岗位怎么办？

第二节　2008年汶川大地震

时间：2008年5月12日14时28分04秒

地点：四川省汶川县

事件：发生8.0级地震

一、汶川地震回顾

2008年5月12日14时28分04秒，四川汶川、北川8级强震猝然袭来，大地颤抖、山河移位、满目疮痍、生离死别……西南处，国有殇。这是新中国成立以来破坏性最强、波及范围最广的一次地震。此次地震重创约50万平方千米的中国大地！为表达全国各族人民对四川汶川大地震遇难同胞的深切哀悼，国务院决定，2008 年 5 月 19～21 日为全国哀悼日。自 2009 年起，每年 5 月 12 日为全国防灾减灾日。

二、汶川地震造成的伤亡损失

据民政部报告，截至 2008 年 9 月 25 日 12 时，四川汶川地震已确认 69 227 人遇难，374 643人受伤，失踪 17 923 人。

据卫生部报告，截至 2008 年 9 月 22 日 12 时，因地震受伤住院治疗累计 96 544 人(不包括灾区病员人数)，已出院 93 518 人，仍有 352 人住院。其中，四川转外省市伤员仍住院 153 人，共救治伤病员 4 273 551 人。

据总参谋部报告，截至 2008 年 9 月 25 日 12 时，抢险救灾人员已累计解救和转移 1 486 407人。

汶川地震造成的直接经济损失达 8 452 亿元人民币。四川最严重，占到总损失的 91.3%，甘肃占到总损失的 5.8%，陕西占到总损失的 2.9%。国家统计局将损失指标分 3 类，第一类是人员伤亡问题；第二类是财产损失问题；第三类是对自然环境的破坏问题。

在财产损失中，房屋的损失很大，民房和城市居民住房的损失占总损失的 27.4%。包括学校、医院和其他非住宅用房的损失占总损失的 20.4%。另外，还有基础设施，道路、桥梁和其他城市基础设施的损失，占到总损失的 21.9%，这 3 类是损失比例比较大的，70%以上的损失是由这三方面造成的。

三、救援的成功经验

（一） 启动预案，响应迅速

国家启动了应对特别重大地震灾害的一级响应：19 时 50 分许，国家地震灾害紧急救援队和国家地震灾害现场工作队乘坐空军运输机飞往汶川地震灾区。国家地震灾害紧急救援队抵达成都太平寺机场。民政部紧急调拨救灾物资，紧急发往灾区。解放军总参谋部立即启动应急预案，要求成都军区、空军和武警部队迅速组织灾区驻军全力投入抗灾救灾。此外，公安部、卫生部、中国红十字会、电力、电信、交通等部门也按照应急预案，在最短的时间内全力展开了抢险救灾工作。

（二） 统一指挥，协调联动

在党中央、国务院的统一领导和部署下，全国上下紧急行动起来，军民齐心协力，部门之间协调联动，一方有难，八方支援，打破了条块分割、部门分割、地域分割的界限，形成了协同应急的巨大合力，发挥了“社会主义集中力量办大事”的优势。特别是公安、消防、气象、水利、电力、交通、民政、医疗、防疫等部门密切配合，未雨绸缪，提早筹划，严防水库崩坝、疫病流行等次生、衍生灾害的发生。

（三）信息透明，发布及时

汶川地震发生后仅 18min，中国国家地震台网通过新华社向全世界播发了汶川县发生强烈地震的消息。在汶川地震应急救援的过程中，信息的透明、公开以及发布及时，有效地稳定了全国各地社会公众的情绪。不仅如此，在灾害应对的过程中，主流媒体对灾区救援情况进行了实时、动态的报道，使得社会公众能够及时了解灾情。

（四）军民结合，平战结合

武装力量在汶川地震应急救援行动中表现出以下特点。

1. 行动迅速，短时间快速集结

地震发生后仅 21min，成都军区 4 架直升机起飞，察看灾情。成都军区紧急出动 6 100 多名官兵，开赴救灾一线。

2. 统一指挥，军兵种协同作战

成都军区、济南军区、兰州军区、北京军区、广州军区和海军、空军和第二炮兵等均参加了抗震救灾，涉及地震救援、防化、工程、医疗防疫、侦查、通信等 20 多个专业兵种，救援规模之大，在我军抢险救灾史上是空前的。军队抗震救灾领导小组协同作战，密切配合，体现了我军执行多样化任务的强大能力。

3. 勇挑重担，显身手攻坚克难

由于地震导致陆路交通受阻，空军紧急出动大型运输机、直升机等装备，向灾区机降和伞降应急救援力量和物资。在陆路交通不畅的情况下，解放军、武警和民兵凭借过硬的军事素质，排除万难，强行军火速赶往重灾区。

（五）社会动员，全民参与

在汶川地震救援的过程中，社会动员发挥了突出的作用。全国人民爱国主义热情空前高涨，踊跃参加为灾区献血、募捐等活动，政府、企业、非政府组织、公民等力量凝聚在一起，形成了政府主导、全社会共同参与的感人局面。

（六）心态开放，广纳外援

汶川地震发生之后，我国政府接纳了许多国家的国际援助，并同意日本、俄罗斯、韩国、新加坡等国处于人道主义的愿望，向四川灾区派出地震救援队，这更加充分地展示出了中国开放、成熟、自信的大国气度。

汶川地震救援中的高科技装备

地震发生后，灾区通信中断，地面交通极其困难，灾情分布状况、灾情程度等信息极度缺乏。在灾后相关地区天气状况十分恶劣的情况下，航空雷达遥感等高科技装备作为大面积快速获取灾情信息的有效手段，优势十分明显。

1. 海事卫星电话

海事卫星电话是世界上唯一可以提供全球、全天候、全方位卫星移动通信和遇险安全通信的通信手段，海事卫星电话为应急而生，在急、难、险、重领域特别是常规通信手段受到破坏时，海事卫星不受气候、地域的影响，能够为人们迅速搭建起“应急指挥部”。海事卫星电话还可以把关于灾区报道的新闻文字稿、视频、图片传送出去，同时还满足人们高速数据传输、图像和话音的需求，用于指挥抗灾，对外顺畅披露灾情。

2. 遥感技术

汶川地震发生后，中国科技部国家遥感中心的“北京一号”小卫星立即担负起了重要使命——实拍灾区最新影像。同时，由国家“863”计划地球观测与导航技术领域专家组组长周成虎教授负责技术总协调，组织相关专家，研究分析灾区遥感影像；随时提供遥感信息和技术服务，高效开展地震灾害评估等研究，为抗震救灾提供技术支持。

在此次部队的抗震救灾行动中，“北斗”系统在通信中断的情况下发挥了重要作用，救灾部队携带的“北斗”系统在第一时间陆续发回各种灾情和救援信息，为控制中心及时了解救援部队行进方位并做出正确指挥，提供了有力保证。

3. 生命探测仪

在直播汶川地震救援的电视画面上，人们可看到救援人员拿着一个“盒子”，在倒塌的建筑物旁走走停停，等到“盒子”有反应后就会立即有大批救援人员赶到。这个盒子就是有“救命魔盒”之称的“生命探测仪”。生命探测仪远看似微型冲锋“枪”，“枪”杆上“长”着一个显示器，由光学探生仪、声波/振动探生仪、红外热像仪三部分组成，它不怕灰尘、不惧黑暗，能入地、能钻缝。人类和犬只无法进入的狭小空间，它却可以进出自如，将自己探测到的情报迅速成像传输给科研人员，使救援快速展开。

安全小贴士

家庭防震包

(1) 水。每人每天至少需储备 3.8L 的水，并按此标准一次备够 72h 之用。建议购买一些瓶装水，且要注意保质期。

(2) 食品。准备足够 72h 之用的听装食品或脱水食品、奶粉以及听装果汁。干麦片、水果和无盐干果是很好的营养源。

(3) 应急灯和备用电池。在床边、工作地点以及车里放一盏应急灯。不要在地震后使用火柴或蜡烛，除非能确定没有瓦斯泄漏。

(4) 便携式收音机等。大多数电话将会无法使用或只能供紧急用途，所以收音机将会是最好的信息来源。如有可能，还应当准备电池供电的无线对讲机。

(5) 特殊用品。准备必要的特殊用品，如药品、备用眼镜、隐形眼镜护理液、助听器电池、婴儿物品(婴儿食品、尿布、奶瓶和奶嘴)、卫生用品(小湿巾和手纸)等家人所需的物品、重要文件和现金。

(6) 工具。除了准备一个管钳和一个可调扳手外(用来关闭气阀和水管),还要有一个打火机、一盒装在防水盒子里的火柴和一个用来呼叫援救人员的哨子。

(7) 衣服。如果所处的地区天气寒冷,则必须要考虑保暖。地震过后人可能无法取暖,要考虑到御寒衣服和睡觉用品。确保每个人有一整套换洗的衣服和鞋子,包括夹克衫或外衣、长裤、长袖衫、结实的鞋、帽子、手套和围巾、睡袋或暖毯(每人一件)。

讨论题

(1) 结合林浩的亲身经历,讨论地震发生时应采取的正确的自救措施。

9 岁的林浩,是汶川县映秀镇中心小学二年级的学生。地震发生的那一刻,班上正在上数学课。林浩刚跑到教学楼的走廊上,就被楼上跌下来的两名同学砸倒在地。"那个同学压在我背上,我怎么都动不了。当时,垮下来的楼板下,有一个女同学在哭,我就告诉她,不要哭,我们一起唱歌吧,大家就开始唱歌,是老师教的《大中国》。唱完后,女同学就不哭了。后来,我使劲爬,使劲爬,终于爬出来了。"

逃出来的林浩,并没有跑开,而是去救还压在里面的同学,"爬出来后,我看到一个男同学压在下面,我就爬过去,使劲扯,把他扯了出来,然后交给校长,校长又把他交给他妈妈背走了。后来,我又爬回去,把一个昏倒在走廊上的女同学背出来,交给了校长,她也被父母背走了。"连续救了两个同学的林浩,再次跑进教学楼救人时,遇到垮塌的楼板,又被埋在了下面,"我使劲挣扎,后来,是老师把我拉出来的。"林浩所在的班级,共有 32 名学生,在地震中有 10 多人逃生。

(2) 请谈谈谭千秋老师的事迹对人们的影响。

那一天,谭千秋老师跟平常一样,早早地起来,准时到学校,跟平时一样,出现在讲台上,就着粉笔在黑板上发起熟悉的声音开始了跟平常一样的生活,只是,当他发现课桌在摇晃的时候,大声地要同学们赶快跑出去,不要拿任何东西跑出去,只是,那致命的几秒钟,哪里容得了所有的学生都能跑出去,在教学楼要坍塌的瞬间,他把离他最近的 4 个同学,塞在桌子底下,然后,俯在桌子上,用自己的血肉之躯去保护孩子们的性命,当救援人员找到他们时,4 个孩子平安无事,只是,谭老师的后脑,因为被巨大的石块砸中,整个已经凹下去了,这是一位真正的人民教师。

第三节　雪灾的应对与安全教育

雪灾是由于长时间大规模降雪以致积雪成灾,影响人们正常生活的一种自然灾害现象。

一、雪灾类型

(一) 积雪的划分

根据积雪稳定程度,将我国积雪分为如下 5 种类型。

（1）永久积雪。在雪平衡线以上降雪积累量大于当年消融量，积雪终年不化。

（2）稳定积雪。其又称连续积雪，是指空间分布和积雪时间（60 天以上）都比较连续的季节性积雪。

（3）不稳定积雪。其又称不连续积雪，虽然每年都有降雪，而且气温较低，但在空间上积雪不连续，多呈斑状分布，在时间上积雪日数为 10～60 天，且时断时续。

（4）瞬时积雪。主要发生在华南、西南地区，这些地区平均气温较高，但在季风特别强盛的年份，因寒潮或强冷空气侵袭，发生大范围降雪，且很快消融，使地表出现短时（一般不超过 10 天）积雪。

（5）无积雪。除个别海拔高的山岭外，多年无降雪。雪灾主要发行在稳定积雪地区和不稳定积雪山区，偶尔出现在瞬时积雪地区。

（二）雪灾的划分

雪灾按其发生的气候规律可分为两类：猝发型和持续型。

猝发型雪灾发生在暴风雪天气过程中或以后，在几天内保持较厚的积雪对牲畜构成威胁。本类型雪灾多见于深秋和气候多变的春季，如青海省 2009 年 3 月下旬至 4 月上旬和 1985 年 10 月中旬出现的罕见大雪灾，便是近年来这类雪灾典型的例子。

持续型雪灾达到危害牲畜的积雪厚度随降雪天气逐渐加厚，密度逐渐增加，稳定积雪时间长。此类型雪灾可从秋末一直持续到第二年的春季，如青海省 1974 年 10 月至 1975 年 3 月的特大雪灾，持续积雪长达 5 个月之久，极端最低气温降至零下三四十摄氏度。

（三）雪灾的指标

人们通常用草场的积雪深度作为雪灾的首要标志。由于各地草场差异、牧草生长高度不等，因此形成雪灾的积雪深度是不一样的。内蒙古和新疆根据多年观察调查资料分析，对历年降雪量和雪灾形成的关系进行比较，得出雪灾的指标如下。

（1）轻雪灾：冬春降雪量相当于常年同期降雪量的 120%以上。

（2）中雪灾：冬春降雪量相当于常年同期降雪量的 140%以上。

（3）重雪灾：冬春降雪量相当于常年同期降雪量的 160%以上。

雪灾的指标也可以用其他物理量来表示，如积雪深度、密度、温度等，上述指标的最大优点是使用简便，且资料易于获得。

（四）暴雪预警及防御指南

暴雪预警信号分 4 级，分别以蓝色、黄色、橙色、红色表示。

1. 蓝色预警信号

标准：12h 内降雪量将达 4mm 以上，或者已达 4mm 以上且降雪持续，可能对交通或农牧业有影响。

防御指南如下。

（1）政府及有关部门按照职责做好防雪灾和防冻害准备工作。

（2）交通、铁路、电力、通信等部门应当进行道路、铁路、线路巡查维护，做好道路清扫和积雪融化工作。

(3) 行人注意防寒、防滑,驾驶人员小心驾驶,车辆应当采取防滑措施。

(4) 农牧区和养殖业要储备饲料,做好防雪灾和防冻害准备。

(5) 加固棚架等易被雪压的临时搭建物。

2. 黄色预警信号

标准:12h 内降雪量将达 6mm 以上,或者已达 6mm 以上且降雪持续,可能对交通或农牧业有影响。

防御指南如下。

(1) 政府及相关部门按照职责落实防雪灾和防冻害措施。

(2) 交通、铁路、电力、通信等部门应当加强道路、铁路、线路巡查维护,做好道路清扫和积雪融化工作。

(3) 行人注意防寒、防滑,驾驶人员小心驾驶,车辆应当采取防滑措施。

(4) 农牧区和养殖业要备足饲料,做好防雪灾和防冻害准备。

(5) 加固棚架等易被雪压的临时搭建物。

3. 橙色预警信号

标准:6h 内降雪量将达 10mm 以上,或者已达 10mm 以上且降雪持续,可能或者已经对交通或农牧业有较大影响。

防御指南如下。

(1) 政府及相关部门按照职责做好防雪灾和防冻害的应急工作。

(2) 交通、铁路、电力、通信等部门应当加强道路、铁路、线路巡查维护,做好道路清扫和积雪融化工作。

(3) 减少不必要的户外活动。

(4) 加固棚架等易被雪压的临时搭建物,并将户外牲畜赶入棚圈喂养。

4. 红色预警信号

标准:6h 内降雪量将达 15mm 以上,或者已达 15mm 以上且降雪持续,可能或者已经对交通或农牧业有较大影响。

防御指南如下。

(1) 政府及相关部门按照职责做好防雪灾和防冻害的应急和抢险工作。

(2) 必要时,停课、停业(除特殊行业外)。

(3) 必要时,飞机暂停起降、火车暂停运行、高速公路暂时封闭。

(4) 做好牧区等救灾、救济工作。

二、雪灾防护措施

(一) 农业生产雪灾防护措施

(1) 要及早采取有效防冻措施,抵御强低温对越冬作物的侵袭,特别是要防止持续低温对旺苗、弱苗的危害。

(2) 加强对大棚蔬菜和在地越冬蔬菜的管理，防止连阴雨雪、低温天气的危害，雪后应及时清除大棚上的积雪，这样做既能减轻塑料薄膜压力，又有利于增温透光；同时，应加强各类冬季蔬菜、瓜果的储存管理。

(3) 要趁雨雪间隙及时做好“三沟”的清理工作，降湿排涝，以防连阴雨雪天气造成田间长期积水，影响麦菜根系生长发育。同时，要加强田间管理，中耕松土，铲除杂草，以提高其抗寒能力。此外，还应做好病虫害的防治工作。

(4) 及时给麦菜盖土，提高御寒能力，若能用猪牛粪等有机肥覆盖，则保苗越冬效果更好。

(5) 要做好大棚的防风加固，并注意棚内的保温、增温，以减少蔬菜病害的发生，保障春节蔬菜的正常供应。

（二） 雪天出行注意事项

在雪灾期间，家庭要了解信息防寒保暖，提醒家人注意外出安全。要注意关于暴雪的最新预报、预警信息；要准备好融雪、扫雪工具和设备；要减少车辆外出；要了解机场、高速公路、码头、车站的停航或关闭信息，及时调整出行计划；要储备食物和水；要远离不结实、不安全的建筑物。

如果遭遇了暴风雪突袭，除了上述注意事项外，要特别注意远离广告牌、临时建筑物、大树、电线杆和高压线塔架；当路过桥下、屋檐等处时，要小心观察或干脆绕道走，因为从上面掉落的冰凌在重力加速度作用下，很容易造成头部外伤。

雪天出行要注意的事项如下。

(1) 由于路上积雪，机动车辆在路上行驶时特别容易打滑，车辆制动性能严重降低。所以，市民在横过马路时，如果看见有机动车行驶过来，千万要小心。此外，市民外出时最好在人行道上行走，一些市民喜欢在快车道边缘行走，还有一些儿童竟把道路当成了“溜冰道”，这些都非常危险。

(2) 摔跤时用手撑地。

雪后第二天，出行更加困难。如遇结冰路面，应慢行，走一步看三步，如果不幸摔倒，应尽量用手部、双肘撑地，以减轻后背、后脑勺撞向地面的冲击力。

(3) 出门穿平底鞋。

在雪地行走，切忌提重物，且双手不要放在衣兜里，因为双手来回摆动能使身体保持平衡。老年人特别是骨质疏松患者雪天尽可能不要出门，且尽可能不要穿皮鞋；出门时，最好换上鞋底粗糙、有花纹的平底鞋。

雪灾一旦发生，应该积极做好道路扫雪和融雪工作，居民和商铺也要积极配合，“各人自扫门前雪”是必要的；外出时，要采取防寒和保暖措施，在冰冻严重的南方，尽量别穿硬底鞋和光滑底的鞋，给鞋套上旧棉袜，是很多人在冰雪灾害中摸索出来的好办法；驾车出行时，慢速、主动避让、保持车距、少踩刹车、服从交警指挥和注意看道路安全提示是关键；给非机动车轮胎稍许放点气，以增加轮胎与路面的摩擦力，也能防滑。

（三）雪天开车注意事项

雪天开车，由于路滑、低温，极易引发事故，驾驶员更应该把握好手里的方向盘，以保障行车安全。

1. 发动预热几分钟

雪天室外温度本身就较低，再加上此次京城的降雪是从今晨3点开始的，正值温度最低的时刻，因此，车子在外部“冻”了一晚上，早晨启动的时候非常容易熄火。那么，我们应在启动车子的时候，扭到3挡保持2秒再松手，然后让车子原地预热几分钟。

2. 起步要平稳

由于冰雪的路面摩擦系数比正常路面要小的多，如果起步过猛，那么很有可能就会出现打滑的现象。手动挡的汽车，应挂2挡起步，与之配合的是离合器要缓慢松开，油门也要轻踩，待启动后，再换低挡就可以。对于自动挡的车来说，也应轻踩油门起步。

3. 开雾灯、戴眼镜

雪天开车，由于路面会有白色的积雪，而白色的反射率最大，眼睛长时间直视很容易晃花或者晃伤眼睛，因此，驾驶员最好要佩戴一副驾车墨镜保护眼睛，同时也为了驾车的安全。同理，雪天能见度一般都较低，因此在驾车的时候应开启雾灯，保障视线的清晰。

4. 慢速、少并线、转大弯

雪天开车路滑是人们都知道的常识，因此低速行驶是保障安全的必要条件，同时，由于路况不佳以及道路上存在越来越多的驾驶经验不足的人，因此在这个时候就要减少并线，尽量保持一车道行驶。还有遇有情况或转弯时，应提前减速，在不影响对面来车的情况下，尽量加大转弯半径，以减小转弯时的离心力，切不可快速急转猛回，以防侧滑横甩。

5. 上坡不换挡、下坡忌空挡

雪天如果遇到需要上坡的路段，那么不要慌张，应平稳低挡行驶，千万不要中途换挡，也不要跟着前车太近，以免前车溜车。下坡时，也千万不要空挡行驶，应保持好车速，匀速下坡。

6. 点刹雪天最有效

雪天最让人头痛的就是刹车的问题，在这里最有效的方法就是点刹。用脚轻踩刹车，但不踩到底，反复轻踩，重复几次，就能有效地把车停稳。

此外，还应注意，上车前把鞋底的泥水蹭干净，以免因为脚底湿滑影响踩踏制动和油门；还有，就是雪天路上的路况较为复杂，人多车杂，在遇到人车交杂的路口时，一定要减速慢行，主路出辅路时，也应注意后车。

三、雪灾天气的疾病防治

（一）健康提醒

（1）防止意外摔倒。雨雪天路面湿滑，外出一定要小心，特别是老年人要防止意外摔倒造成骨折。

(2) 防止冠心病发作。雨雪天气气温较低，有时是气温陡降，冠状动脉在寒冷的刺激下，易痉挛收缩，并发心肌梗塞的可能性增大，因此心脑血管疾病患者一定要注意加强防护，不仅要注意保暖，还要避免劳累，及时服药。

(3) 防止感染呼吸道疾病。冬春季节是呼吸道疾病的高发期，抵抗力相对较弱的儿童、老人慢性病患者等应该适当减少在户外活动的时间，注意防寒保暖，在室内要注意空气的流通。

(4) 预防中风。老年人血管弹性差，气温的急剧下降会带来血压的波动而引发中风。

(5) 防止胃出血及消化道溃疡。寒冷容易引发胃出血及消化道溃疡，因此需要注意胃的保暖和饮食调养，日常膳食以温软素淡、易消化为宜，少食多餐，定时定量，忌食生冷，戒烟戒酒，也可以选用一些温胃暖脾的中成药服用。

(6) 防止出现煤气中毒。冬季寒冷，使用煤气和用煤炉取暖的家庭，一定要注意保持通风，谨防废气积聚引发中毒。

(7) 防范晨练病。对于喜欢外出晨练的老年朋友，特别是有冠心病的朋友，应随身携带急救药品。如果突发心绞痛症状，应立即停止运动，原地休息，同时含服硝酸甘油，切忌急速跑回家。一般来说，有冠心病的老年人不宜单独外出晨练，也不宜选择僻静的地方晨练。最好事先喝点牛奶等流质食物，避免空腹晨练引起低血糖反映，但不能吃得太饱或刚吃完早餐就去晨练。

(8) 防止不当的御寒方式。喜欢时尚的年轻人在入出室内外温差较大的环境时，要及时增减衣服。在下雪天，不要为了时尚，露腿或穿得太单薄。饮食要清谈，忌过多的食用凉性食物，防止急性胃肠炎发生。

(二) 应对雪灾必须特别注重膳食营养

寒冷对人体的影响是多方面的。首先是影响机体激素调节，促进蛋白质、脂肪、碳水化合物三大营养素的代谢分解加快，尤其是脂肪代谢分解加快；其次是影响机体的消化系统，使人提高食欲并消化吸收也较好；最后是影响机体的泌尿系统，排尿相应增多使钙、钾、钠等矿物质流失也增多。因此，这些变化都需要相应的营养素进行合理调节，以防机体在寒冷环境中出现上述一些生理变化，具体应做到以下几点。

1. 增加御寒食物的摄入

在寒冷的冬季，往往使人觉得因寒冷而不适，而且有些人由于体内阳气虚弱而特别怕冷。因此，在冬季要适当用具有御寒功效的食物进行温补和调养，以起到温养全身组织、增强体质、促进新陈代谢、提高防寒能力、维持机体组织功能活动、抗拒外邪、减少疾病的发生。在冬季，应吃性温热御寒并补益的食物，如羊肉、狗肉、甲鱼、虾、鸽、鹌鹑、海参、枸杞、韭菜、胡桃、糯米等。

2. 增加产热食物的摄入

由于冬季气候寒冷，机体每天为适应外界寒冷环境，消耗能量相应增多，因而要增加产热营养素的摄入量。产热营养素主要指蛋白质、脂肪、碳水化合物等，因而要多吃富含这三大营养素的食物，尤其是要相对增加脂肪的摄入量，如在吃荤菜时注重肥肉的摄入量，在炒菜时多放些烹调油等。

3. 补充必要的蛋氨酸

蛋氨酸可通过转移作用，提供一系列适应耐寒所必需的甲基。寒冷的气候使人体尿液中肌酸的排出量增多，脂肪代谢加快，而合成肌酸及脂酸、磷脂在线粒体内氧化释放出的热量都需要甲基，因此在冬季应多摄取含蛋氨酸较多的食物，如芝麻、葵花籽、乳制品、酵母、叶类蔬菜等。

4. 多吃富含维生素类食物

由于寒冷气候使人体氧化产热加强，机体维生素代谢也发生明显变化。如增加摄入维生素A，以增强人体的耐寒能力。增加对维生素C的摄入量，以提高人体对寒冷的适应能力，并对血管具有良好的保护作用。维生素A主要来自动物肝脏、胡萝卜、深绿色蔬菜等食物，维生素C主要来自新鲜水果和蔬菜等食物。

5. 适量补充矿物质

人怕冷与机体摄入矿物质量也有一定关系。例如，钙在人体内含量的多少，可直接影响人体的心肌、血管及肌肉的伸缩性和兴奋性，补充钙可提高机体的御寒能力。含钙丰富的食物有牛奶、豆制品、海带等。食盐对人体御寒也很重要，它可使人体产热功能增强，因而在冬季调味以重味辛热为主，但也不能过咸，每日摄盐量最多不超过6g为宜。

6. 注重热食

为使人体适应外界寒冷环境，应以热饭、热菜用餐并趁热而食，以摄入更多的能量御寒。在餐桌上不妨多安排些热菜汤，这样既可增进食欲，又可消除寒冷感。

实训课堂

(1) 雪天外出，怎么办？
(2) 雪天开车，应注意什么事项？

第四节　2008年南方雪灾

时间：2008年1月10日起
地点：江西、湖南等南方多省
事件：大范围低温、雨雪、冰冻等自然灾害

一、事件回顾

从2008年12月开始，罕见的暴风雪袭击我国南方。连续几场大雪覆盖面广、破坏力巨大。截至2009年2月初，这场大雪影响到湖北、湖南、安徽、江西等15省(区、市)128.21万

平方千米的国土面积，受灾人口已达到 7 786 余万人，直接经济损失达 537.9 亿元。电力职工积极救险。

2008 年 2 月 1 日，广州火车站因暴雪滞留旅客。在交通运输方面，此次暴雪已严重影响到水、陆、空各个不同层次，给人民群众的出行造成极大不便，特别是发生在中国的传统节日春节来临之际，出行压力高度集中。

据了解，全国车站和列车累计滞留旅客 580 多万人。更重要的是，它给抗灾工作带来重重困难，而此次雪灾由于对交通造成了极大的破坏和影响，因此给抗灾工作带来极大束缚。另外，这次雪灾涉及层面广泛，供电等系统也遭受极其严重影响。电网系统的发电煤储量已下降到最低点。在人民生活、物价、经济运行方面，影响十分深刻，人民生命财产不同程度地遭受损失。据了解，当时全国用电缺口高达 7 000 万千瓦，中国 13 个省份已经拉闸限电。广东、广西等很多企业目前用电已缺乏保证。全国被迫关停的发电机组已达 3 990 万千瓦，占全国火电装机总容量的 7%，全国共有 17 个省级电网电力供应紧张。

二、雪灾灾害的损失

（一） 受冰雪影响，交通运输严重受阻

京广、沪昆铁路因断电运输受阻，京广高速公路等“五纵七横”干线近 2 万千米瘫痪，22 万里普通公路交通受阻，14 个民航机场被迫关闭，大批航班取消或延误，造成几百万返乡旅客滞留车站、机场和铁路、公路沿线。

（二） 电力设施损毁严重

持续的低温雨雪冰冻造成电网大面积倒塌断线，13 个省（区、市）输配电系统受到影响，170 个县（市）的供电被迫中断，3.67 万条线路、2 018 座变电站停运。湖南 500kV 电网除湘北、湘西外基本停运，郴州电网遭受毁灭性破坏；贵州电网 500kV 主网架基本瘫痪，西电东送通道中断；江西、浙江电网损毁也十分严重。

（三） 电煤供应紧张

由于电力中断和交通受阻，加上一些煤矿提前放假和检修等因素，部分电厂电煤库存急剧下降。1 月 26 日，直供电厂煤炭库存下降到 1 649 万吨，仅相当于 7 天用量，有些电厂库存不足 3 天。缺煤停机最多时达 4 200 万千瓦，19 个省（区、市）出现不同程度的拉闸限电。

（四） 农业和林业遭受重创

农作物受灾面积 2.17 亿亩，绝收 3 076 万亩。秋冬种油菜、蔬菜等受灾面积分别占全国的 57.8%和 36.8%。良种繁育体系受到破坏，塑料大棚、畜禽圈舍及水产养殖设施损毁严重，畜禽、水产等养殖品种因灾死亡较多。森里受灾面积 3.4 亿亩，种苗受灾 243 万亩，损失 67 亿株。

（五）交通受阻、电力损毁导致工业企业大面积停电

电力中断、交通运输受阻等因素导致灾区工业生产受到很大影响，其中湖南83%的规模以上工业企业、江西90%的工业企业一度停产。

（六）灾害天气给居民生活带来严重影响

灾区城镇水、电、气管线（网）及通信等基础设施受到不同程度的破坏，人民群众的生命财产安全受到严重威胁。据民政部初步核定，此次灾害共造成129人死亡，4人失踪，紧急转移安置166万人，倒塌房屋48.5万间，损坏房屋168.6万间。

三、雪灾应急过程

（一）南国喜迎瑞雪，政府忽视危机

2008年1月8日，中国气象局联合交通部发布了“全国主要公路气象预报”。气象局将天气情况及时公布，并提醒人民群众注意天气变化，但未引起相关政府职能部门的重视。1月11日早晨6时发布“暴雪橙色警报”：第一轮的雨雪天气已经带来一些影响，造成一些地方交通受阻、旅客滞留等问题。但是，由于持续时间短、影响范围小，各级政府部门对后面可能出现的灾害未能做出足够的估计。

雪灾初期，交通部门一直保持“良好”运营状态，电力部门没有发现任何异常现象，信息部门没有发布防灾的消息，相关部门对灾情的严重性估计不足。

（二）雪景成雪灾，危机提上日程

2008年1月17日，中国气象局提供的春运气象服务预报显示：18～21日我国中东部地区将出现一次入冬以来范围最大、持续时间较长的雨雪天气过程。雪景、雪多开始向雪灾方向演变，雪灾对春运的压力开始显现出来，春运期间各地返乡客流给各地交通增加了沉重的运输负担。在这一阶段，中央与地方信息、不同地区及部门信息的上传下达不畅，导致危机事件频频爆发，危机开始受到各方重视。

（三）政府动员全民抗灾，危机初步解决

第三次大规模的雨雪天气再次降临南方各省，湖南省郴州市电网突然瘫痪，连续持续的低温冰冻雨雪天气开始产生叠加效应，其影响已经超过自然灾害本身、各种次生、衍生灾害开始出现，各级政府部门亲力亲为，参与抢险救灾，并动员全民加入救灾活动。全国铁路提早进入春运状态，铁道部向各局发布紧急通知，要求启动应急预案，全面做好迎战暴风雪的工作；交通部成立暴风雪天气应急处置临时工作机构，并要求各有关地区交通部门成立相应的工作机构，加强暴风雪天气应急处置的组织领导工作。

国务院应急办先后发出9份紧急通知，将此次灾难的应对提高到国家层面。1月28日，国务院煤电油运和抢险抗灾应急指挥中心成立，中共中央政治局、中共中央政治局常委分别

召开专题会议，研究雨雪冰冻灾情，部署做好保障群众生产生活工作，并强调千方百计“保交通、保供电、保民生”。1月30日，胡锦涛主席发出指示，要求解放军和武警有关部队全力支持灾区抗灾救灾。截至2月11日，解放军和武警部队已经累计出动官兵64.3万人次，民兵预备役人员186.7万人次投入抗灾救灾工作。危机事件进入初步解决阶段。

四、雪灾的应急对策

（一）加强雪灾应急体系建设

一是要加强气象预测、分析和预报体系，使应急工作建立在科学预报的基础上；二是是建立从中央到地方的应急决策与指挥体系；三是在总结这次抗灾救灾经验教训和借鉴国外经验的基础上，制订具有可操作性的应急预案；四是建立必要的、动态的资金与物质储备，重点是资金准备，物资储备应以社会储备、社会动员为基础；五是高速公路及国省干道可配备普通铲雪机，重型铲雪设备以省高速公路网为单位适当配置，更多的应急设备可通过向社会临时租用的方式获得，以避免不必要的重复购置和闲置；六是建立灾情、交通信息的采集、联网、共享与权威性的发布体系。

（二）加强跨区域、跨部门的协调和实行积极疏导的方针

高度现代化的、立体的、网络化的运输体系，既加快了运输节奏，又提高了运输效率，但也出现了运输体系相互协调的复杂性以及因局部瘫痪而对全局造成影响。因此，必须理顺和加强跨区域、跨部门的协调。对于高速公路、铁路网的主干线和跨省区关键环节，应在中央政府的层次建立统一的指挥机构与协调机制；省与省之间应在中央的统一指挥下，相互协调、相互配合、相互支援，既要守土有责，各人扫清门前雪，确保本地路段的畅通，又不能以邻为壑，把矛盾和困难转移到相邻省份。

（三）科学布局、建设与合理利用综合交通运输体系

高速公路的设计，没有必要全部抬高路基。在地质条件允许的前提下，一些路段可以适当降低路基，采取发达国家高速公路“顺地爬”的模式，既有利于紧急情况下车辆从高速公路上快速向外疏散，也有利于对被损坏路段进行及时的修复。

2008年春节前后，南方地区许多火力发电厂因煤炭运输受阻导致煤炭供应紧张。但是，江苏省充分利用沿海、沿江和大运河的水上运输，较充分地保证了发电用煤的供应。由于水上客运已经没有优势并显著衰退，但水上货物运输成本较低且基本不受大雪影响，因此，东部和南部沿海、沿江地区应当更多地利用水上运输能力，以降低北煤南运对铁路和公路运输的依赖程度。

（四）统筹规划输变电设施的修复和电力建设

我国输电高压线路是按30年一遇的自然灾害来设计的，即输电线路防覆冰的标准不超过10mm，而这次南方冰冻雨雪气候的覆冰在30～60mm，大大超过了设防标准。这次雪灾

对电力、通信和交通设施造成破坏的后果在一定程度上暴露了电力、通信和交通系统在灾害面前的脆弱性。因此，应对办法需要考虑战略安全、经济合理、技术可靠等多种因素。

提高设计标准后必然会增加建设成本，但可实行普遍性与特殊性相结合的原则，对特殊区段的电网设计提高设计标准。在海拔高、易产生覆冰的线段，海拔虽然不高、但具备产生覆冰的气象条件的线段，冬天大雪封山、事故抢修成本高的无人区内的线段，应优先提高设计标准。

扩展阅读

雪灾暴露的问题

1. 当前我国的应急体制并不健全

2003 年后，中国各级政府制定了有关自然灾害、事故灾难、公共卫生事件和社会安全事件的应急预案。2007 年 11 月 1 日，国家突发事件应对法正式实施，明确我国要建立以统一领导、综合协调、分类管理、分级负责、属地管理为主的应急管理体制。但此次雪灾所暴露出对于复合性突发事件仍不能充分应对的问题。在关于自然灾害救助的国家应急专项预案中，没有包括雪灾，雪灾和春运两者叠加就把消极影响扩大了。

2. 地方政府应对雪灾经验不足，缺乏防范意识

地方政府没能对大雪成灾有预期，加上部门分割，在具体的实施和协作中又会出现很多问题。此次雪灾突袭南方，而南方只有应对暴雨、台风的经验，以致一些地方对百年不遇的大雪有些措手不及，加上雪灾适逢春运，使交通和电力的困境倍增。

3. 政府应对突发事件的管理缺乏有效的协调机制

此次发生在南方各省的自然灾害表明，我国现行应对突发事件的组织机制存在很大问题。雪灾应该由应急办管，但各级政府下属的专门应急办公室只是一种协调性机构，还不能真正具有统一组织、指挥和协调各种突发事件应对工作。政府各职能部门条块分割、权责不明晰，相互间沟通不畅。气象部门和电力部门就缺乏有效沟通，气象信息未能对电力设施的建设和运行起到应有的指导作用。

4. 信息建设有待进一步规范

此次雪灾反映出在信息的规范上缺乏统一的信息标准，有的地区专业部门按照各自行业的应急机制建立信息系统，但是对该系统平台技术和业务系统数据格式标准不一，加上各部门之间通信网络和数据传输网络缺乏联动机制，因而加大了实现信息联动和技术共享的难度。京珠的高速公路之所以出现严重大堵车，也与各信息部门发布混乱通车信息有着极大的关系，致使许多不知情的车辆进入湖南后无法出去，造成京珠高速出现严重堵车境况。

5. 缺乏明确的问责机制

遇到突发公共事件，事发地政府的主管部门需要同时向其所隶属的本级政府和上级政府主管部门报告。在现有的绩效考核体系下，事发地政府的主管部门在上报时不得不再三权衡自己的利弊得失。遇重大突发性危机事件，往往是有利益各部门拼命抢，有责任却相互

推或往上推，对危机事件处理分析草草了事。

雪天外出要注意的事项

（1）防滑。雨雪天气宁可踩在厚厚的积雪上也要避开浮冰和积水，尽量抬起脚，实在地踩下去，这样就减少了鞋底和地面的向前摩擦力，从而大大降低摔倒的可能性，建议平常骑电动车和自行车的人们，要选择步行或者公共交通出行，开车要注意路面，防止碰撞。

（2）防砸。由于部分地区降雪较大，树木存在被压倒的危险，行人应该尽量远离树木等高的物体，谨防因坍塌被砸伤。由于雪的覆盖，道路上许多“陷阱”会被遮住，因此，人们应千万小心，注意低洼、井盖、建筑材料上的钉子等。

（3）防偷。由于大雪的出现公共交通压力骤增，人们就要格外警惕不法分子趁机作案。上车前，应将提包拎在手中而不是挂在肩上，男士不要将手机和钱包放在腰间和裤兜；上车后，还应时刻注意自己财务的安全。

（4）防雾。天气的变化必然会受到影响的还有航班，选择外出飞行的朋友要及时了解机场航班的动态信息，并跟踪飞机可能起飞的时间，以免误机或被迫滞留在机场。此外，在等候的同时，还应注意及时补充身体的能量。

讨论题

1964年2月，年仅11岁的龙梅和9岁的玉荣为保护集体羊群，在－37℃的气温下与严寒和暴风雪搏斗了整整一昼夜。暴风雪来的时候她们离家只有一两公里，完全可以安全回家。但羊群顺着风拼命逃窜，姐妹俩拦堵不住，只好跟着羊群奔跑，越跑越远。因极度疲乏，姐妹俩在冰天雪地里睡着了。深夜，龙梅冻醒一看，羊群、妹妹都不见了。她爬起来，一路走一路喊，走了两三里，才找到玉荣和羊群。姐妹俩跟着羊群继续前进。同风雪搏斗了一天一夜，已走出了70多里，直到第二天获救。草原小姐妹的故事广为流传，请结合具体的时代环境，谈谈你的看法。

第五节　雷雨极端天气的应对与安全教育

雷阵雨(Thundershowers)是一种天气现象，其表现为大规模的云层运动，比阵雨要剧烈得多，还伴有放电现象，常见于夏季。雷雨是空气在极端不稳定的状况下所产生的剧烈天气现象，它常挟带强风、暴雨、闪电、雷击，甚至伴随有冰雹或龙卷风出现，因此往往造成灾害。

极端天气气候事件是指在一定时期内，某一区域或地点发生的出现频率较低或有相当强度对人类社会有重要影响的天气气候事件。由于我国具有典型的季风气候特点，极端天气的发生又和某一个时段的环流异常等有关，所以雷电、暴雨、冰雹、短时大风都是夏季易发的极端天气现象。

一、雷雨极端天气的分类及成因

（一）雷雨分类

雷雨可分为两类，一类为锋面雷雨；另一类为气团雷雨。每年自3月起开始增加，到7、8月达最盛时期；其中，3～6月间的雷雨多属锋面雷雨，7～9月间则多为气团雷雨。

雨量是指降落在地面上的雨水未经蒸发、渗透和流失作用，而以积聚的深度来确定的。我国规定以毫米为深度的单位。雨量的等级根据24h内降雨量的大小划分为小雨、中雨、大雨、暴雨、大暴雨、特大暴雨几个等级。

（1）小雨。降雨量在10mm以内，雨滴清晰可辨，落到屋瓦和硬地上不四溅，雨声缓和淅沥；通常需2min后才能完全润湿石板和屋瓦，水洼形成很慢。

（2）中雨。降雨量在10～25mm，可听见沙沙的雨声，雨落如线，雨滴不易分辨，落到屋孔和硬地上略有四溅，水洼形成较快。

（3）大雨。降雨量在25～50mm，大雨时，雨落如倾盆，模糊成片，雨滴落到屋瓦和硬地上四溅可达数寸，雨声如擂鼓，水潭形成极快。

（4）暴雨.降雨量在50～100mm，马路积水。降雨量在100～200mm的叫大暴雨；降雨量在200mm以上的叫特大暴雨，地势低处受淹。

（二）成因

当雷阵雨来时，往往会出现狂风大作、雷雨交加的天气现象。大风来时，飞沙走石，掀翻屋顶吹倒墙，风雨之中，街上的东西随风起舞，飞得到处都是，甚至还会把大树连根拔起。

夏季太阳光直射使地面上的水蒸发得比冬、春、秋都快。贴近地面的空气因温度较高，能够接纳更多的水汽，导致空气的密度减小、空气变轻，变轻了的空气不停地上升。随着海拔高度的增加，温度会逐渐下降（每上升100m，气温降低0.6℃），空气也就渐渐凉下来。空气凉了，就无法容纳原先丰沛的水汽，一部分水汽就会凝结成小水滴，天空就会起云。但是，这些小水滴为什么不迅速落下来成为雨呢？这是因为小水滴太小，上升的热气流托住了它们，并把悬浮着的小水滴不停地往更高处推。云就越堆越大越高，这样的云，气象上叫积雨云，其云底离地面约1 000m。

当积雨云内的小水滴不断碰撞合并成较大的小水滴时便开始往下落，而从地面上升的热空气却一个劲儿往上冲，两者之间摩擦后就带上了电荷。上升的气流带正电荷，下落的水滴带负电荷。随着时间的推移，积雨云的顶部积累了大量的正电荷，底部则积聚许多负电荷；地面因受积雨云底部负电荷的感应，也带上了正电荷。

云中水滴合并增大，直到上升热气流托不住了，就从云中直掉下来。下层的热气流给雨一淋，骤然变冷，不再上冲，转而向地面扑下来。此时，空中的电荷开始放电，并伴随着轰隆隆的雷声。夏天是雷雨天气的高发季节。

二、避险常识

（一）外出时遇见极端天气

出现冰雹天气时，事先天气预报会有预测，但不一定就十分的准确在某个时间段，有时出现了偏差，如果刚好外出不在家，遭遇冰雹的时候，怎么办？

（1）这个时候最好就地寻找一家大超市或一些比较大型坚固的公共场所避一下，千万不要贸然在路上赶路，也不要选择到一些临时搭建的工棚、帐篷之下去避雨，因为这些建筑物是临时搭建的，都是很不牢固的，容易砸伤躲在底下避雨的人。

（2）避雨时，不要站在门口、走廊或者是躲在一些广告牌之类的旁边，因为一旦风力过大，便会将许多的杂物刮起来，这时，站在门口走廊或是广告牌之下的人，很有可能会被这些杂物所砸伤。

（二）开车外出时遇见极端天气

在极端天气下，如何行车才安全？雷雨天行车注意事项有哪些？这些也都是车主们格外关心的问题。

（1）碰到雷雨天气，车上人员应该选择停车坐在车内，在车内避雨，不要下车走动。车辆本身是容易吸引雷电的导体，如果雷电击中车辆，则在车辆附近走动，很可能会触及经过地面传导的电流。同时，需要提醒的是，车内人员在雷电天气下应紧闭车窗，避免将身体伸出车外。

（2）如果在驾车途中突遭雷电，则应当放慢车速，必要时，应停车躲避。因为雷电击中可能会引起车辆失控，车速慢可以减少危险。

（3）雷电天气下，停车时车主也需要格外注意。在城市停车时，应注意不要将车辆停靠在大树或建筑物广告牌下方，突如其来的闪电如果碰巧击中这些物体，可能会导致其倾倒砸向汽车。在郊外时，更不能将汽车停放在靠近大树等危险场所，可以选择地势相对较低的地方停车，等待雷雨过去。

（4）遇到雷电天气，应该尽量不要使用手机，因为打雷时手机的信号磁场会发生变化，强大的雷电对地释放过程将在周围产生很强的电磁场。因此，建议车主在雷电天气时收起车外天线，并暂时关闭汽车音响，以避免汽车被雷电击中后将电流引入车内，造成电器电路故障。

（三）在家时出现极端天气

（1）当刮大风下大雨时，在家自然是最为明智和安全的选择。但是，不是说在家就可以忽视一切外界消息，刮大风下大雨的时候，特别是下冰雹这样的极端天气很容易导致电路出现故障、短路等情况，甚至雷电也可能会干扰到一切的家用电器，近几年来，因为在雷电交加时使用家用电器造成电器爆炸的事件不在少数，因此在家时，最好是检查一下家用电器的使用情况，大功率的电器尽量不要开启，只留下照明用的电器设备即可。

(2) 准备好手电筒或是蜡烛等照明用具，以免出现突然停电时措手不及。如果家中有老人和小孩，还应稳定好小孩和老人的情绪，照顾他们，以免因为黑或者恐慌等引起的不必要的伤害。

三、安全自救知识

2012 年 7 月 21 日，北京发生暴雨到大暴雨天气，全市平均降水量 170mm，为自 1951 年以来有完整气象记录的最大降水量。截至 22 日 17 时，在北京境内共发现因灾死亡 37 人。一场大雨带来的灾难似乎远超大家的想象，而生命的逝去更让人难过。了解掌握雷阵雨天气的安全自救知识，可以帮助人们保障自身的安全。

（一） 雷击

雷击是常见的暴雨天气灾害，常发生在户外活动多的场所，不易受人们重视，但其破坏性是巨大的。在灾害中有人因此遇难。

避免户外雷击应做到如下几点。

(1) 遇到突然的雷雨，可以蹲下，降低自己的高度，同时将双脚并拢，以减少跨步电压带来的危害。

(2) 不要在大树底下避雨。

(3) 不要在水体边(江、河、湖、海、塘、渠等)、洼地及山顶、楼顶上停留。

(4) 不要拿着金属物品及接打手机。

(5) 不要触摸或者靠近防雷接地线，自来水管、用电器的接地线。

预防室内雷击应做到如下几点。

(1) 打雷时，首先要做的就是关好门窗，远离进户的金属水管和与屋顶相连的下水管等。

(2) 尽量不要拨打、接听电话或使用电话上网，应拔掉电源和电话线及电视天线等可能将雷击引入的金属导线。稳妥科学的办法是在电源线上安装避雷器并做好接地。

(3) 在雷雨天气不要使用太阳能热水器洗澡。

（二） 触电

雷雨天气有可能造成一些高压或低压供电线路断线，还有可能导致供电设备短路和放电。如果在这种天气出行或滞留在户外，需要注意预防触电的情况发生。

(1) 不要靠近架空供电线路和变压器，更不要在架空变压器下面避雨。

(2) 不要在紧靠供电线路的高大树木或大型广告牌下停留或避雨。

(3) 在户外行走时，应尽量避开电线杆的斜拉铁线。

(4) 暴雨过后，有些地方的路面很可能出现积水。此时，最好不要蹚水，如果必须要蹚水通过的话，一定要随时观察所通过的路段附近有没有电线断落在积水中。

(5) 如果发现供电线路断落在积水中使水中带电的情况，千万不要自行处理，应当立即在周围做好记号，提醒其他行人不要靠近，并要及时打电话通知供电部门紧急处理。

(6) 一旦发现有人在水中触电倒地，千万不要急于靠近搀扶，必须要在采取应急措施后才能对触电者进行抢救。

(7) 万一电力线恰巧断落在离自己很近的地面上，首先不要惊慌，更不能撒腿就跑。这时候应该用单腿跳跃着离开现场，否则很可能会在跨步电压的作用下使人身触电。

（三） 溺水

暴雨天气可能会导致大面积积水及山洪，本次暴雨灾害中，也有遇难者因被困车中导致溺水死亡。那么，如何应对各种溺水情况？

当发生溺水时，不熟悉水性时可采取自救法：除呼救外，取仰卧位，头部向后，使鼻部可露出水面呼吸。呼气要浅，吸气要深。此时，千万不要慌张，不要将手臂上举乱扑动而使身体下沉更快。

1. 在水中被困车内

(1) 解开安全带，解开车门安全锁，立即完全打开车窗，安定情绪，进行深呼吸。车辆入水后，水会快速涌进车内，这时水压非常大，车内的人很难打开车门逃生。只有当车内充满了水，车门两侧压力相等时，才有可能打开门。

(2) 如果没有及时开窗，可以通过破窗锤来击碎车窗玻璃，让水尽快进入车内，增加逃生机会。此外，猛踢、手握钥匙、用手机砸等方式无法有效地打破玻璃。

(3) 打开车门后，应尽快向旁边游开。

2. 在逃生时抽筋

在水中发生抽筋时，千万不要惊慌，一定要保持镇静，停止游动，仰面浮于水面，并根据不同部位采取不同方法进行自救。使身体成仰卧姿势，用手握住抽筋腿的脚趾，用力向上拉，使抽筋腿伸直，并用另一腿踩水，另一手划水，以帮助身体上浮。

（四） 山洪

暴雨也可能会导致山洪暴发，在这种情况下应注意以下几点。

(1) 保持冷静，尽快向上或较高地方转移。

(2) 不要沿着行洪道方向跑，而要向两侧快速躲避。

(3) 千万不要轻易涉水过河。

(4) 如被山洪困在山中，应及时与当地有关部门取得联系或发出求救信号，寻求救援。

（五） 内涝

(1) 注意收听、收看天气预报。当天气预报连续报有暴雨或大暴雨时，居住在河谷、低洼地带，沿江沿湖地区的人们，就要提高警惕，随时注意灾情的变化，并及时采取适当的措施。在洪水到来之前，按照预先选择好的路线撤离易被洪水淹没的地区。

(2) 如果洪水来势凶猛，已来不及撤离，则应就近迅速向山坡、高地、楼房、避洪台等地转移，或者立即爬上屋顶、楼房高层、大树、高墙等高的地方暂避，等候救援。土墙、泥坯房或干打垒住房，经水一泡随时都有坍塌的危险，因此只能用作暂时的避难场所。

(3) 如果洪水继续上涨，暂避的地方已难自保，则要充分利用准备好的救生器材逃生，或者迅速找一些门板、桌椅、木床、箱子、大块的泡沫塑料等能在水上漂浮的材料扎成筏逃生。如已被卷入洪水中，一定要尽可能抓住固定的或能漂浮的东西，寻找机会逃生。

(4) 逃生时，不要沿着行洪道的方向跑，而要向两侧快速躲避。千万不可攀爬带电的电线杆、铁塔。当发现高压线铁塔倾斜或者电线断头下垂时，一定要迅速远避，防止直接触电或因地面跨步电压触电。

(5) 如果已被洪水包围，则应设法尽快与当地政府防汛部门取得联系，报告自己的方位和险情，积极寻求救援。用手电筒、哨子、旗帜、鲜艳的床单、衣服等工具发出求救信号，以引起营救人员的注意，前来救助。

(6) 如果有可能，可吃一些高热量的食品，如巧克力、饼干等，喝些热饮料，以增强体力。避难时，应携带好必备的衣物以御寒，特别要带上必需的饮用水，千万不要喝洪水，以免传染上疾病。

（六）泥石流

(1) 面对泥石流不能顺着山沟跑。

(2) 当山洪泥石流袭来时，千万不能顺着山沟的方向往下游跑，而应马上向与泥石流成垂直方向的两侧山坡高处跑。

(3) 山洪来时，可以先到屋顶、大树或附近的小山丘暂避，并用绳子或被单等物品将身体与烟囱、树木等安全固定物相连，以免从高处滑下被洪水卷走。

(4) 如果被洪水包围，要尽快与当地政府、防汛部门联系，报告自己的方位和险情，积极寻求救援。

（七）城市内涝

(1) 在地下室中。在地下室居住的居民要注意收看天气预报，尤其是洪涝灾害的警报。当天气预报连续报有暴雨或大暴雨时，要特别提高警惕，随时注意灾情的变化，及时转移。一旦雨水倒灌情况严重无法脱身，应尽可能寻找可用于救生的漂浮物，尽可能地保留身体的能量，沉着冷静，等待救援。

(2) 在地铁里。如果列车无法运行，则需要在隧道内疏散乘客，此时乘客要在司机的指引下，有序通过车头或车尾疏散门进入隧道，切勿擅自跳下轨道，以防触电；站台突然停电，很可能是该站的照明设备出现了故障，在等待工作人员进行广播和疏散前，请原地等候。列车在运行时遇到停电，乘客千万不可扒门离开车厢进入隧道。

(3) 在地下商场。当地下商场出现倒灌时，被困人员要有秩序地疏散、撤退，向高层转移。商场作为人群密集的地方，在灾害来临时，人员应避开货架和玻璃柜台。

(4) 被困雨中。如遇到暴雨，行人不要着急赶路，并且以最快的速度到达地势比较高的房屋内暂时性的避雨。切记不能在桥洞、有电线杆的建筑物、大树以及屋檐下避雨；如暴雨已没过脚踝，可以拿树枝在前面探路，以免掉入缺失井盖的排水渠中；在前进过程中，要注意路旁电线杆、变压器、灯杆等，如有电线落入水中要绕行；骑自行车或电动车时，注意观察，缓慢骑行，遇见情况早下车，尽量避开有积水的路面，避免水下障碍物或坑陷。

（八）暴雨天房屋倒塌

（1）房屋倒塌时，要寻找掩体；行走时，远离建筑区。

（2）如果在室内：蹲下，抓牢，利用写字台、桌子或者紧贴内部承重墙作为掩护，然后双手抓牢固定物体。

（3）如果在室外：远离建筑区、大树、街灯和电线电缆。

（4）如果在开动的汽车上：尽快靠边停车，留在车内。注意，不要把车停在建筑物下、大树旁、立交桥或者电线电缆下。

四、极端气候下防范疾病常识

（一）要注意温差变化

专家建议，暴雨天气与以往的湿热天气相比，会有一个较大的温差，此时一定要注意添加衣服，防止因相对低温而影响身体的抗病能力。注意，保温有助于提高身体免疫力和抵抗病毒的能力。

（二）要注意饮食卫生

大雨冲击使地上的各种污泥杂物都汇集在一起，水的质量会受到很大影响。因此，被雨水浸泡过的熟食、食品等不能再食用，蔬菜、水果类也要经过充分的清洗处理或削皮处理等再食用。尤其注意不要喝生水，特别是有露天粪坑的农村边缘地区。进食前，必须洗净双手。

（三）注意行走安全

暴雨可能会使一些建筑设施遭到破坏，也有可能刮倒一些供电设施。因此，无特殊需要，不要在暴雨时到处行走。若无法避免，则在行走时，要注意周围是否有损坏的电线杆等，防止因为线路损坏和大雨浸泡造成触电。在山区和农田行走，最好穿长筒雨靴。

五、极端天气应对措施

极端天气突显出我国尚需提高极端天气应对能力。气象、水利等有关部门认为，加强城市和已发生灾害地区建设规划、建立与健全灾害信息发布机制、提高民众抗灾意识，整合政府、社会、民众三大力量是当前应对极端天气的着力点。

（1）建立与健全信息发布机制，是应对极端天气的根本性措施。对于极端气候造成的灾害，提早预报消息及早应对是“根本之道”。目前，应建立完善灾害信息发布传播机制，完善灾害信息发布配套措施，并通过互联网、手机、农村大喇叭等设施，将预报信息尽量传递到最基层的民众中。

（2）规划建设好城市防御灾害标准和山区居民建筑位置，是防御极端天气的基础性措施。据了解,山区居民房屋多建设在山脚地势较平的低洼处,很多就在山脚下。政府需要大力引导山区居民选择避灾能力更强的位置。同时,有针对性地建设防洪设施。城市新建建筑需要提高防灾标准并尽量提高旧有防灾标准。

(3) 培养民众积极应对极端天气灾害意识,并理性看待极端天气造成的灾害。

实训课堂

(1) 在雷雨天气里,怎样避免雷击和触电?

(2) 雷雨天气发生山洪时,你怎么办?

(3) 雷雨天气发生泥石流时,你怎么办?

第六节 北京"7·21"特大暴雨

时间:2012 年 7 月 21 日

地点:北京市

事件:北京市发生暴雨到大暴雨天气,全市平均降水量 170mm

2012 年 7 月 21 日,北京城遭遇一年以来最大的雨,总体达到特大暴雨级别。一天内,市气象台连发 5 个预警,暴雨级别最高上升到橙色。截至 22 日 2 时,全市平均降雨量 164mm,为 61 年以来最大。其中,最大降雨点房山区河北镇达到 460mm。

暴雨引发房山地区山洪暴发,拒马河上游洪峰下泄。截至 22 日 17 时,暴雨洪涝灾害造成房山、通州、石景山等 11 区(县)12.4 万人受灾,4.3 万人紧急转移安置。全市受灾人口 190 万人,其中房山区 80 万人。23 日,据初步统计,全市经济损失近百亿元。据央视新闻报道,北京"7·21"特大自然灾害已造成 78 人遇难。

一、灾情介绍

(一) 灾情特点

据市防汛办统计,本次降雨总量之多、强度之大、历时之长、局部洪水之巨均是历史罕见。

(1) 降雨总量之多历史罕见。全市平均降雨量 170mm,城区平均降雨量 215mm,为新中国成立以来最大一次降雨过程。房山、平谷和顺义平均雨量均在 200mm 以上,降雨量在 100mm 以上的面积占本市总面积的 86%以上。

(2) 强降雨历时之长历史罕见。强降雨一直持续近 16 个小时。

(3) 局部雨强之大历史罕见。全市最大降雨点房山区河北镇为 460mm,接近 500 年一遇,城区最大降雨点石景山模式口 328mm,达到百年一遇;每小时降雨超 70mm 的站数多达 20 个。

(4) 局部洪水之巨历史罕见。拒马河最大洪峰流量达2 500m^3/s,北运河最大流量达 1 700m^3/s。

（二） 损失严重

此次降雨过程导致北京受灾面积 16 000km^2，成灾面积 14 000km^2，全市道路、桥梁、水利工程多处受损，全市民房多处倒塌，几百辆汽车损失严重。据初步统计全市经济损失近百亿元。

1. 对基础设施造成重大影响

全市主要积水道路 63 处，积水 30cm 以上路段 30 处；路面塌方 31 处；3 处在建地铁基坑进水；轨道 7 号线明挖基坑雨水流入；5 条运行地铁线路的 12 个站口因漏雨或进水临时封闭，机场线东直门至 T3 航站楼段停运；1 条 110kV 站因淹水停运，25 条 10kV 架空线路发生永久性故障，10kV 线路已全部恢复供电；降雨造成京原等铁路线路临时停运 8 条，已恢复 7 条。

2. 园林绿化损失巨大

园林绿化部门对受灾情况进行了初步统计：全市果树积水面积 15.4 万亩，冲毁 6.58 万亩，其中房山区最为严重，共冲毁果树 5.7 万亩；花卉受灾面积 2 300 多亩，其中房山区受灾面积 2 000 亩，有 80 栋温室被冲塌，损失 1 000 多万盆（株）花卉；平原造林积水面积近 2 万亩，倒伏树木 2.3 万株；城区树木倒伏 240 棵，冲毁草坪 3 500m^2。据初步估算，本次暴雨给全市园林绿化产业造成经济损失近 10 亿元。

3. 对居民正常生活造成重大影响

全市共转移群众 56 933 人，其中房山区转移 20 990 人。发生两起泥石流灾害，分别为房山区霞云岭乡庄户鱼骨寺泥石流灾害，造成 1 人失踪，1 人受伤；房山区河北镇鸟语林景区泥石流，未造成人员伤亡。平房漏雨 1 105 间，楼房漏雨 191 栋，雨水进屋 736 间，积水 496 处，地下室倒灌 70 处，共补苫加固房屋 649 间，疏通排水 141 处。

（1）交通瘫痪

城市交通：城区 95 处道路因积水断路。

航班：大面积延误，近 8 万名乘客滞留在首都机场。截至 21 日 18 时 30 分，受北京本轮强降雨影响，首都机场国内进出港航班取消 229 班，延误 246 班，国际进出港取消 14 班、延误 26 班。由于机场快轨故障，出租车奇缺，大量旅客滞留在首都机场。

地铁：地铁机场线部分停运，地铁 6 号线金台路工地发生路面塌陷。19 时 40 分，北京地铁机场线一列车在三元桥站发生故障停运，19 时 50 分，从东直门站至 T3 航站楼之间路段列车停运。

火车：强降雨影响造成部分旅客列车晚点。受强降雨影响，造成北京铁路局管辖内京原线、丰沙线、S2 线、京承线、京通线部分旅客列车晚点。从北京西开往涞源的 Y595 次列车在十渡附近停驶 10 多个小时。

（2）道路中断

房山：受灾最严重 12 个乡镇交通中断。截至 22 日上午 9 时，北京受灾最严重的房山区 12 个乡镇交通中断，6 个乡镇手机和固网信号中断。京广铁路南岗洼路段因水漫铁轨导致铁路断运。暴雨造成京港澳高速出京 17.5km 处南岗洼铁路桥下严重积水，导致京港澳高速北京段五环至六环之间双向交通瘫痪。

二、自救方法

（一）洪水到来之前，要尽量做好相应的准备

(1) 根据当地电视、广播等媒体提供的洪水信息，结合自己所处的位置和条件，冷静地选择最佳路线撤离，避免出现“人未走水先到”的被动局面。

(2) 认清路标，明确撤离的路线和目的地，避免因为惊慌而走错路。

(3) 充分做好自保措施。

① 备足速食食品或蒸煮够食用几天的食品，准备足够的饮用水和日用品。

② 扎制木排、竹排，收集木盆、木材、大件泡沫塑料等适合漂浮的材料，加工成救生装置以备急需。

③ 将不便携带的贵重物品作防水捆扎后埋入地下或放到高处，票款、首饰等小件贵重物品可缝在衣服内随身携带。

④ 保存好尚能使用的通信设备。

（二）洪水到来时的自救

(1) 洪水到来时，来不及转移的人员，要就近迅速向山坡、高地、楼房、避洪台等地转移，或者立即爬上屋顶、楼房高层、大树、高墙等高的地方暂避。

(2) 如洪水继续上涨，暂避的地方已难自保，则要充分利用准备好的救生器材逃生，或者迅速找一些门板、桌椅、木床、大块的泡沫塑料等能漂浮的材料扎成筏逃生。

(3) 如果已被洪水包围，要设法尽快与当地政府防汛部门取得联系，报告自己的方位和险情，积极寻求救援。

(4) 如已被卷入洪水中，一定要尽可能抓住固定的或能漂浮的东西，寻找机会逃生。

(5) 发现高压线铁塔倾斜或者电线断头下垂时，一定要迅速远避，防止直接触电或因地面“跨步电压”触电。

三、灾后消毒措施

（一）水灾后消毒原则

(1) 加强环境消毒。对受淹的室内地面、墙壁及物品应进行及时消毒，对临时灾民安置点应随时进行消毒，防止传染病的发生。

(2) 确保重点场所及时消毒。暴露的粪便、排泄物要及时处理、消毒，防止污染扩散。

(3) 及时处理动物尸体。家畜、家禽和其他动物尸体应尽早处理。

(4) 关注餐具及手部卫生。水灾过后，肠道传染病发病风险加大，应严格进行餐厨具消毒，正确洗手，预防肠道传染病的发生。

(5) 一般不必对室外环境开展大面积消毒，防止过度消毒现象的发生，避免造成对环境的污染。

（二）消毒方法

1. 地面、墙壁、门窗、桌面等物体表面

受污水污染的环境及物品可用有效氯为 500～700mg/L 的含氯消毒剂溶液或 0.2%～0.5% 过氧乙酸溶液喷洒消毒，作用 30min，喷洒剂量 100～300mL/m^2，以喷湿为度。不耐腐蚀的表面消毒后用清水擦拭。

2. 衣物

用有效氯为 250～500mg/L 的含氯消毒剂浸泡 30min，含氯消毒剂对衣物有漂白的作用，消毒后用清水清洗。

3. 餐(饮)具

首选煮沸消毒 10～15min 或流通蒸汽消毒 10min。也可用有效氯为 250～500mg/L 含氯消毒剂溶液浸泡 5min 或 0.2%～0.5%过氧乙酸溶液浸泡 30min 后，再用清水洗净。

4. 排泄物、呕吐物

每 2L 可加漂白粉 50g 或有效氯为 20g/L 的含氯消毒剂溶液 2L，搅匀放置 2h。

5. 污水

可能受到粪便污染的小型污水，可用有效氯 80mg/L 含氯消毒剂，作用 2h，余氯 4～6mg/L。

6. 动物尸体处理

家畜、家禽和其他动物尸体处理首选焚烧方法。在无法焚烧情况下，可以深埋，深埋时坑深不低于 2m，动物尸体底部垫漂白粉干粉，上部用漂白粉覆盖，漂白粉干粉厚度应为 3～5cm。

7. 手的消毒

接触污染物后，应使用免洗手消毒剂涂擦双手，消毒作用时间应不低于 1min。

四、灾后反思

北京市委书记表示："7·21"特大自然灾害给我们的教训异常深刻，在灾害面前，我们的规划建设、基础设施、应急管理都暴露出许多问题。因此，应不断加强和改进我们的工作，使我们的规划建设更科学、更符合自然规律；使我们的各项工作更加体现以人为本，以确保这样的灾难不再重现。

（一）亟待提升大城市防灾减灾能力

北京 2012 年的移动泵车比 2011 年多了 1 倍以上，汛期时分别布控在 18 处容易出现积水的地区。工作人员在 21 日早晨就开始对个别容易发生积水的河道提前进行了抽水，降低水位。尽管如此，依然发生了严重的积水问题。不可否认，各部门提前防范，积极抢险，防灾抗灾能力有了一定地提升，但也显示出极端天气气候事件频发的情况下，大城市防灾减灾的脆弱性。

因此，亟待提升大城市防范涝灾的能力。城市应该根据不同区域的地理条件、人口密度以及建筑物的分布，设定不同的防汛建设标准，不断加强城市地下管道的建设和配套管理，完善城市内涝防御应急体系建设。

（二）着眼于长效根本的解决之道

每一场暴雨留下的不应该只是仓皇的教训，每一次灾后的反思不能只停留在发现问题。防灾减灾应当是一项综合性工程，不能“头痛医头，脚痛医脚”。要深挖根源、综合治理、防治结合，真正把防灾减灾工作当作百年大计来抓。

汛期前将完成中心城 20 处下凹式立交桥积水治理，推进 64 处雨水泵站改造。加强高层建筑、人员密集场所等重点区域火灾防控，提高极端天气、地质灾害应对处置能力。细化各类灾害和突发事件应急预案，大力普及防灾减灾知识，提高市民防灾减灾意识和自救互助能力。

（三）完善应急机制是当务之急

虽然提高城市排水设施的设计标准确实能够极大改善城市防洪能力，但是考虑到耗资巨大以及建设周期过于漫长，必须寻找其他可以在短期内提升城市防洪能力的有效措施。这次暴雨暴露出来的问题，除了基础设施硬件不足外，更多的是管理等软件方面的欠缺。

扩展阅读

北京现有的应急体系还有许多亟待改进之处，具体有如下几个方面。

1. 信息搜集系统

北京作为全国道路摄像头密度最高的一个城市，在“7·21”这样的暴雨来临时，就应该把平时监控车辆违规现象的摄像头转换用途以监控遇险车辆，并在风险高的路段做好应急响应的准备。

2. 信息发送系统

现在的通信技术已经可以做到给某个给定区域的手机发送短信的功能，桥下和凹槽路段的险情其实可以发送到人们的手机上，如果人们的手机设置一个强制阅读功能，这样就会引起司机的高度警惕。同时，路上的显示屏也可以更快地更新前方路况。

3. 对特定区域“可恢复性”评价的技术与方法

“可恢复性”技术可以协助某个受灾区域或者设施能够在当前应急能力许可的情况下能够恢复到人们期望的状况。像这次的立水桥、安华桥桥下，应该模拟多种灾害情形进行更为准确的可恢复性评价和恢复的努力。

4. 多部门协调能力

对于不同领域中的应急人员，应该实现在大灾面前表现出更好的合作协作。消防人员已经成为我国综合应急的主导队伍，因此，在暴雨的应急面前，甚至可以考虑调动临近城市的消防人员参与到暴雨的救援工作。

安全小贴士

1. 汽车水中熄火之后切勿打火

车主在遭遇暴雨天气时，不要贸然涉水行驶，尤其是不熟悉的路段；在暴雨过后，也不要贸然进入积水路段行车，因为在非暴雨时涉水行车造成车辆损失，保险公司不予赔偿。对于在地库里被淹，如果车主投保了车损险，原则上是属于保险公司的赔偿范围。车主在发现车辆被淹后，应第一时间报案。保险公司在接到报案后，车主按照保险公司的指导处理被淹车辆。

2. 家财险保障范围

由于暴雨、洪水、泥石流、崖崩、突发性滑坡、地面突然下陷等原因而导致房屋及其室内附属设备、室内财产损失的，如室内装潢、家用电器和文体娱乐用品、衣物和床上用品、家具及其他生活用具都在保险责任范围内，保险公司负责赔偿。同时，由于暴雨导致的飞行物体及其他空中运行物体坠落而导致其房屋及其室内附属设施、室内财产损失的，保险公司也负责赔偿。需要注意的是，一些贵重或价值难以鉴定的物品如金银珠宝、有价证券、邮票等，均不在保险保障范围。

3. 航班延误险

由于航空交通的特殊性，暴雨等天气通常意味着航班无限期推迟甚至取消。建议购买航程延误保险的乘客，应注意在航程结束后，及时通知保险公司，需要向航空公司索要航程延误证明，并提供登机牌或机票等乘机证明。

讨论题

7月21日凌晨1时左右，廊坊广阳区爱民道铁路桥下的公路立交通道中积水达到1m多深，一辆女士驾驶捷达轿车无视道口高处闪烁的警灯和马路当中民警禁行的手势直接向桥下闯去，顷刻之间，雨水淹过了车窗，汽车立即熄火。就在司机惊慌失措之际，执勤交警飞奔而至，帮忙奋力打开车门，这才使得女司机转危为安。请评价这位女士的做法。

第七节　台风天气的应对与安全教育

台风是热带气旋的一个类别。在气象学上，按世界气象组织定义：热带气旋中心持续风速在12～13级(即32.7～41.4m/s)称为台风(Typhoon)或飓风(Hurricane)，飓风的名称使用在北大西洋及东太平洋；而北太平洋西部(赤道以北、国际日期线以西、东经100°以东)使用的近义字是台风。

一、台风的气象原理及生命周期

（一） 气象原理

在海洋面温度超过26℃以上的热带或副热带海洋上，由于近洋面气温高，大量空气膨胀上升，使近洋面气压降低，外围空气源源不断地补充流入并上升。受地转偏向力的影响，流入的空气旋转起来。而上升空气膨胀变冷，其中的水汽冷却凝结形成水滴时，要放出热量，又促使低层空气不断上升。这样，近洋面气压下降得更低，空气旋转得更加猛烈，最后形成了台风。

（二） 生命周期

1. 孕育阶段

太阳经过一天照射，海面上形成了很强盛的积雨云，这些积雨云里的热空气上升，周围较冷空气源源不绝的补充进来，再次遇热上升，如此循环，使得上方的空气热，下方空气冷，上方的热空气里的水汽蒸发扩大了云带范围，云带的扩大使得这种运动更加剧烈。经过不断扩大的云团受到地转偏向力影响，逆时针旋转起来(在南半球是顺时针)，形成热带气旋，热带气旋里旋转的空气产生的离心力把空气都往外甩，中心的空气越来越稀薄，空气压力不断变小，形成了台风初始阶段。

2. 发展(增强)阶段

因为热带低压中心气压比外界低，所以周围空气涌向热带低压，遇热上升，供给了热带低压较多的能量，超过输出能量，此时，热带低压里空气旋转更厉害，中心最大风力升高，中心气压进一步降低。等到中心最大风力达到一定标准时，就会提升到更高的一个级别，热带低压提升到热带风暴，再提升到强热带风暴、台风，有时能提升到强台风甚至超强台风，这要由能量输入与输出比决定，若输入能量大于输出能量，台风就会增强；反之，就会减弱。

3. 成熟阶段

台风经过漫长的发展之路，变得强大，具有造成灾害的能力，如果这时登陆，就会造成重大损失。

4. 消亡阶段

台风消亡路径有两个：第一个是台风登陆陆地后，受到地面摩擦和能量供应不足的共同影响，台风会迅速减弱消亡，消亡之后的残留云系可以给某地带来长时间强降雨。第二个是台风在东海北部转向，登陆韩国或穿过朝鲜海峡之后，在日本海变性为温带气旋，变性为温带气旋后，消亡较慢。

二、台风的等级划分及特点

（一） 等级划分根据国际惯例，依据台风中心附近最大风力分为如下几类。

(1) 热带低压(Tropical Depression)，最大风速6～7级(10.8～17.1m/s)。

(2) 热带风暴(Tropical Storm),最大风速 8~9 级(17.2~24.4m/s)。
(3) 强热带风暴(Severe Tropical Storm),最大风速 10 ~11 级(24.5 ~32.6m/s)。
(4) 台风(Ty phoon),最大风速 12~13 级(32.7~41.4m/s)。
(5) 强台风(SevereTyphoon),最大风速 14~15 级(41.5~50.9m/s)。
(6) 超强台风(Super Typhoon),最大风速≥16 级(≥51.0m/s)。

(二) 特点

根据近几年台风发生的有关资料表明,台风发生的规律及特点主要有以下几点。

(1) 有季节性。台风(包括热带风暴)一般发生在夏秋之间,最早发生在 5 月初,最迟发生在 11 月。

(2) 台风中心登陆地点难准确预报。台风的风向时有变化,常出人预料,且台风中心登陆地点往往与预报相左。

(3) 台风具有旋转性。其登陆时的风向一般先北后南。

(4) 损毁性严重。对不坚固的建筑物、架空的各种线路、树木、海上船只,海上网箱养鱼、海边农作物等破坏性很大。

(5) 强台风发生常伴有大暴雨、大海潮、大海啸。

(6) 强台风发生时,人力不可抗拒,易造成人员伤亡。

三、台风的利弊分析

(一) 台风好处

在我国沿海地区,几乎每年夏秋两季都会或多或少地遭受台风的侵袭,因此而遭受的生命财产损失也不小。然而,凡事都有两重性,科学研究发现,台风对人类起码有如下几大好处。

(1) 台风这一热带风暴为人们带来了丰沛的降水。台风给中国沿海、日本海沿岸、印度、东南亚和美国东南部带来大量的雨水,约占这些地区总降水量的 1/4 以上,对改善这些地区的淡水供应和生态环境都有十分重要的意义。

(2) 靠近赤道的热带、亚热带地区受日照时间最长,干热难忍,如果没有台风来驱散这些地区的热量,那里将会更热,地表沙荒将更加严重。同时,寒带将会更冷,温带将会消失。我国将没有昆明这样的春城,也没有四季常青的广州,“北大仓”、内蒙古草原亦将不复存在。

(3) 台风最高时速可达 200km 以上,所到之处,摧枯拉朽。这巨大的能量可以直接给人类造成灾难,但也全凭着这巨大的能量流动使地球保持着热平衡,使人类安居乐业,生生不息。

(4) 台风还能增加捕鱼产量。每当台风吹袭时翻江倒海,将江海底部的营养物质卷上来,鱼饵增多,吸引鱼群在水面附近聚集,渔获量自然提高。

(二) 台风灾害

台风是一种破坏力很强的灾害性天气系统,但有时也能起到消除干旱的有益作用。其危害性主要有以下3个方面。

(1) 大风。热带气旋达台风级别的中心附近最大风力为12级以上。

(2) 暴雨。台风是带来暴雨的天气系统之一,在台风经过的地区,可能产生150～300mm降雨,少数台风能直接或间接产生1 000mm以上的特大暴雨,如(间接)1975年第3号热带气旋登陆后倒槽在河南南部产生的特大暴雨,打破了部分地区的降雨记录(河南75.8事件)。

(3) 风暴潮。一般台风能使沿岸海水产生增水,江苏省沿海最大增水可达3m。9608和9711号台风增水,使江苏省沿江沿海出现超历史的高潮位。

台风过境时常常带来狂风暴雨天气,引起海面巨浪,严重威胁航海安全。台风登陆后带来的风暴增水可能摧毁庄稼、各种建筑设施等,造成人民生命、财产的巨大损失。

四、台风的防抗

加强台风的监测和预报,是减轻台风灾害的重要的措施。对台风的探测主要是利用气象卫星。在卫星云图上,能清晰地看见台风的存在和大小。利用气象卫星资料,可以确定台风中心的位置,估计台风强度,监测台风移动方向和速度以及狂风暴雨出现的地区等,对防止和减轻台风灾害起着关键作用。根据所得到的各种资料,分析台风的动向、登陆的地点和时间,及时发布台风预报,台风紧报或紧急警报,通过电视、广播等媒介为公众服务,让沿海渔船及时避风回港,同时为各级政府提供决策依据,发布台风预报或警报是减轻台风灾害的重要措施。

市民须保持消息畅通,留意报纸、广播、电视及网络上的天气预报资讯,提前、及时做好这些防御措施,以不变应万变。

(一) 居民防台注意事项

(1) 及时收听、收看或上网查阅台风预警信息,了解政府的防台行动对策。

(2) 关紧门窗,紧固易被风吹动的搭建物。

(3) 从危旧房屋中转移至安全处。

(4) 处于可能受淹的低洼地区的人要及时转移。

(5) 检查电路、炉火、煤气等设施是否安全。

(6) 幼儿园、学校应采取暂避措施,必要时,可停课。

(7) 露天集体活动或室内大型集会应及时取消,并做好人员疏散工作。

(二) 居民防台措施

台风来临之际,由于强风的横扫,高空坠物容易伤人。强风到来前市民应检查一下门窗是否牢固,并及时关好窗户,取下悬挂物,及时将花盆搬离阳台,及时清理日常放在防盗网上的杂物。一些地势低洼的居民区,在台风来临之前,可以事先砌好围墙,或者备好挡水板,配备小型抽水泵及时挡水或者排水。最好将自家的排水管道检查一遍,有条件的话,最好能疏通一下。尤其是住在一楼或者底层的住户,包括一些临街的商铺,尽量把一些碰不得水的电器、货物以及衣鞋尽可能地转移到高处；离开前，要先切断电源，以免进水受损。

政府有关部门要提早对室外霓虹灯、广告牌、店招牌、室外空调机等高空物体进行检查和加固。对受风易倒的树木要提前做好保护措施，及时绑扎、加固，防止树倒伤人，或者影响交通。

对于需要骑自行车或者摩托车出行的市民，切勿一手把方向，一手拿雨伞。对于穿雨衣骑车出行的市民，应尽量将雨衣固定，以免被强风一吹，雨衣挡住视线，引发危险。对于开车出行的市民来说，要注意强降水引发的路面积水是否会导致车辆熄火。当遇到积水路段时，应该放慢车速观察前方路况。当通过积水时，要低挡平稳前行，尽量不要让水花溅起来；如果积水高度超过轮胎的一半，切忌贸然涉水，建议绕道通行。

高速交警提醒司机朋友，如果在高速公路行驶的过程中遭遇台风，应打开危险报警闪光灯，保持车距减速慢行。如能见度小于 50m 时，应进入服务区休息或从最近出口驶离高速公路，听从高速公路管理部门的指挥。

（三）沿海地区，渔船应回港避风，远离台风眼

海上船只应提早回港避风，撤离船上人员并做好船只加固和防风防浪工作。台风来临前不能返港的船及时与岸上取得联系，避开台风中心，争取救援。如在海上遇到台风时，应根据台风的情况和天气预报以及现场观测的风力、风向和气压的变化情况判明本身所在位置，以便采取适当的航行方法，尽快远离台风中心。

对沿海海堤的在建企业工程、各类广告牌、沿海旅游景点设施应设置警示提醒，并及时加固、维护、维修。如果所处位置是台风引发巨浪、高潮有危险的地带，附近人员要及时组织转移。市民千万不要无惧台风的到来，无惧海边现场警示标志在海边观潮戏水，以免被困危及个人生命安全。

(1) 台风来临前，船舶应听从指挥，立即到避风场所避风。

(2) 万一躲避不及或遇上台风时，应及时与岸上有关部门联系，争取救援。

(3) 等待救援时，应主动采取应急措施，迅速果断地采取离开台风的措施，如停(滞航)、绕(绕航)、穿(迅速穿过)。

(4) 强台风过后不久的风浪平静，可能是台风眼经过时的平静，此时泊港船主千万不能为了保护自己的财产，回去加固船只。

(5) 有条件时，应在船舶上配备信标机、无线电通信机、卫星电话等现代设备。

(6) 在没有无线电通信设备的时候，当发现过往船舶或飞机与陆地较近时，可以利用物件及时发出易被察觉的求救信号，如“SOS”字样，放烟火，发出光信号、声信号，摇动色彩鲜艳的物品等。

五、台风警报及防御指南

（一）台风警报

台风警报根据编号热带气旋的强度、影响时间和程度可分为消息、警报和紧急警报

3 级。

1. 消息

台风远离或沿海尚未开始出现 8 级风或暴雨时，预报责任区根据需要可发布消息，报道台风的情况；警报解除时也可以消息方式发布。

2. 警报

预计未来 48h 内影响沿海地区或者台风登临时，发布警报。

3. 紧急警报

预计未来 24h 内影响沿海地区或者台风登临时，发布紧急警报。

（二） 四级警报

中国气象局 2004 年 8 月 16 日发布了《突发气象灾害预警信号发布试行办法》，把台风预警信号分为蓝色、黄色、橙色和红色。

1. 蓝色

24h 内可能或者已经受热带气旋影响，沿海或者陆地平均风力达 6 级以上，或者阵风 8 级以上并可能持续。具体防御指南如下。

（1）政府及相关部门按照职责做好防台风准备工作。

（2）停止露天集体活动和高空等户外危险作业。

（3）相关水域水上作业和过往船舶采取积极的应对措施，如回港避风或者绕道航行等。

（4）加固门窗、围板、棚架、广告牌等易被风吹动的搭建物，切断危险的室外电源。

2. 黄色

24h 内可能或者已经受热带气旋影响，沿海或者陆地平均风力达 8 级以上，或者阵风 10 级以上并可能持续。具体防御指南如下。

（1）政府及相关部门按照职责做好防台风应急准备工作。

（2）停止室内外大型集会和高空等户外危险作业。

（3）相关水域水上作业和过往船舶采取积极的应对措施，加固港口设施，防止船舶走锚、搁浅和碰撞。

（4）加固或者拆除易被风吹动的搭建物，人员切勿随意外出，确保老人小孩留在家中最安全的地方，危房人员应及时转移。

3. 橙色

12h 内可能或者已经受热带气旋影响，沿海或者陆地平均风力达 10 级以上，或者阵风 12 级以上并可能持续。具体防御指南如下。

（1）政府及相关部门按照职责做好防台风抢险应急工作。

（2）停止室内外大型集会、停课、停业（除特殊行业外）。

（3）相关应急处置部门和抢险单位加强值班，密切监视灾情，落实应对措施。

（4）相关水域水上作业和过往船舶应当回港避风，加固港口设施，防止船舶走锚、搁浅和碰撞。

(5) 加固或者拆除易被风吹动的搭建物，人员应当尽可能待在防风安全的地方，当台风中心经过时，风力会减小或者静止一段时间，切记强风将会突然吹袭，应当继续留在安全处避风，危房人员应及时转移。

(6) 相关地区应当注意防范强降水可能引发的山洪、地质灾害。

4. 红色

6h 内可能或者已经受热带气旋影响，沿海或者陆地平均风力达 12 级以上，或者阵风达 14 级以上并可能持续。具体防御指南如下。

(1) 政府及相关部门按照职责做好防台风应急和抢险工作。

(2) 停止集会、停课、停业(除特殊行业外)。

(3) 回港避风的船舶要视情况采取积极措施，妥善安排人员留守或者转移到安全地带。

(4) 加固或者拆除易被风吹动的搭建物，人员应当待在防风安全的地方(同橙色(5))。

(5) 相关地区应当注意防范强降水可能引发的山洪、地质灾害。

(6) 台风期间尽量不要外出，7314 号强台风，风速 73m/s，堪称恐怖。

(7) 台风中不能呆在 4 层以下高度的房子里。若真的被迫在城市办公楼等高层建筑中避难，应远离窗户，躲在中上部楼层中的小隔间里，并准备好充足的水、食物。离开家时，要关闭水、电、煤气。

实训课堂

台风来临，居民要采取哪些措施？

第八节　台风“尤特”

时间：2013 年 8 月 8 日至 16 日

地点：广东台山到湛江一带沿海地区

事件：受台风“尤特”影响，海南沿海、广东沿海、广西沿海将有大风和暴雨

一、台风“尤特”的发展过程

超强台风“尤特”(英语：Typhoon Utor，国际编号：1311，联合台风警报中心：11W，菲律宾大气地球物理和天文管理局：Labuyo)为 2013 年太平洋台风季第 11 个被命名的风暴。“尤特”一名由美国提供，在马绍尔语中是飑线的意思。尤特的中心最低气压仅有 925 百帕斯卡，是 2013 年全球最强的热带气旋之一。

2013 年 8 月 8 日，一个热带扰动在关岛西南部海面上形成。

8 月 9 日下午 4 时，由于扰动云系快速整合，并明显地产生螺旋性，联合台风警报中心发布热带气旋形成警报。凌晨 2 时，日本气象厅对其发布烈风警报。

8月10日凌晨3时05分，日本气象厅将其升格为热带风暴，并命名为“尤特”。此后“尤特”爆发增强，于短短半日之内由热带低气压，连升3级成为台风。

8月11日，“尤特”增强趋势一度放缓，但接近中午开始再度急剧增强。上午11时，联合台风警报中心将其升格为3级台风。上午11时45分，香港天文台把“尤特”升格为强台风。下午5时，联合台风警报中心将其升格为4级台风。晚上9时半，香港天文台把“尤特”升格为超强台风。

8月12日上午3时，“尤特”在菲律宾奥罗拉省卡西古兰沿海登陆。“尤特”穿越吕宋，其间强度减弱。

在8月13日凌晨至日出前，“尤特”再次大量吸收西南气流，并因为辐散及辐射极佳，使得环流扩展并变得扎实，并于凌晨再次发展出一风眼。

8月14日，“尤特”改向西北偏北移动，但其眼壁结构突然无故崩解，尤以东北面为甚。

8月14日6时，中央气象台继续发布台风红色预警：预计，“尤特”将以20km/h左右的速度向西北方向移动，并逐渐向广东中西部沿海靠近，强度维持或略有增强，并将于14日中午到傍晚在广东台山到湛江一带沿海登陆，预计登陆强度为强台风，登陆后强度逐渐减弱。

二、灾情及应对策略

（一）灾情

受台风“尤特”的影响，13日14时～14日14时，海南沿海、广东沿海、广西沿海将有7～9级大风，部分海域风力达10～12级，台风“尤特”经过附近海面风力将达13～15级，广东、海南、广西大部分地区将有大雨或暴雨，海南北部和东部地区将有大到暴雨。

2013年8月14～16日，广东大部有暴雨，其中粤西、珠三角中南部有暴雨到大暴雨局部特大暴雨；12～14日，广东沿海自东向西将有一次强风狂浪过程；14日下午～15日，深圳至茂名沿海一带部分潮位站将出现超过警戒潮位的高潮位。15日，“尤特”改为采取北移路径。凌晨2时50分，日本气象厅将其降格为热带风暴。香港天文台在凌晨5时45分把尤特降级为热带风暴。此后，其继续减速，但移动变得缓慢；而由于活跃偏南气流继续提供水汽，令“尤特”南面持续出现对流，“尤特”减弱趋势亦放缓。

（二）应对策略

2013年第11号台风“尤特”已于8月11日17时加强为超强台风，最大可能在广东登陆。8月11日上午，广东省省长朱小丹和副省长、省防总总指挥邓海光分别做出批示，要求有关地区和部门密切跟踪台风动向，按照防风预案要求，落实各项防御措施，确保群众生命财产安全。省防总于11日下午召开防风会商会，全面部署防御工作。

国家海洋预报台提醒，广东沿海的一些浴场风大浪大，已不适宜下海戏水游玩。深圳到珠海、北海到海口、海口到海安及三亚到西沙北礁航线也都受到“尤特”的影响，不适宜乘船出行。

三、学校防范强台风措施

（一）高度重视应对和防范强台风工作

各级教育行政部门和各级各类学校要迅速将灾害预警信息和上级要求传达到所属学校（单位），通知到每位教职工、学生及家长，主要领导要亲自部署，各学校（单位）要完善应急预案，全面落实应对和防范强台风的工作措施。

（二）对校园安全隐患进行全面检查

各级各类学校要组织人员重点检查校舍安全情况、在建工程项目工地安全管理情况以及校园排水畅通性、其他公共部位附着物（如广告牌、灯箱等）固定情况，电、气、水等管理情况，发现隐患，要立即采取有效措施进行整改，确保不发生任何安全事故。

（三）加强宣传教育

各级各类学校要提醒家长注意照看好自己的孩子，进一步落实监护人责任，加强自身防护，尽量少外出，防止发生意外事故。

（四）加强值班和信息报送

各级教育行政部门和学校要落实24h值班和领导带班制度。要密切关注天气变化，遇有紧急情况时，可采取调课等办法，以确保学校宣传教育和防范应对等工作落实到位，责任到人。

台风来临预兆

在台风将到的前两三天，可以由若干现象来研判台风正逐渐接近。

(1) 高云出现。在台风最外缘是卷云，白色羽毛状或马尾状甚高之云，当此种云在某方向出现，并渐渐增厚而成为较密之卷层云时，此时即显示可能有一台风正渐渐接近。

(2) 雷雨停止。台湾夏季，山地及盆地区域每日下午常有雷雨发生，如雷雨突然停止，即表示可能有台风接近中。

(3) 能见度良好。台风来临前两三天，能见度转好，远处山树皆能清晰可见。

(4) 海、陆风不明显。平时日间风自海上吹向陆地，夜间自陆地吹向海上，称为海风与陆风，但在台风将来临前数日，此现象便不明显。

(5) 长浪。台湾近海，因夏季风力温和，海浪亦较平稳，但远处有台风时，波浪将趋汹涌，渐次传至台湾沿海，而有长浪现象。东部沿海一带居民，都有此种经验。

(6) 海鸣。台风渐接近，长浪亦渐大渐高且撞击海岸山崖发出吼声，东部沿岸亦常可闻，之后约3h后台风就会来临。

(7) 骤雨忽停忽落。当高云出现后,云层渐密渐低,常有骤雨忽落忽停,这也是台风接近的预兆。

(8) 风向转变。台湾夏季常吹西南风,也较和缓,但如转变为东北风时,即表示台风已渐接近,并已开始受到台风边缘的影响,此后风速并将逐渐增强。

(9) 特殊晚霞。台风来袭前一两日,当日落时,常在西方地平线下发出数条放射状红蓝相间的美丽光芒,发射至天顶再收敛于东方与太阳对称之处,此种现象称为反暮光。

(10) 气压降低。根据以上现象,如果再发现气压逐渐降低,即显示将进入台风边缘了。

安全小贴士

台风中易受哪些伤害?

外伤、骨折、触电等急救事故最多。

外伤主要是头部外伤,被刮倒的树木、电线杆或高空坠落物如花盆、瓦片等击伤。

电击伤主要是被刮倒的电线击中,或踩到掩在树木下的电线。不要打赤脚,穿雨靴最好,防雨同时起到绝缘作用,预防触电。走路时,观察仔细再走,以免踩到电线。

通过小巷时也要留心,因为围墙、电线杆倒塌的事故很容易发生。高大建筑物下注意躲避高空坠物。

发生急救事故,先打120,不要擅自搬动伤员或自己找车急救。搬动不当,对骨折患者会造成神经损伤,严重时,会发生瘫痪。

讨论题

在我国东南沿海地区,在野外旅游时,听到气象台发出台风预报后,该采取哪些措施躲避台风?

第九节 高温天气的应对与安全教育

中国气象学上,气温在35℃以上时可称为"高温天气",如果连续几天最高气温都超过35℃,则可称作"高温热浪"天气。

一般来说,高温通常有两种情况:一种是气温高而湿度小的干热性高温;另一种是气温高、湿度大的闷热性高温,称为"桑拿天"。

一、中央气象台高温预警发布标准

(一) 橙色预警

过去48h两个及以上省(区、市)大部地区持续出现最高气温达37℃及以上,且有成片达

40℃及以上高温天气，预计未来48h上述地区仍将持续出现最高气温为37℃及以上，且有成片40℃及以上的高温天气。

（二）黄色预警

过去48h两个及以上省(区、市)大部地区持续出现最高气温达37℃及以上，预计未来48h上述地区仍将持续出现37℃及以上高温天气。

（三）蓝色预警

预计未来48h 4个及以上省(区、市)大部地区将持续出现最高气温为35℃及以上，且有成片达37℃及以上高温天气；或者已经出现并可能持续。

二、高温天气频发原因

近年来，中国频发极端天气。各地不断发布高温预警，可以说极端气候的发作越来越频繁。那么，究竟是什么原因导致极端高温天气的频发呢？

（一）副热带高压持续稳定

近年来自6月底往后，强大的副高稳定在中国内地上空，影响我国的冷空气的路径偏北，强度偏弱的冷空气更难以驱动副高减弱和东移。

（二）赤道辐射带不活跃

台风活动少，台风对副高的影响也小，登陆台风的时间较常年偏晚一个多月。

（三）副高本身的振荡周期的变化

近年来，登陆台风前副高一直强而稳定，准双周期振荡中的减弱位相不明显。

三、高温天气对人体的损害及导致的疾病

（一）高温天气对人体的损害

1. 人体水盐代谢失衡

在炎热季节，正常人每天出汗量为1L，而在高温下，排汗量会大大增加达3～8L。由于汗的主要成分为水，并含有一定量的无机盐，所以大量出汗将对人体的水盐代谢产生显著的影响。

2. 消化系统紊乱

高温条件下，体内血液重新分配，皮肤血管扩张，腹腔内脏血管收缩，引起消化道贫血，出现消化液分泌减少，使游离盐酸、蛋白酶、淀粉酶、胆汁酸的分泌量减少，随之，胃肠消化机

能相应的减退。

3. 破坏人体循环系统

高温条件下，由于大量出汗，血液浓缩，同时高温使血管扩张，末梢血液循环增加，肌肉的血流量也增加，这些因素都可使心跳过速，而每搏心输出量减少，加重心脏负担，血压也有所改变。

4. 影响人体神经系统

在高温和热辐射作用下，大脑皮层调节中枢的兴奋性增加，由于负诱导，使中枢神经系统运动功能受抑制，肌肉工作能力、动作的准确性、协调性、反应速度及注意力均降低，易发生工伤事故。

（二）高温天气导致的疾病及防治方法

高温伤害在不同人群身上有不同表现，如热抽筋和热昏厥，发展下去可能出现热衰竭、热射病，甚至导致死亡。

1. 中暑

中暑是人体在高温和热辐射的长时间作用下，机体体温调节出现障碍，水、电解质代谢紊乱及神经系统功能损害症状的总称，是热平衡机能紊乱而发生的一种急症。

(1) 夏日出门记得要备好防晒用具，最好不要在10～16时的烈日下行走，因为这个时间段的阳光最强烈，发生中暑的可能性是平时的10倍。如果此时必须外出，则一定要做好防护工作，如打遮阳伞、戴遮阳帽、戴太阳镜，有条件的最好涂抹防晒霜。

(2) 在炎热的夏季，防暑降温药品，如十滴水、仁丹、风油精等一定要备在身边，以防应急之用。

(3) 外出时的衣服应尽量选用棉、麻、丝类的织物，应少穿化纤品类服装，以免大量出汗时不能及时散热，引起中暑。

(4) 老年人、孕妇、有慢性疾病的人，特别是有心血管疾病的人，在高温季节要尽可能地减少外出活动。

(5) 不要等口渴了才喝水，因为口渴已表示身体已经缺水了。最理想的是，根据气温的高低，每天喝1.5～2L水。出汗较多时，可适当补充一些盐水，以弥补人体因出汗而失去的盐分。夏季人体容易缺钾，使人感到倦怠疲乏，含钾茶水是极好的消暑饮品。另外，乳制品既能补水，又能满足身体的营养之需。

(6) 夏天的时令蔬菜，如生菜、黄瓜、西红柿等的含水量较高；新鲜水果，如桃子、杏、西瓜、甜瓜等水分含量为80%～90%，都可以用来补充水分。

(7) 夏天日长夜短、气温高，人体新陈代谢旺盛，消耗也大，容易感到疲劳。充足的睡眠，可使大脑和身体各系统都得到放松，既利于工作和学习，也是预防中暑的措施。睡眠时，注意不要躺在空调的出风口和电风扇下，以免患上空调病和热伤风。

2. 晒伤

炎热的夏天，毒辣的太阳，常常导致人们的皮肤受到各种各样的伤害，对于那些突发性的晒伤，该如何处理呢？晒伤后处理不当，会对皮肤造成严重的伤害，紫外线对肌肤的伤害绝不仅仅是晒黑和留下晒斑那么简单，它还会使肌肤变得敏感，出现幼纹、过早衰老等问题。所以说，皮肤晒伤后的修复也是非常的重要的，太阳晒伤后皮肤的修复方法如下。

(1) 敷晒后修复面膜。皮肤晒伤后，人们可以敷一些晒后的修复面膜，这样可以缓解皮肤的疼痛和伤害，起到修复皮肤的作用。

(2) 西瓜皮敷面修复。如果是太阳轻微的皮肤晒伤的话，可以选择用西瓜皮白的那一层来敷面。西瓜皮中含有丰富维生素 A、维生素 B 和维生素 C，而这些全部是保持肌肤健康和润泽所必需的养分。而西瓜皮本身水分充足，跟黄瓜一样，符合水果面膜的基本要求，因此西瓜皮美容面膜敷脸让皮肤变得水灵动人。

(3) 冰敷法修复。皮肤晒伤后应赶紧回到室内，使用冰水敷在晒伤部位 15min 左右，最好是不断交替敷面，直至皮肤感到冰凉恢复原来的颜色和温度为止，这样可以起到快速修复的作用。

(4) 黄瓜面膜修复。将新鲜黄瓜切成薄片，浸入牛奶，放入冰箱冻一会儿，再贴于脸上，效果非常好，可以起到消炎、镇定、减轻日晒伤的作用。

(5) 牛奶敷面法修复。用冰牛奶敷在晒伤的部位，可以迅速缓解晒后灼热和疼痛，等差不多的时候用凉水冲掉，再涂抹晒后修复凝露。

(6) 薰衣草精油敷面修复。先把薰衣草香熏油及底油混合在一起，早晚各一次将之涂在受伤的皮肤上。既可以舒缓晒伤的疼痛，加速皮肤的康复，还可以滋润皮肤。

小贴士

皮肤晒伤后不仅要学会及时的修复受损的皮肤，同时也需要注意一下生活的习惯。首先要注意调节饮食习惯，尽量少吃一些油腻和辛辣的食物，食物稍微清淡点，同时还要注意每天多喝水，最好是每天保证 8 杯水，补充一下体内的水分，以促进皮肤的新陈代谢。

3. 热抽筋：喝水补盐做按摩

当气温太高时，室外运动激烈，肌肉抽筋的例子并不少见。这跟出汗太多致低钠血症有关。特别是小腿肌肉神经比身体其他部位的肌肉敏感，更容易抽筋。

遇到这种情况应马上补水，有条件的喝运动饮料或是喝点盐水，及早纠正身体因流汗过多引起的电解质紊乱。另外，抽筋的部位适当按摩，稍作休息，基本都可缓解。如有头晕、恶心、全身不适等中暑症状，而且持续加重，应及早到医院治疗。

4. 热昏厥：阴凉处平躺喝盐水

一旦发生热昏厥，应马上将患者移到阴凉处平躺。若患者意识清醒，可喂服温盐水。绝大多数患者在阴凉处休息、补水后可恢复，但若头昏、乏力症状持续不缓解甚至加剧，应送医院进一步救治。

5. 热衰竭、热射病：马上送医抢救

热衰竭、热射病多发于在烈日暴晒下工作的人、老年人、儿童和慢性疾病患者，可能会有抽筋、昏厥的表现，还可能会出现严重口渴，恶心、呕吐、头晕眼花，全身无力，体温急剧升高到40℃以上，甚至血压下降、休克或昏迷等。如果抢救不及时，短时间内可出现生命危险。

老人和小孩在不通风的闷热环境中，身体的耐受度低，若通风降温不及时，更易受热伤害，导致出现抽筋、昏厥，有心脑血管病的老年人还可能出现热中风、脑梗等并发病，因此应引起警惕。

四、防暑降温方法

炎热的夏天到了，中暑警报响彻各地。从热海中觅得一丝清凉，不能仅仅依靠躲进空调房里，还需要人们的身体从内而外地排出暑热。下面是几种绿色降暑防暑的方法。

（一）物理祛暑

（1）温水冲澡：用稍低于体温的温水冲澡或沐浴，特别是在睡前进行。

（2）使用冰袋：可重复使用的冰袋是很好地降低皮肤温度的工具，里面预充的液体可降温。

（3）选好枕具：新型液体汽化冷却降温枕头，可以提供一个清凉的夜晚。

（4）按摩天柱穴：将大拇指贴住天柱穴（在颈肌外侧缘入发际处），把小指和食指贴在眼尾附近，然后头部慢慢歪斜，利用头部的重量，压迫拇指，按摩天柱穴。不但能预防中暑，而且还能改善头晕、耳鸣等中暑症状。

（5）凉水冲手腕：每隔几小时用自来水冲手腕5s，因为手腕是动脉流过的地方，这样可降低血液温度。

（二）饮品降温

（1）山楂汤。山楂片100g、酸梅50g加3.5L水煮烂，放入白菊花100g烧开后捞出，然后放入适量白糖，晾凉饮用。

（2）冰镇西瓜露。西瓜去皮、去子，瓜瓤切丁，连汁倒入盆内冰镇。然后，用适量冰糖、白糖加水煮开，撇去浮沫，置于冰箱冷藏。食用时，将西瓜丁倒入冰镇糖水中即可。

（3）绿豆酸梅汤。绿豆150g、酸梅100g加水煮烂，加适量白糖，晾凉饮用。

（4）金银花（或菊花）汤。金银花（或菊花）30g，加适量白糖，开水冲泡凉后即饮。

（5）西瓜翠衣汤。西瓜洗净后切下薄绿皮，加水煎煮30min，去渣加糖，凉后饮用。

（6）椰汁银耳羹。银耳30g洗净发开，与椰汁125g、冰糖及水适量，煮沸即成。

（三）药品治暑

（1）仁丹：能清暑祛湿。主治中暑受热引起的头昏脑涨、胸中郁闷、腹痛腹泻。

（2）十滴水：能清暑散寒。主治中暑所致的头昏、恶心呕吐、胸闷腹泻等。

（3）藿香正气水：能清暑解表。主治暑天因受寒所致的头昏、腹痛、呕吐、腹泻等。

(4) 清凉油:能清暑解毒。可治疗暑热引起的头昏头痛或因贪凉引起的腹泻。

(5) 无极丹:能清热祛暑、镇静止吐。

(6) 避瘟散:为防暑解热良药。能祛暑化浊、芳香开窍、止痛。

(四) 生活防暑

(1) 多喝粥助消暑:中医专家认为,夏天脾胃虚弱,饮食量应该比冬天少一些,建议食量大的年轻人可采取少食多餐的方式,以减轻肠胃负担。清淡、水分高又富含维生素的菜粥是很好的选择。

(2) 吃饭前来点汤:汤类含有大量的水分和钠、钾、镁等有机盐。在进餐前,先喝点热汤,能够解除因饮水中枢兴奋而引起的摄食中枢的抑制,有助于促进食欲。如冬瓜汤、萝卜汤、西红柿汤。

(3) 冬瓜排骨汤。

材料:冬瓜 400g、排骨 200g、生姜一块。

制法:排骨洗净后焯水去血水,捞出沥干水分;生姜洗净拍松;冬瓜带皮切厚片。将排骨、生姜加适量水,用大火烧开后,用小火煲 40min,然后加入冬瓜,冬瓜熟后最后调味即可。

功效:清淡而营养,具有清热解暑、健脾利尿之功效,是大暑时节适宜的清汤。

(4) 苦瓜黄豆排骨汤。

材料:黄豆 100g,苦瓜 200g,排骨 300g,生姜一块。

制法:先用清水浸泡黄豆 30min,生姜洗净,苦瓜去核切块,排骨斩块、焯水。把排骨、黄豆放进瓦煲,加适量清水用大火煲沸后,改用慢火再煲 1h 左右。排骨熟透之后,加入凉瓜,30min 之后调味即可。

功效:苦瓜有清热祛暑,除烦热、肠胃湿热的功效,而黄豆营养丰富,有"植物肉"之称,亦有健脾宽中、润燥消水的功效。

五、高温天气注意事项及保险问题

(一) 八大注意事项

(1) 在户外工作时,应采取有效防护措施,切忌在太阳下长时间裸晒皮肤,最好带冰凉的饮料。

(2) 不要在阳光下疾走,也不要到人多聚集的地方。从外面回到室内后,切勿立即开空调吹。

(3) 尽量避开在上午 10h 至下午 4h 这一时段出行,且应在口渴之前就补充水分。

(4) 注意高温天饮食卫生,防止胃肠感冒。

(5) 注意保持充足睡眠,有规律地生活和工作,增强免疫力。

(6) 注意对特殊人群的关照,特别是老人和小孩,高温天容易诱发老年人心脑血管疾病和小儿不良症状。

(7) 注意预防日光照晒后，日光性皮炎的发病。如果皮肤出现红肿等症状，应用凉水冲洗，严重者应到医院治疗。

(8) 注意出现头晕、恶心、口干、迷糊、胸闷气短等症状时，应怀疑是中暑早期症状，应立即休息，喝一些凉水降温，病情严重的立即到医院治疗。

(二) 高温天气的保险问题

1. 不能理赔的意外险

大家通常认为中暑是"意外"事件，这是因为它具有一定的偶然性，但医学上认为"中暑"是一种疾病，主要是因身体长时间处在较高温度中，导致身体机能发生了变化。因接触高温到发病死亡需要一段时间，同时作为一种常见病，中暑并没有超出一般人的预料，所以不满足"意外"定义中"非疾病的、外来的、突然的"这 3 个条件，所以由其导致的身故不属意外身故保险责任。

2. 寿险

相比较而言，寿险比意外险的保障范围宽泛很多，一般情况下保障期内的自然死亡，或者因疾病、意外事故引起的死亡和一级残都在赔偿范围之内。因此，因中暑导致的死亡，寿险是可以理赔的。

以 30 岁男性为例，购买国泰人寿 30 年期"顺意 100 定期寿险"，每年费用仅 1 100 多元(女性只需 600 多元)，万一投保人在保险期间内由于中暑或其他原因导致不幸身故或一级残，其受益人可一次性得到 30 万元赔偿金。

3. 健康险

一般来说，对于轻度中暑者如果能够及时采取措施，可以很快恢复健康。但是，万一患者没有被及时发现，变成重症中暑，则可能引起脑水肿、心力衰竭、呼吸衰竭等并发症。

目前，市面上还没有专门针对中暑引起的并发症的保险产品，但广大消费者可以购买包含门急诊及住院补贴的健康险，以帮助解决部分医疗费用。以国泰"安心保医疗保险计划"为例，这款商品包含了住院前后的门急诊、救护车紧急转送、住院日额、住院手术补贴和重症监护病房补贴；此外，还兼顾身故保险金和满期保险金，是一款性价比较高的保险产品。

4. 工伤险

根据最新修定的《防暑降温措施管理办法》，日最高气温 40℃以上，应停止室外露天作业。此外，国家还规定了一系列保护劳动者的措施。例如，为在高温天气工作的作业者进行健康检查、限制高温工作时间、提供必需药品和高温补贴等。

尽管如此，高温天气作业者中暑现象仍时有发生，万一劳动者因高温作业引起中暑而被认定为工伤的，可享受工伤保险待遇。

第十节　2013年极端高温天气

时间：2013年7月

地点：江南、江淮、江汉及重庆等地的19个省(区、市)

事件：持续高温

一、2013年的极端高温天气

自2013年7月以来，高温天气覆盖我国江南、江淮、江汉及重庆等地的19个省(区、市)。据中央气象台监测显示，截至2013年7月29日，南方共有43个县市日最高气温超过40℃。其中，浙江奉化(42.7℃)、新昌(42.0℃)，重庆丰都(42.2℃)、万盛(42.1℃)最高气温都超过42℃。上海、杭州气温也突破40℃，刷新了有气象记录以来的历史极值。

在高温日数方面，自2013年7月以来，江南及重庆高温日数17.9天，为1951年以来同期次多(2003年18天、1971年17.9天)，较常年同期偏多7.8天。

其中，湖南、上海高温日数分别为18.9天和18.5天，均为1951年以来同期最多；浙江高温日数19.1天，为1951年以来同期次多(2003年20.2天)；重庆高温日数为17.6天，为1951年以来同期第三多(2006年19.3天、2001年18.1天)。

二、高温天气学生的避暑常识

(一) 注意伤身的行为

夏季天气炎热，是生活中的特殊时期，人往往不能很快适应，要想使身体不受到伤害，需要注意以下6种忌讳。

1. 忌贪凉而卧

夏季，一些人喜好晚间席地而睡，也有的人在室内睡觉时，两边门窗全部打开，睡“穿堂风”。凉风吹拂身体，当时觉得舒服痛快，也容易睡着，但醒后却常常感到不适，全身肌肉发紧，关节酸痛，精神倦怠，甚至会出现腹痛、腹泻等症状。

2. 忌坐着午睡

人们熟睡后，心率会变慢，血管也会扩张，流经各种脏器的血液速度相对减慢。若坐着睡觉，流入大脑的血液就会减少。特别是在午饭后，较多的血液要进入胃肠系统以促进消化，加之坐睡时弯着腰，两腿蜷缩着，呼吸沉闷，这便加重了脑组织的血液不足。长期坐着午睡，会对身心健康造成不可估量的危害。

3. 忌坐在木头上

俗话说，“冬不坐石，夏不坐木”。夏天的气温高、湿度大，木头尤其是久置露天的木椅凳等，风吹雨淋后含水分较多，表面上看是干的，可太阳一晒，它便向外散发热烘烘的潮气，如在上面坐久了，对身体有害，会诱发痔疮、皮肤疾病、风湿和关节炎等。

4. 忌凉水冲脚

脚部是血管分支的末梢部位，脂肪层较薄，保温性差，脚底皮肤温度是全身中最低的，极易受凉。如果夏天经常用凉水冲脚，使脚进一步受凉遇寒，就会通过血管传导而引起周身发生一系列的复杂病理反应，最终引发各种疾病。

5. 忌贪食冷饮

有些人在夏天喜欢大量吃冷食冷饮，甚至是冰过的食物、饮料。这些东西吃起来虽然凉爽可口，但它们不仅会影响食欲、不利于消化，还会因过度刺激胃肠道黏膜而引起局部血管收缩，导致消化道缺血、缺氧，发生胃肠功能紊乱。

6. 忌贪吹风扇

炎热的夏日，可以适当吹电风扇纳凉，但吹得时间过长，会把皮肤吹得冰凉，导致体内水分大量耗损，次日醒来，头昏脑涨，精神萎靡，食欲不振。有时，还可因鼻腔过于干燥而发生鼻出血或者引发感冒，甚至引起支气管炎、肺炎、肠胃炎等症。

面对高温天气，如何做到养生不伤身，就是下面要探讨的问题。

（二）高温天气保健方法

1. 多喝水

每天要喝七八杯白开水，可以在水中加入适量蜂蜜。夏天人的体能消耗特别快，蜂蜜可以快速补充人体所需的能量。水是人体不可缺少的重要组成部分，器官、肌肉、血液、头发、骨骼、牙齿都含有水分，夏季失水会比较多，若不及时补水就会严重影响健康，易使皮肤干燥，皱纹增多，加速人体衰老。蜂蜜水、矿泉水、冷茶，牛奶，苹果汁等都是理想的解渴饮料。

2. 补钾

暑天出汗多，随汗液流失的钾离子也比较多，由此造成的低血钾现象，会引起人体倦怠无力、头昏头痛、食欲不振等症候。热天防止缺钾最有效的方法是多吃含钾食物，新鲜蔬菜和水果中含有较多的钾，可多吃些草莓、杏子、荔枝、桃子、李子等；蔬菜中的大葱、芹菜、毛豆等也富含钾。茶叶中也含有较多的钾，热天多饮茶，既可消暑，又能补钾，可谓一举两得。

3. 补充盐分和维生素

人体夏季大量排汗，氯化钠损失比较多，故应在补充水分的同时，注意补充盐分。每天可饮用一些盐开水，以保持体内酸碱平衡和渗透压相对稳定。营养学家还建议，高温季节最好每人每天能补充维生素 B_1、维生素 B_2 各 2mg，钙 1g，这样可减少体内糖类和组织蛋白的消耗，有益于人体健康。故在夏日应多吃一些富含上述营养成分的食物，如西瓜、黄瓜、番茄、豆类及其制品、动物肝脏、虾皮等，亦可饮用一些水果汁。

4. 穿浅色衣服

深色衣服会吸收阳光，使人体温升高燥热；同时，蚊子有趋暗的习性，深色容易吸引蚊子，特别是黑色。

5. 注意皮肤瘙痒

夏季出游，因日晒而导致皮肤瘙痒、干疼时，可涂少量肤轻松等软膏，不要用热水烫洗，也不宜用碱性大的肥皂清洗，以免刺激皮肤，加重症状。

三、高温天气易发的学校安全事故

溺亡和食物中毒是高温天气学校易发的安全事故。

（一）游泳的注意事项

（1）不会游泳的人，千万不要单独在水边玩耍；没有大人监护，不要和伙伴们玩水。

（2）游泳前，应做全身运动，充分活动关节，放松肌肉，以免下水后发生抽筋、扭伤等事故。如果发生抽筋，要镇静，不要慌乱，边呼喊边自救。常见的是小腿抽筋，这时，应做仰泳姿势，用手扳住脚趾，小腿用力前蹬，奋力向浅水区或岸边靠近。

（3）小学生参加游泳应结伴集体活动，不可单独游泳，最好要有成人的带领。游泳时间不宜过长，20～30min 应上岸休息一会儿，每次游泳时间不应超过 2h。

（4）小学生不宜在太凉的水中游泳，如感觉水温与体温相差较大，应慢慢入水，渐渐适应，并尽量减少次数，减少冷水对身体的刺激。

（5）小学生一般不要跳水，可以在水中玩抛水球的游戏，但不能起哄瞎闹、搞恶作剧，不能下压同伴、深拉同伴或潜水“偷袭”同伴。对刚学会游泳的同学更不能这样做。

（6）游泳应在有安全保障区的游泳区内进行，严禁在非游泳区内游泳。农村的少年儿童应选择水下情况熟悉的区域。

（7）参加游泳的人必须身体健康，患有下列疾病的同学不可游泳：心脏病、高血压、肺结核、肝炎、肾炎、疟疾、严重关节炎等。女同学月经期间不能游泳，患红眼病和中耳炎的同学也不能游泳。

（8）在露天游泳时遇到暴雨是很危险的，因此应立刻上岸，并到安全的地方躲避风雨。

（二）自救与救护方法

1. 自救法

（1）对于不会游泳者而言，落水后首先不要心慌意乱，一定要保持头脑清醒。可边呼救边采取仰卧位，头部向后，使鼻部可露出水面呼吸。呼气要浅，吸气要深。切记不要将手臂上举乱扑动，因为这样反而会使身体下沉更快。

（2）对于会游泳者而言，一般是因小腿腓肠肌痉挛而致溺水。如果发生小腿抽筋，应心平气静，自己将身体抱成一团，浮上水面。同时，深吸一口气，用手将抽筋的腿的脚趾向背侧弯曲，并持续用力，直到剧痛消失，抽筋自然也就停止。一次发作之后，同一部位可能再次抽筋，所以对疼痛处要充分按摩，慢慢向岸边游去，上岸后最好再按摩和热敷患处。如果手腕肌肉抽筋，自己可将手指上下屈伸，并采取仰面位，用两足游泳。

2. 互救法

看到同伴溺水，救护者应镇静，尽可能脱去衣裤，尤其要脱去鞋靴，应迅速游到溺水者附近，观察清楚位置，从其后方出手救援。对筋疲力尽的溺水者，救护者可从头部接近。对神志清醒的溺水者，救护者应从背后接近，用一只手从背后抱住溺水者的头颈，另一只手抓住溺水者的手臂游向岸边。

3. 救护法

救护法主要包括救出水面后如何进行控水处理和尽快恢复溺者的呼吸。

(1) 将溺者抬出水面后，应立即清除其口、鼻腔内的水、泥及污物，用纱布(手帕)裹着手指将溺者舌头拉出口外，解开衣扣、领口，以保持呼吸道通畅，然后抱起溺者的腰腹部，使其背朝上、头下垂进行倒水。或者抱起溺者双腿，将其腹部放在急救者肩上，快步奔跑使积水倒出。或急救者取半跪位，将溺者的腹部放在急救者腿上，使其头部下垂，并用手平压背部进行倒水。

(2) 如果溺水者呼吸心跳未停止，应立即进行口对口人工呼吸，同时进行胸外心脏按摩。一般以口对口吹气为最佳。急救者位于伤员一侧，托起伤员下颌，捏住伤员鼻孔，深吸一口气后，往伤员嘴里缓缓吹气，待其胸廓稍有抬起时，放松其鼻孔，并用一手压其胸部以助呼气。反复并有节律地(每分钟吹16～20次)进行，直至恢复呼吸为止。

(3) 如溺者心跳已停止，应先进行胸外心脏按摩。让伤员仰卧，背部垫一块硬板，头低稍后仰，急救者位于伤员一侧，面对伤员，右手掌平放在其胸骨下段，左手放在右手背上，借急救者身体重量缓缓用力，不能用力太猛，以防骨折，将胸骨压下4cm左右，然后松手腕(手不离开胸骨)使胸骨复原，反复有节律地(每分钟60～80次)进行，直到心跳恢复为止。

作为救护者一定要记住：对所有溺水休克者，不管情况如何，都必须从发现开始持续进行心肺复苏抢救。

(三) 预防食物中毒

(1) 在购买和挑选食品时，选择新鲜、无变质的食品，严把食品的采购关。禁止采购腐败变质、油脂酸败、霉变、生虫、污秽不洁、混有异物或者其他感官性状异常的食品，以及未经动物卫生检验或者检验不合格的肉类及其制品(包括病死牲畜肉)。

(2) 食物在食用前，应充分清洗和浸泡。

(3) 挑选海鲜及水产品，最好选食鲜活产品。

(4) 做凉拌菜一定要洗净消毒，最好不要吃隔顿凉拌菜。加工食品的工具、容器等要做到生熟分开。

(5) 冰箱里存放的食物应尽快吃完，冷冻食品进食前要加热。

(6) 有些细菌产生的毒素不怕高温，剩饭、剩菜经加热后仍有引起食物中毒的危险，常温下保存时间最好不超过2h。

(7) 坚持锻炼，提高机体抵抗疾病的能力。从业人员必须进行健康检查。

(8) 消灭苍蝇、蟑螂、老鼠、蚂蚁等细菌的传播媒介。注意食品的储藏卫生，防止尘土、昆虫、鼠类等动物及其他不洁物污染食品。

四、学校预防措施

（一）加强防中暑常识教育

通过主题班会、校园网、校园广播等形式让学生了解中暑常识，教育学生多喝水、多吃蔬菜、水果。对出现头昏、胸闷、四肢无力、恶心等中暑症状，应立即采取相应措施。备好必要药品，教育学生常备仁丹、藿香正气水等防中暑药品，及时缓解轻度中暑引起的各种症状。

（二）减少室外活动量

要调整各中小学、幼儿园、民办学校的上课时间，避免高温时段开展集体户外活动，避免学生在日光照射强烈的时段进行户外活动。如果遇到高温天气，学校可适时调整上课时间或短时停课。

（三）落实降温防暑日常措施

(1) 各单位开放所有学生活动场所(教室、实验室、自习室、资料室、图书馆等)的空调等制冷设备，并延长关闭时间。

(2) 后勤集团各食堂要配置高温期间合适可口的饭菜，严格保证食品安全和卫生。高温期间，各食堂要免费提供酸梅汤、绿豆汤等消暑饮料。

(3) 后勤集团要做好学生宿舍风扇等降温设施的检查维修、更换工作，确保所有设备能正常使用。

(4) 校医院要做好防暑保健工作。切实做好因高温气候可能引发的各种疾病的预防，配备足够的防暑降温药品，防止师生因高温中暑而发生意外。

（四）做好心理疏导，提高心理抗高温能力

持续的酷热天气会影响人的神经中枢，导致出现心烦意乱、头脑迷糊、情绪低落等症状。学校在高温期间除采取防暑降温措施外，还应重点加强学生作息时间管理、班级纪律管理，让学生保持平和的心态安全度暑。

（五）严防事故发生

各单位要切实做好各项安全隐患的排查和防范工作，保卫处、后勤集团、学生处要做好学生宿舍的防火、防盗等安全防范工作。严防学生溺水事故，免费发放防溺水安全教育挂图和卡片，完善校内游泳池防护栏杆、警示标识等设施，通过告家长书、校讯通、QQ群、与家长签订责任书等渠道进一步强化学生安全教育工作。

扩展阅读

国外应对极端高温天气的办法

酷热的天气，给民众的生活工作带来极为不便的影响，国外是如何应对极端高温天气的？

1. 意大利推出“酷暑食谱”

意大利全国农业种植者协会则推出了“酷暑食谱”，建议人们每天吃一些淀粉类食品，如意大利面、米饭和面包；此外，还可以吃大量的生菜、洋葱、萝卜和桃子等果蔬，不推荐咖啡和口味过重的食物。

2. 德国人靠电扇和啤酒度炎夏

在德国热浪袭来的时候，很多电器商店一下子就挤满了购买电扇的人，空调扇成了这几天最抢手的商品。高温也让卖啤酒的商贩们喜笑颜开。

3. 法国采取紧急措施应对高温天气

热浪使铁路一些路段的铁轨温度高达50℃，并发生膨胀。为了保障安全，法国铁路公司规定列车减速或减少班次。法国一些核电站的技术人员不得不使用喷雾器浇水的方法给混凝土构造的反应堆降温。根据卫生部门的要求，一些市政府机关调整了工作时间，以保证工作人员身体健康。有的建筑公司重新安排施工计划，尽可能不使工人在炎热的太阳下作业。

4. 美国启动紧急计划应对高温天气

美国各地政府则采取高温防暑措施，芝加哥等城市启动紧急计划，所有市政建筑都进入24h制冷状态，免费开放供市民乘凉。美国卫生部门的官员建议，小孩、老人和抵抗力弱的人容易生病，因此家人必须随时留意。

5. 西班牙调整工作时间应付高温天气

西班牙人更精于在工作时间和天气温度间做出协调。一般来说，公务员和企业职工都缩短了工作的时间，上午9点到下午6点的正常作息时间被缩短到上午8点到下午3点。此外，商贩还需要延长营业时间来迁就人们的活动。

安全小贴士

对于高温天气，除气温外，人体对冷热的感觉还与空气湿度、风速、太阳热辐射等有关。在不同气象条件下，高温天气通常有干热型和闷热型两种类型。

气温很高、太阳辐射强而且空气湿度小的高温天气，被称为干热型高温。这种类型的高温天气在我国新疆、甘肃、宁夏、内蒙古、北京、天津、石家庄等地经常出现。应重点注意补充水分。夏季水汽丰富，空气湿度大，在相对气温并不十分高时，人们仍感觉闷热，此类天气被称为闷热型高温。这种类型的高温天气在沿海及长江中下游、华南等地经常出现。应重点注意保持空气流通。

讨论题

2013年的夏天，浙江宁波极端高温天气持续不断，创下了当地近60年来的气象历史纪录。7月31日，G15甬台温高速奉化收费站附近一块10m高的广告牌发生了自燃，交警接到报警赶到现场后发现一块写有“南苑巴森特”字样的广告牌已经被烧得只剩下一半，之后消防赶到现场对这块广告牌进行扑救才控制住了火势。据悉，高速宁海收费站附近的中央护栏近50m的绿化带已经枯萎，用手轻轻一折就能将整棵树折断。结合上述情况，谈谈对于极端高温天气应如何进行户外防护。

事故灾难类突发事件的应对

学习目的

掌握事故灾难类突发事件的应对措施。

学习重点

火灾、空难、踩踏、电梯事故的基本知识点。

事故灾难类突发事件主要包括工矿商贸等企业的各类安全事故、交通运输事故、公共设施和设备事故、环境污染和生态破坏事件等。近年来,我国安全生产形势严峻,煤矿、交通等特大事故频繁发生,给人民群众生命财产造成严重损失。

本章知识架构

(1) 火灾的应对知识。
(2) 空难事故的应对知识。
(3) 铁路交通事故的应对知识。
(4) 踩踏事故的应对知识。
(5) 电梯事故的应对知识。

第一节 火灾的应对与安全教育

火灾是指在时间和空间上失去控制的燃烧所造成的灾害。在各种事故灾害中,火灾是最经常、最普遍威胁公众安全和社会发展的主要灾害之一。

一、火灾的分类及危险等级

火灾危险性分类可分为生产、储存物品、可燃气体和可燃液体4种。其中,生产的火灾危险性分类分为甲、乙、丙、丁、戊5级。储存物品的火灾危险性分类分为甲、乙、丙、丁、戊5级。可燃气体的火灾危险性分类分为甲、乙两级。可燃液体的火灾危险性分类分为甲、乙、丙 3 级。

火灾危险等级分为轻危险级、中危险级、严重危险级和仓库危险级。

轻危险级指建筑高度为 24m 以下的办公楼、旅馆等。中危险等级指高层民用建筑、公共建筑(含单、多高层)、文化遗产建筑、工业建筑等。严重危险级指印刷厂、酒精制品、可燃液体制品等工厂的备料与车间等。仓库危险级指食品、烟酒、木箱、纸箱包装的不燃难燃物品、仓储式商场的货架区等。

根据 2007 年 6 月 26 日公安部下发的《关于调整火灾等级标准的通知》,新的火灾等级标准由原来的特大火灾、重大火灾、一般火灾 3 个等级调整为特别重大火灾、重大火灾、较大火灾和一般火灾 4 个等级。

(1) 特别重大火灾是指造成 30 人以上死亡,或者 100 人以上重伤,或者 1 亿元以上直接财产损失的火灾。

(2) 重大火灾是指造成 10 人以上 30 人以下死亡,或者 50 人以上 100 人以下重伤,或者 5 000 万元以上 1 亿元以下直接财产损失的火灾。

(3) 较大火灾是指造成 3 人以上 10 人以下死亡,或者 10 人以上 50 人以下重伤,或者 1 000 万元以上 5 000 万元以下直接财产损失的火灾。

(4) 一般火灾是指造成 3 人以下死亡,或者 10 人以下重伤,或者 1 000 万元以下直接财产损失的火灾。

二、火灾造成的损失

中国公安部消防局局长郭铁男 20 日在北京召开的第 8 届国际火灾科学大会上表示,21 世纪前5 年间中国的年均火灾损失为 15.5 亿元。2001—2004 年间,中国发生的特大火灾年均 31 起,死亡人数年均 89 人。

我国近几年发生的重大火灾事故如下。

2008 年 9 月 20 日晚 11 时许,深圳市龙岗区舞王俱乐部发生一起特大火灾,造成 43 人死亡、88 人受伤,其中 51 人住院治疗。

2010 年 11 月 5 日,位于吉林市船营区珲春街 12 号的吉林市商业大厦发生火灾,火灾扑救共历时 12 个小时,过火面积约 15 830m^2,19 人死亡。

2011 年 4 月 25 日,北京大兴区某楼房发生火灾,致 18 人死亡,25 人受伤。

2012 年 6 月 30 日,天津蓟县商厦发生火灾,10 人死亡,多人受伤。

2013 年 6 月 3 日清晨,吉林宝源丰禽业公司发生火灾,共造成 121 人遇难,77 人受伤。

三、火灾的预防知识

(一) 预防火灾常识

(1) 忌乱扔烟头。家里的可燃物多,特别要警惕吸烟引起火灾。随手扔烟头是很多烟民的不良习惯,要知道“一支香烟头,能毁万丈楼”。

(2) 忌家用电器、电线“带病工作”。家用电器已经普及,使用电炉、电热毯、电熨斗和取暖设备等,要做到用前检查,用后保养,避免因线路老化、年久失修或经常搬运、碰破电线而引发火灾事故。

(3) 忌随地、随意燃放烟花爆竹。

(4) 忌烤火取暖粗心大意。冬季烤火取暖严禁使用汽油、煤油、酒精等易燃物引火;火炉周围不得堆放可燃物品;蒸汽管道和取暖器材切勿烘烤衣物,以免发生火灾事故。另外,家庭不可用可燃材料做装饰,以免给火势蔓延创造条件。

(5) 忌乱烧垃圾。家庭自行焚烧垃圾不安全,要知道垃圾含有很多可燃易爆品,如液化气残液、玻璃瓶、鞭炮、废旧液体打火机等,一旦燃烧就有爆炸的可能。火苗乱飞,也很容易引起火灾。

(6) 忌小孩玩火。

(7) 忌燃气泄漏。当家庭使用液化气罐或煤气管道时,要具备良好的通风条件,并要经常检查,若发现有漏气现象,切勿开灯、打电话(可能产生火花),更不能动用明火,要匀速打开门窗通风,排除火灾隐患。

(8) 忌不备消防器材。俗话说“不怕一万,就怕万一”。为了做到有备无患,每个家庭都要配备相应的消防器材,每位成员都要掌握使用方法;另外,要定期检查,做到警钟常鸣,防患于未然。

(二) 高楼防火注意事项

(1) 安全门或楼梯及通道应保持畅通,不得任意封闭、加锁或堵塞。

(2) 楼房窗户不应装置防窃铁栅或广告牌等阻塞逃生的路途,如装置应预留逃生口。

(3) 高楼楼顶平台,为临时避难场所,除蓄水池与瞭望台外,不可加盖房屋或做其他设备,以免影响逃生。

(4) 缺水或消防车抢救困难地区时,应配置灭火器材或自备充足的消防用水。

(三) 用电安全常识

(1) 保险丝熔断是用电过量预告,不可愈换愈粗,以免短路时不能及时熔断,引起电线着火。

(2) 电线陈旧,最易破损,应注意检查更换。

(3) 衣柜内不可装设电灯烘烤衣物。

(4) 电暖炉旁不可设置易燃物品或靠近衣服。

(5) 对于电热水器,应检查其自动调节装置是否损坏,以免发生过热,引起爆炸后火灾。

(6) 电气机房及配电所开关附近应备干粉灭火器,以备防火。

(四) 正确的报警方法

《中华人民共和国消防法》第三十二条明确规定,任何人发现火灾时,都应该立即报警。任何单位、个人都应当无偿为报警提供便利,不得阻拦报警。严禁谎报火警。所以,一旦失火,要立即报警,报警越早,损失越小。报警时,要牢记以下几点。

(1) 要牢记火警电话119,消防队救火不收费。

(2) 接通电话后要沉着冷静,向接警中心讲清失火单位的名称、地址、什么东西着火、火势大小以及着火的范围。同时,还要注意听清对方提出的问题,以便正确回答。

(3) 把自己的电话号码和姓名告诉对方,以便联系。

(4) 打完电话后,要立即到交叉路口等候消防车,以便引导消防车迅速赶到火灾现场。

(5) 迅速组织人员疏通消防车道,清除障碍物,使消防车到火场后能立即进入最佳位置灭火救援。

(6) 如果着火地区发生了新的变化,要及时报告消防队,使其能及时改变灭火战术,以取得最佳效果。

(7) 在没有电话或没有消防队的地方,如农村和边远地区,可采用敲锣、吹哨、喊话等方式向四周报警,动员乡邻来灭火。

(五) 灭火器的种类及使用方法

(1) 泡沫灭火器。适用于AB类火灾,其分为化学泡沫和机械泡沫两种。其中,化学泡沫使用时应颠倒使用,现已淘汰;而机械泡沫使用方法同干粉灭火剂。缺点:容易造成污染,不可用于C类火灾,每4个月检查一次,药剂一年一换。

(2) 二氧化碳灭火器。适用于BC类火灾,使用方法如下:①拔出保险插销;②握住喇叭喷嘴和阀门压把;③压下压把即受内部高压喷出。每3个月检查一次,重量减少需要重新灌充。缺点:使用人员极易冻伤,笨重不易操作。

(3) 干粉灭火器。其分为ABC和BC干粉两种,其中ABC类干粉灭火器适用ABC类火灾,使用方法如下:①拔掉保险销;②将喷嘴管朝向火焰,压下阀门压把即可喷出。3个月检查一次压力表(1.2MPa),药剂有效时限为3年。

(4) 清水灭火器。它最适合用于灭A类火灾,不适合扑灭其他类火灾。采用拍击法做法如下:先将清水灭火器直立放稳,然后摘下保护帽,用手掌拍击开启杠顶端的凸头,水流便会从喷嘴喷出。

(六) 安全燃放烟花爆竹

春节享受燃放烟花爆竹的喜庆时,也应警惕如下安全隐患。

(1) 切不可在建筑物室内、阳台、走廊等地燃放,更不能对着人和建筑物、可燃物燃放。

(2) 特别不要在商场、市场、公共娱乐场所、人员密集场所、粮库、农村柴草垛、古建筑、电力设施下方燃放。

(3) 千万不能在加油站、油库、烟花爆竹销售摊点等地方燃放。

(4) 烟花的燃放不可倒置,吐珠类烟花最好能用物体或器械固定在地面上,若确须手持,只能掐住筒体尾端,不要掌心托底。

(5) 爆竹应在屋外空处吊挂燃放,点燃后切忌将爆竹放在手中,双响炮应直竖地面,不要横放。

(6) 未成年人慎用烟花爆竹,观看时,一定要有家长陪同。

（七）家庭灭火常识

（1）炒菜油锅着火时，应迅速盖上锅盖灭火。如没有锅盖，可将切好的蔬菜倒入锅内灭火。切忌用水浇，以防燃着的油溅出来，引燃厨房中的其他可燃物。

（2）电器起火时，应先切断电源，然后再用湿棉被或湿衣物将火压灭。电视机起火，灭火时要特别注意从侧面靠近电视机，以防显像管爆炸伤人。

（3）向酒精火锅加添酒精时突然起火，千万不能用嘴吹，可用茶杯盖或小菜碟等盖在酒精罐上灭火。

（4）液化气罐着火，除可用浸湿的被褥、衣物等捂压外，还可将干粉或苏打粉用力撒向火焰根部，在火熄灭的同时关闭阀门。

四、火灾避险逃生知识

（一）家庭火灾逃生方法

当因家中失火或者楼层邻近家起火，被浓烟和高温围困在家中时，上策是想尽办法尽一切可能逃到屋外，远离火场，保全自己。

1. 普通家庭住宅火灾逃生方法

（1）开门之时，先用手背碰一下门把。如果门把烫手或门隙有烟冒进来，切勿开门。用手背先碰是因金属门把传热比门框快，手背一感到热就会马上缩开。

（2）若门把不烫手，则可打开一道缝以观察可否出去。用脚抵住门下方，防止热气流把门冲开。如门外起火，开门会鼓起阵风，助长火势，打开门窗则形同用扇扇火，应尽可能把全部门窗都关上。

（3）弯腰前行，浓烟从上往下扩散，在近地面 0.9m 左右浓烟稀薄，呼吸较容易，视野也较清晰。

（4）如果出口堵塞，就要试着打开窗或走到阳台上，走出阳台时，应随手关好阳台门。

（5）如果居住在楼上，而该楼层离地不太高，落点又不是硬地，则可抓住窗沿悬身窗外伸直双臂以缩短与地面之间的距离。这样做虽然可能造成肢体的扭伤和骨折，但这毕竟是主动求生。在跳下前，先松开一只手，用这只手及双脚撑一撑离开墙面跳下。只有在确实无其他办法时，才可从高处下跳。

（6）如果要破窗逃生，则可用顺手抓到的东西（较硬之物）砸碎玻璃，把窗口碎玻璃片弄干净，然后顺窗口逃生。如无计可施则关上房门，打开窗户，大声呼救。如果在阳台求救，应先关好后面的门窗。

（7）如没有阳台，则应一面等候援救，一面设法阻止火势蔓延。用湿布堵住门窗缝隙，阻止浓烟和火焰进入房间，以免被活活烧死。

（8）可向木质家具及门窗泼水，以防止火势蔓延。邻室起火，不要开门，而应从窗户、阳台转移出去。如贸然开门，热气浓烟可乘虚而入，使人窒息。若睡眠中突然发现起火，不要惊慌，而应趴在地上匍匐前进，因靠近地面处会有残留的新鲜空气，不要大口喘气，呼吸要细小。

(9) 失火时,如果携婴儿撤离,可用湿布蒙住婴儿的脸,用手挟着,快跑或爬行而出。

2. 高层建筑火灾逃生方法

高层建筑发生火灾后的特点是火势蔓延速度快、火灾扑救难度大、人员疏散困难。在高层建筑火灾中被困人员的逃生自救可以采用以下几种方法。

(1) 尽量利用建筑内部设施逃生

利用消防电梯、防烟楼梯、普通楼梯、封闭楼梯、观景楼梯进行逃生;利用阳台、通廊、避难层、室内设置的缓降器、救生袋、安全绳等进行逃生;利用墙边落水管进行逃生;将房间内的床单或窗帘等物品连接起来进行逃生。

(2) 根据火场广播逃生

高层建筑一般装有火场广播系统,当某一楼层或楼层某一部位起火且火势已经蔓延时,不可惊慌失措盲目行动,而应注意听火场广播和救援人员的疏导信号,从而选择合适的疏散路线和方法。

(3) 自救、互救逃生

利用各楼层存放的消防器材扑救初起火灾。充分运用身边物品自救逃生(如床单、窗帘等)。对老、弱、病残、孕妇、儿童及不熟悉环境的人要引导疏散,共同逃生。

3. 棚户区火灾逃生方法

棚户区也叫简易建筑区,是指用草、木、竹、油毡等可燃材料搭建的简易房屋群。起火后,火势蔓延快,烟雾扩散快,被困人员安全脱逃十分困难,可以采用以下几种逃离方法。

(1) 抓住时机逃离房间

棚户区房间面积小,发生火灾后要果断抓住时机逃离房间,退到较为安全地区,切不可因抢救财物而延误了时机。

(2) 逃离路线要选对

当火势蹿出屋顶,房屋出现倒塌迹象时,最好沿承重墙逃出房间,住在阁楼上的人在逃生时,应采取前脚虚后脚实的方法行走,避免因阁楼烧坏,脚踏空而坠楼摔伤。

(3) 身上着火会处理

当身上着火时,切不可带火奔跑,应设法把衣服脱掉,如果一时脱不掉,可把衣服撕破扔掉,也可卧倒在地上打滚,把身上的火苗压熄或想法淋湿衣服或就近跳入水池。

(4) 逃离火场要选上风向

对于大面积燃烧的火场,虽然逃出了房间,但仍处在火势的包围之中,这时不要惊慌,退到较为安全的空地,选择上风方向奔跑逃生,尽量减少呼吸,并注意避免房屋倒塌砸伤自己。

(5) 保命要舍财

当棚户区发生火灾且蔓延非常迅猛时,逃生机会稍纵即逝,因此火场逃生时必须冷静、果断,以保全生命为原则,在此前提下方可抢救财物。

(二) 公共场所火灾逃生方法

1. 商场(集贸市场)火灾

商场(集贸市场)可燃物多、火灾荷载大、人员密度大,火灾危险性很大,一旦发生火灾,扑救难度大，人员疏散困难，易造成重大的人员伤亡，要想从商场(集贸市场)火灾中成功地逃生，就必须掌握正确的逃生方法。

(1) 熟悉所处环境。走进商场等不熟悉的环境，应留心看一看太平门、楼梯、安全出口的位置以及灭火器、消火栓、报警器的位置，以便有火警时及时逃出危险区或将初起火灾及时扑灭，并在被围困的情况下及时向外报警求救。只有养成这样的好习惯，才能有备无患。

(2) 利用疏散通道逃生。主要是利用商场设定的室内楼梯、室外楼梯或消防电梯等，尤其是在初起火灾阶段，要及时利用这些通道逃生。

(3) 自制器材逃生。主要是利用一切可以利用物品用作自我保护，开辟疏散通道。

(4) 利用建筑物逃生。即利用落水管、室外突出部位，各类门、窗以及避雷网(线)进行逃生或转移。

(5) 寻找避难处所逃生。例如，到室外阳台、楼层平台等待救援；选择火势、烟雾难以进入的房间，关好门窗，堵塞间隙，或者浇湿可燃物，以阻止或减缓火势和烟雾的蔓延。无论白天或夜晚，被困者应不断发出各种呼救信号，以引起救援人员注意而得救。

2. 影剧院、KTV 火灾逃生方法

影剧院里都设有消防疏散通道，并装有门灯、壁灯、脚灯等应急照明设备。用红底白字标有“太平门”、“出口处”或“非常出口”、“紧急出口”等指示标志。一旦发生火灾，应根据不同起火部位，选择相应的逃生方法。

(1) 当舞台失火时，要远离舞台向放映厅一端靠近，把握时机逃生。

(2) 当观众厅失火时，可利用舞台、放映厅和观众厅的各个出口逃生。

(3) 不论何处起火，楼上的观众都要尽快从疏散门由楼梯向外疏散。

(4) 当放映厅失火时，可利用舞台和观众厅的各个出口逃生。

此外，影剧院起火还要注意以下几点。

(1) 疏散人员要听从影剧院工作人员的指挥，切忌互相拥挤、乱跑乱窜，以致堵塞疏散通道，影响疏散速度。

(2) 疏散时，人员要尽量靠近承重墙或承重构件部位行走，以防坠物砸伤。特别是在观众厅发生火灾时，人员不要在剧场中央停留。

(3) 有些影院安装了应急排风按钮，当出现紧急情况时，可按压该按钮打开通风设备，排出室内有毒气体。

(4) 应急出口大门用力即可撞开。

(三) 乘坐交通工具时发生火灾的逃生方法

1. 乘坐地铁发生火灾时的逃生方法

随着城市的发展，地铁已经成为大城市不可缺少的交通工具，地铁中发生的灾害事故也在不断地增多，其中火灾占有不小的比例。在乘坐地铁时，若发生火灾，有如下几种逃生的方法可以参考。

(1) 若在地铁中发现车厢停电，并有异味、烟雾等异常情况，应立即按响车厢内紧急报警装置通知司机。

(2) 地铁失火时，不要惊慌，而应保持镇静，不要任意扒门，更不能跳下轨道，要耐心地等待车站工作人员的到来。要会用车厢内的消防器材，奋力将小火控制、扑灭。

(3) 疏散时，注意看指示灯标志。地铁站都会设有事故照明灯。

(4) 按照广播以及司机、车站工作人员的指引，做好个人防护(如毛巾捂鼻等)，迅速有秩序地疏散到地面。

2. 乘坐火车火灾中的逃生方法

火车的火灾特点如下：一是易造成人员伤亡；二是易形成一条火龙；三是易造成前后左右迅速蔓延；四是易产生有毒气体。旅客利用车内的设施逃生方法有如下几种。

(1) 当列车发生火灾时，被困人员可以通过各车厢互连通道逃离火场。当(相邻车厢间有自动或手动门)通道被阻时，可用安全锤或坚硬的物品将玻璃窗户砸破，逃离火场。

(2) 当列车发生火灾时，乘务员应迅速扳下紧急制动闸，使列车停下来，并组织人力迅速将车门和车窗全部打开，帮助未逃离火车厢的被困人员向外疏散。

(3) 摘挂钩疏散车厢。若旅客列车在行驶途中或停车时发生火灾，且威胁相邻车厢时，应采取摘钩的方法疏散未起火车厢，具体方法如下。

① 当前部或中部车厢起火时，先停车摘掉起火车厢与后部未起火车厢之间的连接挂钩，机车牵引向前行驶一段距离后再停下，摘掉起火车厢与前面车厢之间的挂钩，再将其车厢牵引到安全地带。

② 当后部车厢起火时，停车后先将起火车厢与未起火车厢之间连接的挂钩摘掉，然后用机车将未起火的车厢牵引到安全地带。

火车火灾逃生应注意的事项如下。

(1) 当起火车厢内的火势不大时，列车乘务人员应告诉乘客不要开启车厢门窗，以免大量的新鲜空气进入后，加速火势的扩大蔓延。

(2) 组织乘客利用列车上灭火器材扑救火灾，还要有秩序地引导被困人员从车厢的前后门疏散到相邻的车厢。

(3) 当车厢内浓烟弥漫时，要告诉被困人员采取低姿行走的方式逃离到车厢外或相邻的车厢。

(4) 当车厢内火势较大时，应尽量破窗逃生。

(5) 当采用摘挂钩的方法疏散车厢时，应选择在平坦的路段进行。对有可能发生溜车的路段，可用硬物塞垫车轮，以防止溜车。

3. 乘坐公交车发生火灾时的逃生方法

公交车是人们生活中不可缺少的交通工具，人员众多是其一个最大的特点，一旦发生火灾，应采取以下几种自救的方法。

(1) 当发动机着火后，驾驶员应开启车门，令乘客从车门下车。然后，组织乘客用随车灭火器扑灭火焰。

(2) 如果着火部位在汽车中间，驾驶员应迅速打开车门，让乘客从两头车门有秩序地下车。在扑救火灾时，应重点保护驾驶室和油箱部位。

(3) 如果火焰小且封住了车门，乘客们可用衣物蒙住头部，从车门冲下。

(4) 如果车门线路被火烧坏,开启不了,乘客应砸开就近的车窗翻下车。

(5) 开展自救、互救方法逃生。在火灾中,如果乘车人员衣服被火烧着了,不要惊慌:如果来得及脱下衣服,可以迅速脱下,用脚将火踩灭;如果来不及脱下衣服,可以就地打滚,将火滚灭;如果发现他人身上的衣服着火时,可以脱下自己的衣服或用其他布物,将他人身上的火捂灭,切忌着火人乱跑或用灭火器向着火人身上喷射。

五、火灾时人员疏散

(1) 任何一个公共娱乐场所、部位、生产岗位都有疏散方案。

(2) 公共场所有工作人员的地方,要在工作人员、保卫人员的引导下进行有秩序地疏散。

(3) 疏散时,人员不要带任何东西,尤其是重物,要让老人和小孩子先走,一个一个地往外跑。

实训课堂

(1) 普通住宅着火时,居民应怎样逃生?

(2) 高层建筑着火时,居民应怎样逃生?

(3) 棚户区着火时,居民应怎样逃生?

第二节　上海“11·15”火灾

时间:2010 年 11 月 15 日 14 时 15 分

地点:上海余姚路胶州路

原因:住宅脚手架起火

伤亡情况:58 人遇难

2010 年 11 月 15 日 14 时 15 分,上海胶州路 718 号 28 层的教师公寓发生大火。胶州路教师公寓 1998 年 1 月建成,总户数 500 户。上海公安、消防、卫生、应急办等部门立即出动展开灭火救援工作。消防部门接警后立刻出动 25 个消防中队、百余辆消防车投入灭火,并紧急疏散救助附近居民百余人。截至 15 日晚 10 时,火灾已经导致 42 人遇难。

一、火灾事故救援过程

14 时 15 分施工材料着火引发大火包围整幢大楼,事发地点位于上海市中心的胶州路靠近余姚路附近,是一栋 28 层的公寓楼,近日正在进行外立面翻新。大约 14 时起,大楼发生火灾,整栋大楼一度被浓烟和大火包裹。记者在现场看到,数十辆消防车正在向大楼喷水,警务直升机在头顶盘旋。

15 时 09 分左右，在事发现场胶州路上看见，有十几个人聚集在起火大厦的顶楼，挥手等待救援。

15 时 50 分，3 架警用直升机已经飞抵着火大楼的顶部。

16 时，静安中心医院已收治三十六七名伤员。警用直升机飞离顶楼，因降下难度太大被迫放弃。

16 时 10 分，一些伤者家属已赶到医院。

16 时 11 分，静安中心医院在急诊服务台贴出伤者名单。

16 时 28 分左右，火势还在继续，但已略有缓和。目前，燃烧大楼 20 层以下火势已经基本被控制，但由于消防车的高度问题，在 20 层以上楼层大火还在燃烧。目前，至少有 20～30 辆消防车在救援。在燃火大楼旁边的楼上有 3 支消防水枪在灭火，但效果并不显著。大楼整体基本已经烧黑，部分燃烧物不时地在掉落。

22 时，疏散营救出居民 100 余人，42 人因火灾死亡。

16 日凌晨 1 时许，孟建柱抵达上海，立即赶往火灾现场，实地查看现场情况，了解搜救工作最新进展。

16 日凌晨 2 时许，孟建柱主持召开会议，传达胡锦涛总书记和温家宝总理的重要指示精神，听取上海市委市政府的情况汇报，宣布成立国务院上海市“11・15”特别重大火灾事故调查组。

二、事故原因调查

国务院事故调查组查明，该起特别重大火灾事故是一起因企业违规造成的责任事故。事故的直接原因如下：在胶州路 728 号公寓大楼节能综合改造项目施工过程中，施工人员违规在 10 层电梯前室北窗外进行电焊作业，电焊溅落的金属熔融物引燃下方 9 层位置脚手架防护平台上堆积的聚氨酯保温材料碎块、碎屑引发火灾。

事故的间接原因如下：一是建设单位、投标企业、招标代理机构相互串通、虚假招标和转包、违法分包；二是工程项目施工组织管理混乱；三是设计企业、监理机构工作失职；四是市、区两级建设主管部门对工程项目监督管理缺失；五是静安区公安消防机构对工程项目监督检查不到位；六是静安区政府对工程项目组织实施工作领导不力。

根据国务院批复的意见，依照有关规定对 54 名事故责任人做出严肃处理。其中，26 名责任人被移送司法机关依法追究刑事责任，28 名责任人受到党纪、政纪处分。

三、事故暴露高层建筑的消防问题

这起事故暴露出高层建筑的 4 个防火软肋。

（一）楼内消防设备、救生设施不完善

高层建筑起火后，最重要的是利用楼内消防设备进行救援。同时，为高层建筑配备救生绳、防烟面罩和救生软梯等专业逃生设备也是非常必要的。然而遗憾的是，这幢起火的居民

楼内并无这些设备。

（二）建筑材料不能阻燃反而易燃

高层建筑的建筑材料使用大量泡沫板、油漆、黏合胶、防护网、保温材料。这些材质可燃、易燃物品，稍有疏忽便会引发火灾事故，并产生大量毒害气体，严重危害人身安全，增大了扑救难度。

（三）救援现场云梯不够高

中国城市消防通常使用高度为 50m 左右的云梯，这显然无法满足高层建筑的消防需求。本次起火的救援困难也主要在于云梯难以达到 20 层以上，致使 20 层以上火势难以控制。

（四）直升机救援条件依然不成熟

尽管此次也采用了直升机救火，但由于不是消防专用直升机，现场的浓烟使直升机无法靠近事发地点，再加上大城市高层建筑密度很大，限制了直升机安全操纵的有效空间，为直升机救援增加了新的难度。

四、事故的启示

近年来全国各地火灾事故不断，2010 年 5 月 31 日，江苏南通市一在建高楼外墙着火引发火灾；9 月 9 日，长春住宅楼电焊引燃外墙材料；乌鲁木齐的 26 层高楼着火；青海 31 层商住楼外墙保温材料着火……多起高层建筑发生的火灾提示火灾重在预防，为有效预防和减少重特大火灾事故的发生，应采取以下对策措施。

（一）提高认识，增强责任感

一定要从落实科学发展观、保障和改善民生的高度，进一步提高对做好消防工作重要性的认识，清醒判断当前消防工作面临的严峻形势，增强做好这项工作的责任感、紧迫感。

（二）加强宣传教育，提高消防能力

紧密结合实际，新闻、宣传、文化部门联动，通过广播、电视、墙报、板报、橱窗等多种形式，广泛开展消防宣传教育和培训，特别是加强对企业员工，尤其是流动务工人员的消防安全教育培训。各类学校也要对学生开展必要的消防知识教育，切实提高检查消除火灾隐患、组织扑救初起火灾、组织人员疏散逃生、消防宣传教育培训“四个能力”。

（三）认真组织开展火灾隐患大排查大整改，及时消除火灾隐患

要针对消防工作中存在的薄弱环节，全面排查整治火灾隐患；各级执法部门要认真履行职责，加大联合执法力度，认真组织检查消防安全责任是否落实，安全管理制度、消防设备设施和火灾防范措施是否到位，坚决防止重特大火灾事故的发生。

（四）严格落实消防安全责任制

要按照谁主管、谁负责的原则，一把手为第一责任人，分管领导为主要责任人，切实把消防安全责任落到实处。要加大火灾事故责任追究力度，实行责任倒查和逐级追查，做到事故原因不查清不放过、事故责任者得不到处理不放过、整改措施不落实不放过、教训不吸取不放过。

（五）操作人员必须持证上岗

现场操作人员必须严格遵守各项安全操作规程、管理制度，必须加强现场安全监督和管理。

（六）配齐完善高层建筑楼内的消防设备

上海"11·15"火灾中的罹难者多被燃烧时的有毒气体呛死，而非被烧死。高层建筑不仅要配备消火栓和灭火器，而且还要装备救生绳、防烟面罩及救生软梯等专业逃生救生设备。此外，高层建筑火场供水也是关键问题。

当内部管道供水不能满足灭火需要时，还必须靠人力在建筑外墙铺设水带供水。但有些商用高层建筑中配备的室内消火栓由于保养不善或没有保养，经常因无水或喷头阻塞而导致无法使用。

（七）加大投入

政府应给消防专业部门和队伍配备适应当前城市高楼建筑消防需要的云梯、消防专用直升机等设备设施。

（八）加强科技攻关，研制新型建筑和装饰材料

据介绍，聚氨酯导热系数更高、保温性更好，但这种材料的缺点在于其阻燃性能差，燃烧速度快且过程中会产生过度溶滴，容易导致火势加速蔓延。同时，聚氨酯在燃烧时还会产生更多的有毒气体，以一氧化碳（CO）为主。国内的楼房越建越高，政府也在不断地推动保温节能材料的推广，但往往忽略了其在防火、耐水等方面的性能，需要引起相关部门的注意。

学校火灾逃生办法

如果寝室、教室、实验室、会堂、宾馆、饭店、食堂、浴池、超市等着火时，可采用以下方法逃生。

1. 毛巾、手帕捂鼻护嘴法

因火场烟气具有温度高、毒性大、氧气少、一氧化碳多的特点，人吸入后容易引起呼吸系统烫伤或神经中枢中毒，因此在疏散过程中，应采用湿毛巾或手帕捂住嘴和鼻（但毛巾与手

帕不要超过6层厚)。应迅速逃到上风处躲避烟火的侵害。由于着火时,烟气多聚集在上部空间,且具有向上蔓延快、横向蔓延慢的特点,因此在逃生时,不要直立行走,应弯腰或匍匐前进,但遇石油液化气或城市煤气火灾时,不应采用匍匐前进方式。

2. 遮盖护身法

将浸湿的棉大衣、棉被、门帘子、毛毯、麻袋等遮盖在身上,确定逃生路线后,以最快的速度直接冲出火场,到达安全地点,但值得注意的是,要捂鼻护口,以防一氧化碳中毒。

3. 封隔法

如果走廊或对门、隔壁的火势比较大,无法疏散,则可退入一个房间内,并用毛巾、毛毯、棉被、褥子或其他织物将门缝封死,防止受热,同时,可不断往上浇水进行冷却,以防止外部火焰及烟气侵入,从而达到抑制火势蔓延速度、延长时间的目的。

4. 卫生间避难法

当发生火灾且实在无路可逃时,可利用卫生间进行避难。因为卫生间湿度大,温度低,可将水泼在门上、地上进行降温,水也可从门缝处向门外喷射,达到降温或控制火势蔓延的目的。

5. 多层楼着火逃生法

如果多层楼着火且楼梯的烟气火势特别猛烈时,可利用房屋的阳台、雨篷逃生,也可采用绳索、消防水带,也可用床单撕成条连接代替,但一端要紧拴在牢固采暖系统的管道或散热气片的钩子上(暖气片的钩子)及门窗或其他重物上,然后再顺着绳索滑下。

6. 被迫跳楼逃生法

如无条件采取上述自救办法,而时间又十分紧迫,烟火威胁严重,被迫跳楼时,低层楼可采用此方法逃生,但首先向地面上抛下一些厚棉被、沙发垫子,以增加缓冲,然后手扶窗台往下滑,以缩小跳楼高度,并保证双脚首先落地。

安全小贴士

火灾逃生的4个要点如下。

(1) 用湿毛巾捂住鼻子,防烟熏。

(2) 避开火势,果断迅速逃离火场。

(3) 寻找有效的逃生出路。

(4) 趴在地上等待救援。

发生火灾时,要迅速地逃生,不要贪恋钱财等身外之物。当自身受到火势的威胁时,要马上披上浸湿的衣物、被褥等物品向安全出口方向逃出去。当穿过浓烟逃生时,要尽量使身体贴近地面,并用湿毛巾捂住自己的口鼻。当身上着火时,千万不要奔跑,可就地打滚或用厚重衣物压灭火苗。遇火灾不可乘坐电梯,要向安全出口方向逃生。

讨论题

上海"11·15"火灾亲历者周先生在火灾发生后,他和妻子从23楼墙外的脚手架下爬自救。据周先生称，他们住在胶州教师公寓的23楼，当火灾发生时，他和妻子正在家中睡午觉，后被浓烟熏醒，当时，整个房间内都已经弥漫着浓烟。

周先生表示，他随后冲到楼道，打破消火栓的玻璃，取出了楼道内的灭火设备，将23楼窗外的火扑灭部分，然后和妻子顺着23楼外的脚手架逐渐往下爬。周先生称，大概爬到十几楼时，他们遇到了前来救援的消防队员，消防队员先把其妻子救下，周先生随后也安全脱险。结合周先生的亲身经历，谈谈火灾逃生的基本方法。

第三节 空难事故的应对与安全教育

航空运输(Air Transportation)是指使用飞机、直升机及其他航空器运送人员、货物、邮件的一种运输方式。其具有快速、机动等特点，是现代旅客运输，尤其是远程旅客运输的重要方式。航空交通事故是指发生在航空运输期间或在旅客上、下民用航空器过程中，造成旅客人身伤亡、行李和托运货物损失；或因飞行中的民用航空器及其落下的人或物造成地面(含水面)上的人身伤亡或财产损失等事故。

一、机场紧急事件的分类及应急救援

民用运输机场突发事件(以下简称突发事件)是指在机场及其邻近区域内，航空器或机场设施发生或可能发生的严重损坏以及其他导致或者可能导致人员伤亡和财产严重损失的情况。

机场紧急事件包括航空器紧急事件和非航空器紧急事件。

(一) 航空器紧急事件

(1) 航空器失事。

(2) 航空器空中故障。

(3) 航空器受到非法干扰，包括劫持、爆炸物威胁等。

(4) 航空器与航空器相撞。

(5) 航空器与障碍物相撞。

(6) 涉及航空器的其他紧急事件。

航空器紧急事件的应急救援等级分为紧急出动、集结待命、原地待命3个等级。

(1) 紧急出动。已发生航空器坠毁、爆炸、起火、严重损坏等紧急事件，各救援单位应当按指令立即出动，并以最快的速度赶赴事故现场。

(2) 集结待命。航空器在空中发生故障，随时有可能发生航空器坠毁、爆炸、起火、严重损坏，或者航空器受到非法干扰等紧急事件，各救援单位应当按指令在指定地点集结。

(3) 原地待命。航空器空中发生故障等紧急事件，但其故障对航空器安全着陆可能造成困难，各救援单位应当做好紧急出动的准备。

(二) 非航空器紧急事件

(1) 对机场设施的爆炸物威胁。

(2) 建筑物失火。

(3) 危险物品污染。

(4) 自然灾害。

(5) 医学紧急情况。

(6) 不涉及航空器的其他紧急事件。

非航空器的紧急事件应急救援不分等级。

二、民用航空器飞行事故应急响应

(一) 民用航空器飞行事故适用范围

(1) 民用航空器特别重大飞行事故。

(2) 民用航空器执行专机任务发生飞行事故。

(3) 民用航空器飞行事故死亡人员中有国际、国内重要旅客。

(4) 军用航空器与民用航空器发生空中相撞。

(5) 外国民用航空器在中华人民共和国境内发生飞行事故,并造成人员死亡。

(6) 由中国运营人使用的民用航空器在中华人民共和国境外发生飞行事故,并造成人员死亡。

(7) 民用航空器发生爆炸、空中解体、坠机等,造成重要地面设施巨大损失,并对设施使用、环境保护、公众安全、社会稳定等造成巨大影响。

(二) 民用航空器飞行事故应急响应

1. 应急响应分级

按民用航空器飞行事故的可控性、严重程度和影响范围,其应急响应分为如下4个等级。

(1) Ⅰ级应急响应

发生上述适用范围内的民用航空器飞行事故为Ⅰ级应急响应。

当发生Ⅰ级应急响应事件时,应启动本预案和国务院相关部门、省级人民政府应急预案。

(2) Ⅱ级应急响应

凡属下列情况之一者为Ⅱ级应急响应:民用航空器发生重大飞行事故;民用航空器在运行过程中发生严重的不正常紧急事件,可能导致重大以上飞行事故发生,或可能对重要地面设施、环境保护、公众安全、社会稳定等造成重大影响或损失。

当发生Ⅱ级应急响应事件时,应启动国务院民用航空主管部门应急预案和相关省级人民政府应急预案。

(3) Ⅲ级应急响应

凡属下列情况之一者为Ⅲ级应急响应:民用航空器发生较大飞行事故;民用航空器在运

行过程中发生严重的不正常紧急事件，可能导致较大以上飞行事故发生，或可能对地面设施、环境保护、公众安全、社会稳定等造成较大影响或损失。

当发生Ⅲ级应急响应事件时，应启动民用航空地区管理机构应急预案和相关市(地)级人民政府应急预案。

(4) Ⅳ级应急响应

凡属下列情况之一者为Ⅳ级应急响应：民用航空器发生一般飞行事故；民用航空器在运行过程中发生严重的不正常紧急事件，可能导致一般以上飞行事故发生，或可能对地面设施、环境保护、公众安全、社会稳定等造成一定影响或损失。

当发生Ⅳ级应急响应事件时，应启动民用运输机场应急预案、民用航空相关企事业单位应急预案、民用航空地方安全监察办公室应急预案和相关市(地)级人民政府应急预案。当启动本级应急预案时，本级应急指挥机构应向上一级应急指挥机构报告，必要时，可申请启动上一级应急预案。

(三) 应急响应程序

(1) 当启动本预案后，国家处置飞行事故指挥部办公室按下列程序和内容响应。

① 开通与国务院相关部门、事故发生地省级应急指挥机构、事故现场应急指挥部、事故发生地所属民用航空地区管理机构应急指挥机构、民用航空器搜救中心等的通信联系，收集相关信息，随时掌握事故进展情况。

② 及时报告民用航空器飞行事故基本情况和应急救援的进展情况。

③ 视情况通知有关成员组成国家处置飞行事故指挥部。

④ 通知相关应急机构随时待命，为地方应急指挥机构提供技术建议，协调事故现场应急指挥部提出的支援请求。

⑤ 组织有关人员、专家赶赴现场参加、指导现场应急救援。

⑥ 召集专家咨询组成员，提出应急救援方案建议。

⑦ 协调落实其他有关事项。

(2) 相关部门应急指挥机构接到飞行事故信息后，按下列程序和内容响应。

① 启动并实施本部门应急预案，并向国家处置飞行事故指挥部报告。

② 协调组织应急救援力量开展应急救援工作。

③ 当需要其他部门应急力量支援时，向国家处置飞行事故指挥部提出请求。

(3) 省级人民政府应急指挥机构接到飞行事故信息后，按下列程序和内容响应。

① 启动并实施省级及相关市(地)应急预案，并及时向国家处置飞行事故指挥部报告。

② 组织应急救援力量开展先期现场应急救援工作。

③ 当需要其他应急力量支援时，向国家处置飞行事故指挥部提出请求。

三、自救方法

乘坐飞机旅行对现代人来说已是很平常的选择，但由于飞行在天空中人无法掌控，因此人们潜意识中不免认为飞机是一种很危险的交通工具。

事实如何呢？据国际民航的统计，飞机失事几率远小于其他交通工具，坐飞机比坐火车、汽车等更安全。但飞机失事常在瞬间，如果在高空，除非能顺利迫降，否则一旦坠毁往往同时引发爆炸，旅客生还的几率极小。从这个层面上来说，空难的后果又是最严重的。但不少对逃生常识一知半解的旅客怀有侥幸心理，对起飞前空姐的演示和机上的逃生手册视而不见，因此一些惯坐飞机的旅客对逃生设备的使用方法也不熟。

（一）乘机前的准备工作

能否在飞机失事的瞬间逃生，不仅仅取决于人们临场反应够不够快。下面几个未雨绸缪的选择也能提高乘客的生还几率。

1. 不要与同伴分开

一家三口乘机旅行时，如果分开坐，一旦发生空难，彼此的第一反应可能是寻找同伴，这无疑减少了有限的逃命时间。如果不得以分开坐了，记得告诫孩子不要在原地等着父母来救，要积极逃生。

2. 认真听乘务员讲解，熟读安全手册

旅客往往认为每架飞机上的讲解都一样，没必要细听，但事实上不同机型的逃生口都不一样。

3. 数一数距离逃生口有多少排座位

旅客很难做到每次买机票时都特意买哪个具体的座位，因此，应记得数一数所乘座位和最近的两个逃生口之间隔着多少排，以便能在一片黑暗和烟雾中迅速摸着椅背到达出口。

还有一些准备工作是在上飞机前就能做的：尽量选择信用记录良好的大型客机，小飞机的安全系数一般比不上大飞机；尽量选择直飞航班，以减少起飞和降落的次数，因为从概率上来说，飞机失事基本是发生在这两个阶段；能穿长袖就别穿 T 恤，一旦起火，长衣可以给你提供更多的保护，同时尽量不穿凉鞋和短裤。

（二）安全带的使用

在民航客机旅客坐椅上，摆放着两条交叉的宽带子，这就是安全带。首次乘坐飞机的旅客，需要尽快掌握其使用的方法。

当进入客舱坐在旅客坐椅上以后，应用两手从两边拿起安全带，将没有金属扣件的一端，顺沟槽和孔穿过金属扣件，就像人们平时拴皮带一样。一只手按住金属扣件，一只手拉住织带，直到拉紧为止，不要留下间隙，可以动动上身和臀部，使其紧靠椅背，拉好安全带，使其系紧。从感觉上来说，系上时既不可勒得太紧，也不宜太松。同时，还应立刻学会麻利地解开，又熟练地系上。解开时，让腹部有些收缩，用一只手拿牢释放装置，另一只手推动释放扣，安全带就立刻松开了。

（三）事故瞬间反应要快

乘客首先要锻炼自己的是第一时间跳出大脑空白状态，冷静地作出选择。

如果飞机正在紧急迫降，要按乘务员的指示采取防冲击姿势：小腿向后收，头部前倾尽量贴近膝盖。这个姿势可以降低旅客被撞昏或者脊椎受伤的风险。有婴儿的父母，不要把婴儿抱在怀中，因为婴儿可能在冲击下被抛离；且坠机时，父母往往身体前倾，可能会压住孩子。

飞机成功迫降后，旅客要立刻解开安全带，尽快离开飞机。如果有空乘人员组织疏散，一定要听从安排，一股脑儿地涌向出口极有可能堵死求生通道。

在利用紧急滑梯撤离的情况下，乘客所做的最好准备就是熟悉安全出口的位置，准备按照飞行和机组人员的指令，穿上有利于滑行的衣服，准备撤离。高跟鞋可能会使你在滑行过程中受伤，因此，如果你正好穿的是高跟鞋，在你离开座位前，要把它们脱下来。如果需要使用氧气罩，要确保自己把氧气罩戴好。

成功离开飞机后，不要留在飞机附近。飞机即使不爆炸，也会因为燃烧产生有毒气体，乘客应马上跑到飞机残骸的上风口。

（四）飞机坠落后火场逃生方法

飞机坠落后经常会起火。在现代客机的机翼内，都装载着大量燃油，如果飞机坠毁时机翼断裂，那么大量的燃油就会流出。许多东西在碰撞时都有可能成为火种而点燃这些燃油，因此飞机坠落后起火是常事。紧急迫降如果比较成功，就会避免发生起火。

(1) 对乘客来说，最重要的是要知道最近的紧急出口的位置，乘客在登机以后应该数一数自己的座位与出口之间隔着几排。这样，即使机舱内充满了烟雾，乘客仍然可以摸着椅背找到出口。

(2) 在着陆时，应做好适当的准备。这时候，不应该坐靠在位置上，而是应该双手交叉放在前排座位上，然后把头部放在手上，并在飞机着陆之前一直保持这个姿势。

(3) 飞机停下之后，尽快走向出口，同时尽量保证安全。因为大火和有毒气体可能很快充满整个机舱。

(4) 乘飞机旅行时，着装应该得体。尽量避免穿T恤衫和短裤，而应该穿长袖衬衫和长裤，因为一旦起火长衣长裤可以提供更好的保护。最好不要穿凉鞋，以免脚部受到玻璃、金属等的伤害。

四、国内航空运输承运人的职责

（一）航空器营运人及其代理人在应急救援工作中的主要职责

(1) 提供有关资料，包括航班号、机型、航空器国籍登记号、机组组成人员的情况，旅客人员名单及身份证号码、联系电话、机上座位号、国籍、性别、行李数量、航空器燃油量、航空器所载危险品及其他货物等的情况。

(2) 在航空器起飞、降落机场设立接待机构，负责接待、查询。

(3) 负责通知伤亡人员的亲属。

(4) 在指挥中心或者事故调查组负责人允许下，负责货物、邮件和行李的清点和处理。

(5) 航空器出入境过程中发生紧急事件时，负责将事故的基本情况告之海关、边防和检疫部门。

(6) 负责残损航空器的搬移工作。

(7) 负责死亡人员遗物的交接工作及伤亡人员的善后处理。

(二) 赔偿责任限额规定

国内航空运输承运人应当在下列规定的赔偿责任限额内按照实际损害承担赔偿责任。但是,《中华人民共和国民用航空法》另有规定的除外。

(1) 对每名旅客的赔偿责任限额为人民币 40 万元。

(2) 对每名旅客随身携带物品的赔偿责任限额为人民币 3 000 元。

(3) 对旅客托运的行李和运输的货物的赔偿责任限额为 100 元/kg。旅客自行向保险公司投保航空旅客人身意外保险的,此项保险金额的给付,不免除或者减少承运人应当承担的赔偿责任。

实训课堂

飞机起飞前,乘客应该做哪些准备工作?

第四节　伊春飞机失事

时间:2010 年 8 月 24 日 21 时 38 分 08 秒

地点:黑龙江省伊春市林都机场

事件:哈尔滨飞往伊春的客机在伊春机场降落时坠毁

2010 年 8 月 24 日 21 时 38 分 08 秒,黑龙江省伊春市林都机场 30 号跑道入口外跑道延长线上 690m 处(北纬 47°44′52″,东经 129°02′34″),一架从哈尔滨飞往伊春的客机在伊春机场降落,接近跑道时断成两截后坠毁,部分乘客在出事时被甩出机舱,生还希望较小。机上有乘客 91 人,其中儿童 5 人。“8・24”坠机事故已造成 42 人遇难,54 人生还。

一、事件回顾及原因分析

2010 年 8 月 24 日 21 时 38 分,河南航空有限公司 E190 机型 B3130 号飞机执行哈尔滨至伊春 VD8387 定期客运航班任务时,在黑龙江省伊春市林都机场进近着陆过程中失事,造成 44 人死亡、52 人受伤,其中机组人员 5 人,乘客 91 人,直接经济损失 30 891 万元。

飞机坠毁的原因有如下几个方面。

(一) 夜航条件复杂

夜航条件复杂,没有仪表着陆系统(俗称盲降设备,ILS),仅有双向 420m 简易进近灯光,无跑道中线灯。南航黑龙江分公司运行安全技术部 2009 年 8 月 27 日印发的“关于伊春/林都机场运行安全措施”文件第三部分“伊春机场飞行安全措施”中，第一条就是“自9月1日以后，伊春机场原则上不飞夜航”，其他还有“昼间不在中雨、夜间不再有降水情况下着陆”，“不允许顺风起降”等。

（二）违反进近程序

伊春林都机场因未安装仪表着陆系统，所以没有精密仪表进近程序，只有非精密仪表进近程序。

（三）航线经验不足

民航中南局曾经向河南航空下发飞伊春的机场要对机长进行带飞。失事飞机机长齐全军是第一次飞伊春，无人带飞，严重违反了中南局对其提出的监管要求，现在初步查到中南局对河南航空下发过这个文件，有文字记录。伊春机场的数据没有在通用数据库里，每次飞行之前需要根据经纬度、航线距离等因素手工输入一次。

（四）塔台航管责任

专家分析，假如这次伊春的能见度确实不够，航管就应该建议不要着陆，如果没有提示，航管就有很大的责任。伊春机场航班量不大，当日就只有这架飞机，塔台全部的关注点都应该集中在这架飞机上。这次事故中初步查明，空管没有大的问题，但是飞机在距跑道1200m处降落，2 000多米处发生擦树梢，空管人员要是及时提醒，目引目送，按工作要求，塔台工作人员如果观察细致是能看出来的。

（五）机长资历不深

失事飞机机长齐全军，40岁，总飞行时间4 250h，为军转民飞行员，持有的是航线运输驾驶执照，1990年8月入空军航校，1992年10月开始飞行，所飞的机型有歼6、K44、运7—100、737—300、737—900、ERJ190，2009年3月16日进行ERJ190飞机改装，2009年3月23日在本场训练，2009年4月7日进行ERJ190机长航线检查，EMB190总飞行时间1 413.13h。

齐全军原来在部队开小飞机，33岁转业，然后进入了民航飞机的改装人员队伍，曾经被认为达到了波音737机长的标准，但是深航没有给他波音737机长的资质，最后给了ERJ190机长的资质。

二、事故救援

8月24日21时38分左右，伊春市公安消防支队接到报警后，迅速启动全市应急救援联动预案，将情况上报黑龙江省公安消防总队和伊春市政府，并紧急调动7个大队、160名官兵、20台消防车、11.8吨泡沫，参加抢险救援和灭火战斗。机场消防队两台消防车、6名指战员首先赶到客机失事现场。

22时15分，支队全勤指挥部和一中队、特勤中队到达现场，迅速成立了以李传军支队长为总指挥、王喜忠政委为副总指挥的支队前线指挥部。经侦察和询问知情人初步了解掌握现场情况后，支队前线指挥部迅速作出了“以救人为主，灭火和救人同时进行”的决定，并立即进行了力量部署和任务分工。搜救小组克服周围杂草丛生、地势凹凸不平、机场上空笼罩着黑烟浓雾等不利因素，采取拉网式、地毯式搜救方式，组织开展遇险人员搜救工作，共搜救出27名生还乘客。

22时25分，友好大队3台消防车、22名指战员到达现场。随后，金山屯区、西林区、乌马河区、上甘岭区、翠峦区大队也陆续赶到现场。

23时34分，飞机明火被全部扑灭。

飞机残骸明火被扑灭后，全体官兵又开始了挖掘清理埋压在飞机残骸下遇难者遗体的工作。截至8月25日凌晨2时45分，共挖掘清理遇难者遗体42具。

事故发生后，武警伊春市支队吴志新支队长带领150名官兵担负外围封控警戒和搜救任务。在整个搜救过程中，参战官兵搜救面积达1 000多平方米，搜出飞机残骸14片，机动电源盒4个。武警伊春市森林支队接到救援的命令后，在支队长李楠的带领下，在不到30min的时间内迅速赶赴现场，成功搜救到7名生还者。

8月24日21时36分，110接警，伊春市公安机关各警种紧急出动，相继投入780余名警力全力扑救飞机大火和救援事故中的遇险乘客。

25日凌晨，遇难者遗体全部被找到后，市公安局刑事技术支队民警和法医对遇难者遗体逐个进行编号并提取DNA样本，为确定死者身份做好准备。

事故发生后，伊春市迅速启动《伊春林都机场医疗救援应急预案》，并开通绿色通道，伊春市中心区4家医院300名医护人员迅速投入抢救，市中心血站和各家医院紧急调配血浆和药品，救治伤者。

三、事故赔偿

河南航空有限公司在2010年8月30日公布了“8·24”飞机坠毁事故遇难旅客赔偿标准。依据2006年中国民用航空总局令第164号《国内航空运输承运人赔偿责任限额规定》，国内民用航空运输旅客伤亡赔偿最高限额为40万元人民币，每名旅客随身携带物品的最高赔偿限额为3 000元人民币，旅客托运的行李的最高赔偿限额为2 000元人民币，共计40.5万元人民币。

同时，考虑到2006年以来全国城镇居民人均可支配收入的累计增长幅度，赔偿限额调增至59.23万元；再加上为遇难旅客亲属做出的生活费补贴和抚慰金等赔偿，航空公司对“8·24”飞机坠毁事故每位遇难旅客的赔偿标准总共为96.2万元人民币不含保险赔偿。

四、事故调查

《河南航空有限公司黑龙江伊春“8·24”特别重大飞机坠毁事故调查报告》已经国务院批复结案，2012年6月28日予以发布。报告指出了此次事故的直接与间接原因。

（一）直接原因

（1）机长违反河南航空《飞行运行总手册》的有关规定，在低于公司最低运行标准（根据河南航空有关规定，机长首次执行伊春机场飞行任务时，能见度最低标准为 3 600m，事发前伊春机场管制员向飞行机组通报的能见度为 2 800m）的情况下，仍然实施进近。

（2）飞行机组违反民航局《大型飞机公共航空运输承运人运行合格审定规则》的有关规定，在飞机进入辐射雾，未看见机场跑道、没有建立着陆所必需的目视参考的情况下，仍然穿越最低下降高度实施着陆。

（3）飞行机组在飞机撞地前出现无线电高度语音提示，且未看见机场跑道的情况下，仍未采取复飞措施，继续盲目实施着陆，导致飞机撞地。

（二）间接原因

1. 河南航空安全管理薄弱

（1）飞行技术管理问题突出

河南航空部分飞行员存在飞行中随意性大、执行公司运行手册不严格等突出问题。根据河南航空飞行技术管理记录，机长齐全军飞行超限事件数量大、种类多、时间跨度大，特别是与进近着陆相关的进近坡度大、偏离或低于下滑道、下降率大、着陆目测偏差较大等超限事件频繁出现。河南航空对机长齐全军长期存在的操纵技术粗糙、进近着陆不稳定等问题失察。

（2）飞行机组调配不合理，成员之间协调配合不好

飞行机组为首次执行伊春机场飞行任务，增加了安全风险；成员之间交流不畅，没有起到相互提醒验证、减少人为差错的作用。

（3）对乘务员的应急培训不符合民航局的相关规定和河南航空训练大纲的要求

负责河南航空乘务员应急培训的深圳航空乘务员培训中心没有 E190 机型舱门训练器和翼上出口舱门训练器，乘务员实际操作训练在 E190 机型飞机上进行，且部分乘务员没有进行开启舱门的实际操作训练。河南航空采用替代方式进行乘务员应急培训，没有修改训练大纲并向民航河南监管局申报，违反了民航局《客舱训练设备和设施标准》和《关于合格证持有人使用非所属训练机构乘务员训练有关问题》等相关规定，影响了乘务员应急训练质量，难以保障乘务员的应急处置能力。

2. 深圳航空对河南航空投入不足、管理不力

（1）2006 年 7 月至 2010 年 4 月，汇润投资控股深圳航空期间，深圳航空对河南航空安全运行所需的资金和技术支持不够，注册资本一直未到位，且频繁调动河南航空经营班子，影响了员工队伍稳定和安全、质量管理。

（2）2010 年 5 月，国航股份控股深圳航空后，深圳航空新的领导班子虽意识到河南航空安全管理存在问题的严重性，且专门进行了安全督导，但未能在短时间内有效解决河南航空安全管理方面存在的诸多问题。

3. 有关民航管理机构监管不到位

（1）民航河南监管局违反民航中南地区管理局相关规定，在河南航空未取得哈尔滨至

伊春航线经营许可的情况下，审定同意该航线的运行许可，不了解、不掌握该航线的具体运行情况；对河南航空安全管理薄弱、安全投入不足、飞行技术管理薄弱等问题督促解决不到位。

（2）民航中南地区管理局对河南航空主运行基地变更补充运行合格审定把关不严，未发现客舱机组配备不符合《大型飞机公共航空运输承运人运行合格审定规则》相关规定，缺少一名乘务员的问题。

（3）民航东北地区管理局在审批河南航空哈尔滨至伊春航线经营许可时，批复电报落款日期在前、领导签发日期在后，且未按规定告知民航黑龙江监管局等相关民航管理机构，向河南航空颁发哈尔滨至伊春《国内航线经营许可登记证》的程序不规范。

4. 民航中南地区空中交通管理局安全管理存在漏洞

2009 年 7 月 27 日，民航中南地区空中交通管理局气象数据库系统管理员误将伊春机场特殊天气报告的地址码 ZYLD 设置为 ZYID，致使机场特殊天气报告无法进入中南空管局航空气象数据库。虽然事发前伊春机场管制员已向飞行机组通报了当时机场的天气实况，但是河南航空不能通过中南空管局航空气象内部网站获取伊春机场特殊天气报告，导致河南航空运行控制中心无法按照职责对飞行机组进行必要的提醒和建议。

第五节 “6·29”新疆和田劫机事件

时间：北京时间 2012 年 6 月 29 日 12 时 35 分

地点：新疆维吾尔自治区和田县

事件：新疆和田歹徒劫机被制伏，飞机安全着陆

一、事件回顾

2012 年 6 月 29 日，由新疆和田飞往乌鲁木齐的 GS7554 航班于 12 时 25 分起飞，起飞 10min 后，有 6 名维吾尔族男性，以伪装的拐杖为武器，意图进入驾驶舱。3 名歹徒用暴力的方式要砸开驾驶舱的门，企图要进行劫机，就在 3 名暴徒冲击飞机驾驶室的同时，机舱里又有 3 名暴徒持械攻击，机组人员与歹徒开始搏斗，面对丧心病狂的劫机分子，5 名乘机的不同岗位的警察挺身而出，在民警的带领下，其他乘客也都纷纷加入到与暴徒的搏斗之中。经过十几分钟的搏斗，暴徒们的劫机图谋在机组成员和乘客们的共同抗击下以失败告终。在制服的过程中，七八个机组人员和乘客受了轻伤，飞机后来就返回到和田机场，安全着陆了，飞机上的其他乘客安全返回，6 名被抓歹徒移送公安机关。

二、表彰

中国民航局研究决定，授予该机组“中国民航反劫机英雄机组”荣誉称号，对英勇搏斗并光荣负伤的机组成员给予记功表彰，对积极协助处置的旅客表示感谢和慰问，并给予奖励表

彰。希望全行业以他们为榜样，坚持国家利益和人民利益至上，立足岗位，确保民航持续安全。

2012年7月9日上午，海南省委、省政府在海口举行大会，隆重表彰“6·29”反劫机英雄机组。省委常委、宣传部部长许俊宣读了省委省政府对反劫机英雄机组的表彰文件，奖励临危不惧、挺身而出的机组成员郭佳、杜岳峰各10万元，奖励“6·29”反劫机英雄机组50万元，并号召全省各单位、各企业要向该机组学习。

省妇联授予乘务组“三八红旗集体”荣誉称号，授予乘务长郭佳、吕慧、宋佳和王婉钰“三八红旗手”荣誉称号；共青团授予反劫机英雄机组“海南青年五四奖章集体”荣誉称号；省总工会代表全国总工会授予反劫机英雄机组“工人先锋号”荣誉称号；海南省委授予海南航空股份有限公司党委“创先争优”模范党委称号。

三、问题反思

（一）疑似爆炸物的瓶子和打火机是如何带上飞机的

在“6·29”事件中，当飞机进入平飞状态后，3名歹徒从拐杖上卸下铝管冲向机舱门口并撞击驾驶舱门，企图强行进入。后受到乘务长郭佳制止，无法进入驾驶舱的歹徒恼羞成怒，一名暴徒拿出打火机欲点燃一个插着导火线的瓶子。这个疑似爆炸物的瓶子到底是如何带上飞机的？

（二）可拆卸伤人的拐杖能否带上飞机

对于此次事件中涉及的可拆卸伤人的拐杖能否带上飞机，安全隐患如何避免等问题，民航局也正对这些问题展开专题研究。

四、经验教训

（一）每个机组都有反劫机预案

“6·29”事件得到成功处置主要得益于空中反劫机预案完善有效、机组成员英勇无畏和训练有素、机组旅客互相配合和团结一致、民航运行系统整体联动4个方面。目前，民航系统内部已形成了反劫机预案体系，不仅民航局有，各航空公司有，具体到每个机组也都有一套反劫机预案。在此次反劫机事件中，机组、机场、民航局公安局、民航局等多个部门有效联动，协作链条畅通，也使反劫机赢得了主动权。

航空集团、公司所有机组在上岗前都进行了严格的安检训练，在公司级的预案中，针对不同岗位建立了不同的应对措施，同时公司还建立了各通航地区危险评估并出台了应对措施，每年与民航系统组织大规模的反劫机预案演练。

（二）全国民航飞机加派空警

自“6·29”劫机事件之后，民航局公安局在空中加派了空警、安全员，机场加大了明、暗项执勤、巡逻；同时，严格要求全国安检员继续培训，具备并加强可疑行李识别能力。

（三） 民航各单位加强工作部署

民航局局长李家祥要求，民航各级各单位应认清形势、保持警惕，深刻领会中央领导指示精神，结合近期工作部署，做好4项工作：一是发扬“6·29”中国民航反劫机英雄机组的大无畏精神；二是提高空防安全保障能力；三是从空中到地面、从内部到外部地抓好空防安全各项工作；四是狠抓空防安全各项安全措施的落实。

扩展阅读

乘坐飞机注意事项

(1) 旅客购买好或拿到预定的机票，请注意查看一下航次、班机号、日期是否对，如有问题应立即去售票处据情解决。

(2) 乘飞机时，尽量轻装，手提物品尽量要少，能托运的物品应随机或分离托运。一般航空公司规定手提物品不得超过5kg，还可携带雨伞、大衣、手杖、相机、半导体、途中看的书报等。随机托运行李一般头等舱30kg、二等舱20kg以内免费，超过部分付超重费。乘客凭登机卡上下机，凭行李卡到目的地机场领取行李。

(3) 随身物品可放在头顶上方的行李架上。有的物品也可以放在座位下面，但注意不要把物品堆放在安全门前或出入通道上。

(4) 座位顶上和上方有聚光灯和招呼招待员的按钮，有事可按此钮呼叫招待员。

(5) 飞机起飞和降落时，不准吸烟、不得去厕所，要系好安全带，坐椅要放直。

(6) 飞机上备有各种文字的报刊、杂志供旅客阅读，但不能带走。飞机上的一切用品均不能拿走，如厕所内的卫生用品、坐椅背兜内的东西以及小毛毯、小垫子、塑料杯、刀叉等。

(7) 乘飞机时，万一丢失行李，不要慌张。可找机场行李管理人员或所乘航班的航空公司协助寻找。一时找不到，可填写申报单交航空公司。确认丢失航空公司会照章赔偿。

(8) 乘飞机同乘火车、轮船、汽车时一样，飞机上的设备，旅客不要随意触动。如各式各样的灭火装置，安全设施，紧急制动阀、按钮等。有的国家规定，无故按动紧急制动装置，要判处徒刑。

安全小贴士

飞机逃生时易犯的错误

1. 忘记下拉氧气面罩

旅客一般都知道在遇到紧急状况时要戴上氧气罩，但面罩并不是戴上了就自动供氧。很多人恐怕会忘记下拉面罩这个细节，事后还投诉面罩坏了憋坏人。

2. 砸窗户逃生

一些旅客试图像坐汽车一样，用手机等坚硬物体砸破窗户逃生。但飞机的窗户经特殊加工，即使用枪也难击碎，更何况人的力气，砸窗只是浪费时间。

3. 直接从机舱断裂处跳下

飞机坠毁后机身变形，可能产生破口，一些旅客情急下企图直接跳下飞机求生。但机身离地好几米，直接跳下易致残，最好借助救生滑梯。

讨论题

在“6·29”事件中，当时客舱中只有两位年轻专职安全员，4名乘务人员也都是年轻女孩。面对6名力壮的劫机男子和爆炸威胁物，处于明显劣势。危急之下乘务员机智灵活地动员旅客参与反劫机，改变了斗争的力量态势。请谈谈你对乘务员的做法的看法。

第六节　铁路交通事故的应对与安全教育

铁路机车车辆在运行过程中发生的冲突、脱轨、火灾、爆炸等影响铁路正常行车的事故，包括影响铁路正常行车的相关作业过程中发生的事故；或者铁路机车车辆在运行过程中与行人、机动车、非机动车、牲畜及其他障碍物相撞的事故都称为铁路交通事故。

一、铁路交通事故等级分类

铁路交通事故概念作为一个法律概念，首先见诸《中华人民共和国铁路法》，但对于何为铁路交通事故，该法并未做具体的界定。

（一）铁路交通事故包含的内容

按我国铁路交通事故统计惯例，铁路交通事故应包括“路外伤亡事故”、“铁路旅客伤亡事故”和“铁路职工责任伤亡事故”三大部分。其中，铁路旅客伤亡事故是指铁路运营过程中，在铁路责任期间发生的致使持有有效乘车凭证者及其他法律法规规定人员的人身伤亡和财产损失的交通事故。铁路职工责任伤亡事故是指由于铁路职工的责任所引发的人身伤亡，设施、设备毁损等事故。路外伤亡事故是指铁路列车运行和调车作业中，发生火车撞轧行人或与其他车辆碰撞等情况，招致人员伤亡或其他车辆破损的事故。

（二）事故等级

根据事故造成的人员伤亡、直接经济损失、列车脱轨辆数、中断铁路行车时间等情形，事故等级分为特别重大事故、重大事故、较大事故和一般事故4个等级。

(1) 有下列情形之一的，为特别重大事故。

① 造成30人以上死亡，或者100人以上重伤(包括急性工业中毒，下同)，或者1亿元以

上直接经济损失的。

② 繁忙干线客运列车脱轨18辆以上并中断铁路行车48h以上的。

③ 繁忙干线货运列车脱轨60辆以上并中断铁路行车48h以上的。

(2) 有下列情形之一的,为重大事故。

① 造成10人以上30人以下死亡,或者50人以上100人以下重伤,或者5 000万元以上1亿元以下直接经济损失的。

② 客运列车脱轨18辆以上的。

③ 货运列车脱轨60辆以上的。

④ 客运列车脱轨2辆以上18辆以下,并中断繁忙干线铁路行车24h以上或者中断其他线路铁路行车48h以上的。

⑤ 货运列车脱轨6辆以上60辆以下,并中断繁忙干线铁路行车24h以上或者中断其他线路铁路行车48h以上的。

(3) 有下列情形之一的,为较大事故。

① 造成3人以上10人以下死亡,或者10人以上50人以下重伤,或者1 000万元以上5 000万元以下直接经济损失的。

② 客运列车脱轨2辆以上18辆以下的。

③ 货运列车脱轨6辆以上60辆以下的。

④ 中断繁忙干线铁路行车6h以上的。

⑤ 中断其他线路铁路行车10h以上的。

(4) 造成3人以下死亡,或者10人以下重伤,或者1 000万元以下直接经济损失的,为一般事故。

二、铁路交通事故的应急处理

(一) 应急处理方法

(1) 若列车运行中突发剧烈冲击、晃动,旅客应立即蹲下,紧紧抓住列车固定物,保护好头部,不要盲目跳车;列车脱轨、颠覆停车后,旅客应按列车工作人员指挥迅速离开车厢。

(2) 列车运行中突发爆炸、火灾时,乘客要保持冷静,并听从列车工作人员的指挥,迅速有序撤离事故车厢;火势不大的,乘客可用衣被、灭火器等立即灭火。列车未停稳前,切忌擅自打开列车门窗跳车。

(3) 发现装载易燃、易爆、腐蚀、剧毒化学品的列车脱轨、颠覆、爆炸等情况时,要迅速撤离到上风位置,迅速报警,并远离事故车辆。

(4) 机动车辆在铁路道口由于熄火或被卡住而无法移动时,车上人员要立即下车,并在道口两端采取措施拦停列车。

(5) 遇到铁路道口栏木关闭或看守人员示意停止行进时,应依次停在停止线以外。

(6) 当通过无人看守的道口时,应停车瞭望,确认安全后方可通过。

(7) 不得在铁路线上行走、坐、卧,不得在铁路线路20m范围内或者铁路防护林地内放牧。

（二）事故报告

（1）事故发生后，事故现场的铁路运输企业工作人员或者其他人员应当立即报告邻近铁路车站、列车调度员或者公安机关。有关单位和人员接到报告后，应当立即将事故情况报告事故发生地铁路管理机构。

（2）铁路管理机构接到事故报告后，应当尽快核实有关情况，并立即报告国务院铁路主管部门；对于特别重大事故、重大事故，国务院铁路主管部门应当立即报告国务院并通报国家安全生产监督管理等有关部门。

（3）当发生特别重大事故、重大事故、较大事故或者有人员伤亡的一般事故时，铁路管理机构还应当通报事故发生地县级以上地方人民政府及其安全生产监督管理部门。

（4）国务院铁路主管部门、铁路管理机构和铁路运输企业应当向社会公布事故报告值班电话，受理事故报告和举报。

三、乘坐火车需要注意的安全问题

（一）乘坐火车应注意的问题

1. 购票

车票分 3 种：客票、加快票、卧铺票。旅客买加快票或卧铺票必须有软座或硬座客票。如果没有买到车票又急于上车时，可采取先上车后补票的方法加以补救。补票时，要核收补票费。

2. 车票有效期

车票的有效期是按乘车里程计算的。300km 以内为两日，301km 以上，每增加 500km 加一日，不足 500km 的也按一日计算。改签后的客票、加快票提前乘车时，有效期从实际乘车日起计算；改换乘车时按原票指定乘车日起计算。旅客因病，在客票、加快票有效期内出示医疗证明或经车站证实时，可按实际医疗日数延长，但最多不能超过 10 天。恢复旅行时，仍按原票剩余有效时间计算。卧铺票不能延长，但可办退票手续。

3. 车票签证

旅客如不能按票面指定的日期和车次乘车时，在不延长客票、加快票有效期并在有能力的条件下，可办理一次提前或改晚乘车手续，但最迟不超过开车前 2h 办理。卧铺票不办理改签。旅客在中转站换车和中途下车恢复旅行时，不论乘坐何种列车都应办理签证手续。

4. 行李

旅客携带品免费重量，大人 20kg、小孩 10kg。携带品的长度和体积要适于放在行李架上或座位下边。易爆易燃危险品、妨碍公共卫生及污染车辆的物品都不能带入车内。

5. 乘火车遇到问题投诉方法

投诉有关车站，要问清该站属于哪个铁路分局，铁路分局内有路风办公室、客运分处，可以向其写信、打电话投诉，也可向该站所属市、县的消协、工商局物价部门投诉。在无法得知该站车属何铁路分局、路局时，也可向铁道部进行投诉，它会将投诉内容转发给有关部门的。

6. 火车票遗失处理方法

若在乘车前丢失火车票，应该积极寻找，如果记得所购车票的票号，最好到车站退票窗口挂失，万一有人拾到后来此退票，工作人员可以替你将车票扣下，交公安部门审理后发还给你。如果丢失车票者已无力再购买车票，可到当地民政部门说明情况，请求帮助。

在列车上发现丢失车票，要从丢失站起另备前程车票；如果不能判明丢失站，从最近后方营业站起补票；如果不能判明是丢失车票时，按无票旅客处理，从列车始发站补起。

（二）乘坐火车注意的消防安全问题

（1）不要携带易燃易爆品上车。指甲油、气体打火机、油漆、安全火柴等日常生活中并不危险的东西，在列车车厢拥挤的条件下，也可能变成“杀手”。

（2）要提高消防意识。如果发现自己所在车厢存在安全隐患，要积极向列车工作人员举报、说明。

（3）要有意识地学习和了解消防器材特别是灭火器的使用方法，了解发生火灾后的自救和逃生方法，做到心中有数。

（4）万一自己所乘坐的车厢发生火灾，千万不要惊慌，要积极配合列车工作人员做好让开车厢通道、传递灭火器等火灾处置工作。

（5）上车后要全面熟悉列车消防设施和通道，清楚自己所处位置、知晓与列车乘警的联系方式，做到意外发生时“求救有门”。

（6）要尽可能地选择硬件设施较好、不超员的列车乘坐，并且要按照规定使用列车上的各种设备。

（三）乘坐火车防盗忠告

（1）在车上，不论是白天还是晚上，尤其是在夜间，要切记不可与不相识的人轮流睡觉、看包，不然，犯罪分子会顺手牵羊，盗走自己放在行李架上的行李。

（2）在列车靠站时，往往出现“三多”，即上下乘客多、找座位的人多、找行李架空地的多。此时，要特别注意防范犯罪分子浑水摸鱼，留神看好自己的行李物品。不要佩戴金银首饰，否则将很容易成为抢夺的对象。

（3）在车上掏钱购物、买饭时，尤其是处在人挤人的情况下，不宜将自己的大把钞票露出来，如果钞票露出来被一些人看见，很容易被抢或被盗。

（4）离座位上厕所、就餐、去会朋友，或去排队打开水，或是在停车时下车买东西吃时，千万不可产生麻痹大意的思想，要密切防止行李被盗。切不可随便接过他人递过的饮料，尤其是已经打开封口的饮料。近来利用麻醉饮料犯罪的行动相当猖獗。

（5）上车用包占座位时，或下车在窗口请人递包交接时，因人离包有时间之差，此时，人多物多又忙乱，要特别留心行李包被人提走或调包。

（6）在车上对于那些坐立不安的人，爱东张西望、瞄来瞄去的人以及装疯卖傻碰擦他人的人要注意严加防范，才可防盗。

四、乘坐动车必须掌握的逃生知识和技巧

2011年“7・23”温州动车追尾坠桥特大事故的发生令人痛心，由于乘客慌忙、紧张、着急等多方面的原因，许多人因砸不开车窗玻璃而无法及时逃生。因此，乘坐火车时，掌握一定的逃生知识和技巧，或许能够挽救更多生命。

火车发生事故通常有两类，即与其他火车相撞或者火车出轨。当火车事故发生时，几乎不可能完全不受伤，但是可以做一些防护措施以尽量减少事故造成的伤害。出轨的征兆是紧急的刹车、剧烈的晃动，而且车厢向一边倾倒。

（一）在判断火车失事的瞬间应采取的措施

(1) 脸朝行车方向坐的人要马上抱头屈肘伏到前面的坐垫上，护住脸部，或者马上抱住头部朝侧面躺下。

(2) 背朝行车方向坐的人，应该马上用双手护住后脑部，同时屈身抬膝护住胸、腹部。

(3) 发生事故时，如果座位不靠近门窗，则应留在原位，抓住牢固的物体或者靠坐在坐椅上。低下头，下巴紧贴胸前，以防头部受伤。若座位接近门窗，就应尽快离开，迅速抓住车内的牢固物体。

(4) 在通道上坐着或站着的人，应该面朝着行车方向，两手护住后脑部，屈身蹲下，以防冲撞和落物击伤头。如果车内不拥挤，应该双脚朝着行车方向，两手护住后脑部，屈身躺在地板上，用膝盖护住腹部，用脚蹬住椅子或车壁，同时提防被人踩到。

(5) 在厕所里，应背靠行车方向的车壁，坐到地板上，双手抱头，屈肘抬膝护住腹部。

(6) 事故发生后，如果无法打开车门，那就把窗户推上去或砸碎窗户的玻璃，然后，脚朝外爬出来。但是，要时刻注意碎玻璃是非常危险的。此外，虽然确认不会被碎玻璃划伤，但有时或许会被电击的危险所困扰，因为铁轨可能会有电。如果车厢看起来也不会再倾斜或者翻滚，那么待在车厢里等待救援是最安全的。

(7) 确定火车停下需要跳车避险时，应注意对面来车并采取正确的跳车方法。跳下后，要迅速撤离，不可在火车周围徘徊，这样很容易发生其他危险。

(8) 离开火车后，应设法通知救援人员。如附近有一组信号灯，灯下通常有电话，可用来通知信号控制室，或者就近寻找电话报警。

(9) 在都市乘坐地铁或是城市轻轨时，不要倚靠在车门上，应尽量往车厢中部走。一旦发生撞车事故，车厢两头和车门附近是很危险的。

(10) 发生事故后，一切行动听指挥，因为路轨通有电流，必须在乘务人员宣布已经切断电源后方可撤离。

（二）自救技巧

交通工具的救生常识要普及，乘客们要掌握，在危险时刻逃生时会多一份从容。

(1) 火车(动车)发生突发事故时，首先要远离门窗，趴下、低头、下巴紧贴胸前，以防颈部受伤，抓住或紧靠牢固物体。若座位远离门窗，就留在原位，保持不动；若接近门窗，应尽

快离开，寻找最近的牢固物体。车停稳后，要先观察周围环境，然后自救。

(2) 破窗逃生。

在动车上发生危险时，要用锤尖敲击车窗4个角的任意一角近窗框位置；敲击钢化玻璃砸中间是没有用的。如果是带胶层的玻璃，一般情况下不会一次性砸破，在砸碎第一层玻璃后，再向下拉一下，将夹胶膜拉破才行；紧急时可用女孩高跟鞋的跟尖或钥匙尖砸；每节车厢中有4个紧急逃生窗(有红点的玻璃窗)，旁边配备了安全锤。当出现意外的时候，乘客可以很快疏散。紧急使用时，握住紧急破窗锤把手，敲击紧急逃生窗红色圆圈提示位置，出口的玻璃有特殊材料，可以避免敲碎的时候四处溅射和尖角伤人，而且只会向车厢外侧方向倾倒碎裂。

(3) 火灾报警。

如果火车车厢内发生火灾，必须要冷静，不要惊慌失措，切勿盲目跳车，否则无异于自杀。首先，应迅速通知列车员停车灭火避难，动车组内每节车厢两感应式内端上方各设有一个火灾报警按钮，一个紧急制动按钮。按下该按钮，司机室和乘务员室的显示屏会立马显示报警信息，且蜂鸣器报警。在不涉及安全的情况下，旅客不要随意按动。但是，一旦列车发生火灾，旅客便可手动操作门板侧面拉手把隔断门拉出，将相邻的两节车厢隔断。这样做既能避免浓烟呛到其他车厢的旅客，也能集中区域扑灭火苗。当旅客在卫生间(包括残疾人专用卫生间)内发生突发情况时，可以按SOS按钮求救。由于很多人错把SOS按钮当冲水按钮，因此千万要记得看清标识。其次，拿起车厢内的灭火器努力将车厢内的明火扑灭，如果发现火势太大，应用水或饮料将随身携带的手帕、餐巾纸、衣物等浸湿堵住口鼻、遮住裸露皮肤。最后，必须顺列车运行方向撤离，因为在通常情况下，列车在行驶中，火势是向后部车厢蔓延的；此外，还可用坚硬的物品将窗户的玻璃砸破，通过窗户逃离火灾现场。

实训课堂

(1) 火车发生事故的瞬间，要采取哪些措施减少伤害？

(2) 火车发生事故后，如何逃生？

第七节 “7·23”甬温线特别重大铁路交通事故

时间：2011年7月23日20时30分左右

地点：上海铁路局管内永嘉站至温州南站间双屿路段

事件：D301次动车组列车与D3115次动车组列车发生追尾事故

一、事故经过

2011年7月23日20时30分左右，北京至福州的D301次列车行驶至温州市双屿路段时，与杭州开往福州的D3115次列车追尾，导致D301次1、2、3列车厢侧翻，从高架桥上坠落，毁坏严重，4 车厢悬挂桥上，D3115 次 15、16 车厢损毁严重。

截至 2011 年 7 月 29 日，事故已造成 40 人死亡，200 多人受伤。40 名遇难者身份确认，其中有 3 名外籍人士。D301 次列车司机当场死亡，胸口被车闸刺穿，可以推论司机通过肉眼看到前面的列车时，做过刹车的处理，但是已经来不及了。

20 时 30 分 05 秒，D301 次列车在 583km831m 处以 99km/h 的速度与以 16km/h 速度前行的 D3115 次列车发生追尾。事故造成 D3115 次列车第 15、16 位车辆脱轨，D301 次列车第 1～5 位车辆脱轨（其中第 2、3 位车辆坠落瓯江特大桥下，第 4 位车辆悬空，第 1 位车辆除走行部之外车头及车体散落桥下；第 1 位车辆走行部压在 D3115 次列车第 16 位车辆前半部，第 5 位车辆部分压在 D3115 次列车第 16 位车辆后半部），动车组车辆报废 7 辆、大破 2 辆、中破 5 辆、轻微小破 15 辆，事故路段接触网塌网损坏、中断上下行线行车 32 小时 35 分，造成 40 人死亡、172 人受伤。

二、事故救援与处置

（一）事故救援

事态危急，乘客已经展开自救，很多乘客重新冲进车厢救助受伤乘客。事故现场有大量市民围观，附近道路停满私家车，其中一些市民也参与救援，附近的车辆自发组成了伤员运输队。一些被困伤员自行敲窗逃生。

事故发生不到 3min，温州市公安局接到事故报警。温州市的武警官兵、医务人员及市民等随即展开一场空前大救援。事故发生后第一时间，铁道部部长盛光祖，副部长胡亚东、卢春房等紧急赶赴事故现场，组织救援工作。

23 日当晚，温州全城通宵未眠，救援人员在争分夺秒、千方百计地救助遇险乘客，竭尽全力创造生命的奇迹。温州消防鞋都中队只用了 8min 就到达现场，是最早到达的专业救援队伍。勤奋路中队、特勤一中队、特勤二中队、永嘉大队、乐清大队等温州 22 个中队的 30 多辆消防车和重型起吊车辆迅疾赶赴现场。

2 400 名公安、消防和铁路职工、铁路建设者赶到现场，110 名武警官兵和 200 多名解放军战士赶到现场，参与搜救和现场处理。53 辆救护车，几百名医务人员冒雨赶往泥泞的现场。50 辆大客车负责滞留旅客转运。

23 日深夜，有百余人前来温州血站排队献血，以挽救同胞的生命；医护人员从家里赶到医院，救助受伤乘客；市民村民充当起志愿者，帮助清理现场和护送伤员……

24 日凌晨时分，已有 191 名伤员被陆续分送到附近及温州市区的 11 家医院，相关部门提供了紧急配套服务。

凌晨 4 时许，两列动车未受伤的约 1 500 名乘客基本疏散安置妥当。

24 日晚，由心理干预专家曹日芳主任医师带队的浙江省心理援助专家组 6 人已抵达温州。专家组成员分别来自省立同德医院、省疾控中心、杭州市第七人民医院，24 日专家组的主要任务是培训当地相关人员，并将于 25 日一早全面开展心理援助工作。

24 日 18 时左右，温州动车事故线路上剩余 3 节列车基本清理完毕。线路换枕、换轨等工作紧张进行。24 日 19 时，事故路段抢修完毕。

（二） 铁道部道歉

铁道部新闻发言人王勇平表示，“铁路部门对这起事故的发生，向广大旅客表示深深的歉意，对事故遇难者表示沉痛的哀悼，对受伤的旅客和死伤人员家属表示深刻的慰问”。

铁道部党组 24 日决定，对上海铁路局局长龙京、党委书记李嘉，分管工务电务的副局长何胜利予以免职，并进行调查。

（三） 事故原因调查

经调查认定，“7·23”甬温线特别重大铁路交通事故是一起因列控中心设备存在严重设计缺陷、上道使用审查把关不严、雷击导致设备故障后应急处置不力等因素造成的责任事故。

事故发生的原因：①通信信号集团公司所属通信信号研究设计院在 LKD2-T1 型列控中心设备研发中管理混乱，通信信号集团公司作为甬温线通信信号集成总承包商履行职责不力，致使为甬温线温州南站提供的设备存在严重设计缺陷和重大安全隐患。②铁道部在 LKD2-T1 型列控中心设备招投标、技术审查、上道使用等方面违规操作、把关不严，致使其上道使用。③雷击导致列控中心设备和轨道电路发生故障，错误地控制信号显示，使行车处于不安全状态。④上海铁路局相关作业人员安全意识不强。

在事故抢险救援过程中，铁道部和上海铁路局存在处置不当、信息发布不及时、对社会关切回应不准确等问题，在社会上造成了不良影响。

（四） 赔偿

总指挥部研究决定，以《中华人民共和国侵权责任法》为确定“7·23”事故损害赔偿标准的主要依据。

“7·23”事故遇难人员赔偿救助金主要包括死亡赔偿金、丧葬费及精神抚慰费和一次性救助金（含被抚养人生活费等），合计赔偿救助金额 91.5 万元。

三、整治措施

2011 年 12 月 28 日下午，铁道部分别召开了党组会和全国铁路系统电视电话会议，要求全国铁路系统干部职工，坚决贯彻国务院常务会议决定，认真落实责任追究，深刻吸取事故教训，切实加强安全管理，维护职工队伍稳定，推进铁路安全发展。

（一） 铁道部整改措施

（1）切实把思想认识统一到国务院决定上来，深入贯彻科学发展观，牢固树立安全发展理念，坚持“安全第一，预防为主，综合治理”的方针，切实做到在任何时候都要把安全作为大事来抓，任何情况下都要把安全放在第一位来考虑，任何影响安全的问题都要立即解决。

（2）认真落实国务院关于吸取事故教训、加强铁路安全管理的重要部署，健全完善高铁规章制度标准，切实加强高铁技术设备研发管理，严格把好高铁技术设备安全准入关，不断加强高铁安全管理和职工教育培训，强化铁路安全生产应急管理，统筹优化高铁规划布局和发展。

(3) 深刻吸取“7·23”事故教训，有针对性地抓好问题整改。同时，要举一反三，深入查找安全隐患，严格落实整改责任，扎实推进安全风险管理、强化过程控制，不断提高铁路安全管理水平。

(4) 充分认识铁路在国民经济和社会发展中担负的重要责任，充分认识人民群众对铁路发展的关注和期盼，坚定信心、振奋精神、奋力拼搏，以昂扬向上的精神和坚忍不拔的意志，更加努力地为适应我国经济社会发展和满足人民群众需求不断作出新的贡献，用推进铁路科学发展的实际行动迎接党的十八大胜利召开。

(二) 事故调查组提出的事故防范和整改措施

(1) 深入贯彻落实科学发展观，牢固树立以人为本、安全发展的理念。

(2) 切实加强高铁技术设备制造企业研发工作的管理。

(3) 切实健全完善高铁安全运行的规章制度和标准。

(4) 切实强化高铁技术设备研发管理。

(5) 切实严把高铁技术设备安全准入关。

(6) 切实强化高铁运输安全管理和职工教育培训。

(7) 切实加强铁路安全生产应急管理。

(8) 切实加强高铁规划布局和统筹发展工作。

扩展阅读

2007年7月11日实施的《铁路交通事故应急救援和调查处理条例》规定了铁路交通事故的赔偿标准。

(1) 事故造成人身伤亡的，铁路运输企业应当承担赔偿责任；但是，人身伤亡是不可抗力或者受害人自身原因造成的，铁路运输企业不承担赔偿责任。

违章通过平交道口或者人行过道，或者在铁路线路上行走、坐卧造成的人身伤亡，属于受害人自身的原因造成的人身伤亡。

(2) 事故造成铁路旅客人身伤亡和自带行李损失的，铁路运输企业对每名铁路旅客人身伤亡的赔偿责任限额为人民币15万元，对每名铁路旅客自带行李损失的赔偿责任限额为人民币2000元。铁路运输企业与铁路旅客可以书面约定高于前款规定的赔偿责任限额。

(3) 事故造成铁路运输企业承运的货物、包裹、行李损失的，铁路运输企业应当依照《中华人民共和国铁路法》的规定承担赔偿责任。

(4) 除本条例第三十三条、第三十四条的规定外，事故造成其他人身伤亡或者财产损失的，依照国家有关法律、行政法规的规定赔偿。

安全小贴士

紧急破窗方法：用锤尖敲击车窗4个角的任意一角近窗框位置；钢化玻璃砸中间是没有

用的。如果是带胶层的玻璃，一般情况下不会一次性砸破，在砸碎第一层玻璃后，再向下拉一下，将夹胶膜拉破才行；紧急时，可用高跟鞋的跟尖或钥匙尖砸。

讨论题

在"7·23"温州动车追尾坠桥特大事故中，王女士和母亲、儿子事发时在D3115悬挂在高架桥边的4号车厢里。王女士和母亲、儿子都接受过应急训练，掌握了一些基本求生常识。在列车受到强烈撞击时，3人拼命抓紧窗台和门板，加之背对行车方向，以致车厢坠地后，3人都没有受伤。他们的幸存并不完全是因为他们的幸运，关键时刻迅速准确作出判断也是一个极为重要的因素，谈谈紧急时刻，学习逃生知识的重要性。

第八节 踩踏事故的应对与安全教育

在空间有限而人群相对集中的场所，如体育场馆、影院、酒吧、狭窄的街道、楼梯等，在突发情况下，容易发生踩踏事件，对此国内外有过不少惨痛的教训。校园也是容易发生踩踏事故的场所，因此，人们很有必要学会避免踩踏事故的相关知识，来保护自己和他人。

踩踏事故是指在聚众集会中，特别是在整个队伍产生拥挤移动时，有人意外跌倒后，后面不明真相的人群依然在前行，以致对跌倒的人产生踩踏，从而产生惊慌、加剧的拥挤和新的跌倒人数，并恶性循环的群体伤害的意外事件。

一、近期国内外发生的严重踩踏事件

（一）近年来全球发生多起踩踏事件

2011年1月1日，南非西北省一家酒吧发生踩踏事件，导致10人死亡。

2011年1月14日，印度西南喀拉拉邦发生严重踩踏事件，造成至少104人死亡，另有50人受伤。

2011年2月12日，尼日利亚东南部河流州首府哈克特港发生踩踏事件，造成11人死亡，29人受伤。

2011年2月21日，马里首都巴马科一座体育场发生踩踏事件，造成至少36人死亡，64人受伤。

2011年7月9日，刚果(布)首都布拉柴维尔举行的泛非音乐节开幕式发生踩踏事件，造成7人死亡。

2012年5月28日，赞比亚北部一家公司招聘现场发生严重踩踏事件，造成至少9人死亡，6人受伤。

2012年11月19日，印度东部比哈尔邦首府巴特那发生一起踩踏事件，造成至少20人死亡，其中大多是妇女儿童。

（二）近年来我国发生多起踩踏事件

2013年，贝克汉姆原定于6月20日下午2点到达同济大学体育馆与同济大学足球队开展交流活动，但小贝在进入球场时，现场观众一度冲开大门，造成踩踏情况，造成至少五六人受伤。最后，小贝取消了同济大学的活动。

2009年12月7日21时10分许，湘乡市育才学校晚自习下课，学生们在下楼梯的过程中，因一人跌倒，导致拥挤，引发踩踏事件。此次事故共造成8人死亡。

2007年11月10日，重庆家乐福沙坪坝区店在自行组织10周年店庆促销活动，引发踩踏安全事故，造成3人死亡，31人受伤。

2006年11月18日晚，江西省九江市都昌县土塘中学发生一起学生拥挤踩踏伤亡事件。当晚8时30分左右，该校初一年级学生在上完晚自习下楼时，因拥挤造成人员伤亡，此时，带班教师集中在办公室批改期中考试试卷。有6人在送往医院抢救途中死亡。

2005年10月25日晚8时许，四川通江县广纳镇中心小学发生学生拥挤踩踏事故，共造成8人死亡，37人受伤。

2005年10月17日上午9时30分，位于新疆阿克苏市的农一师第二中学附小发生一起学生集体踩踏事故，最终造成13名小学生不同程度受伤。其中，1名二年级女生在送到医院后，经抢救无效身亡。

2004年2月5日晚7时45分，北京密云县在密虹公园举办迎春灯展，因一游人在公园桥上跌倒，引起身后游人拥挤，造成37人死亡，15人受伤。

二、踩踏事故的特点及原因

（一）特点

我国1960—2010年间共发生66起人群拥挤踩踏事故，其中发生在体育场所的占1.51%，歌舞厅、音乐会等娱乐场所占1.51%，学校占66.67 %，公园、城市中心区等节庆活动场所占9.09%，慈善或商业促销活动场所占15.5%，其他场所占6.06%。人群密度越来越高，大型活动日渐增多，人群拥挤踩踏事故风险也随之增加，但由于安全意识、硬件设施和安全管理水平的提高，事故造成的平均严重程度有所降低。

从事故案例看，拥挤踩踏事故不仅发生在室内，在室外开放环境中也时有发生。但具体分析各事故案例中最初发生拥挤踩踏的具体部位，发现无论在室内还是室外，拥挤踩踏事故发生的初始具体部位总集中在楼梯、坡道、出入口（包括固定建筑物和车船等移动交通工具）、桥梁隧道等人群流动的瓶颈部位。

此外，活动开始前、活动结束后的入场和散场阶段是拥挤踩踏事故的高发时段。从事故的统计情况看，在入场时（包括入场前）发生的拥挤踩踏事故占26.09%，在散场时发生的拥挤踩踏事故占24.15%。

（二）导致踩踏事故的原因

（1）人群较为集中且超过额定数量时，前面有人摔倒，后面人未留意，没有止步。

(2) 人群受到惊吓时，产生恐慌，如听到爆炸声、枪声，出现惊慌失措的失控局面，在无组织、无目的的逃生中，相互拥挤踩踏。

(3) 人群因过于激动(兴奋、愤怒等)而出现骚乱，易发生踩踏。

(4) 因好奇心驱使，专门找人多拥挤处去探索究竟，造成不必要的人员集中而踩踏。

三、避险常识

在一些现实的案例中，许多伤亡者都是在刚刚意识到危险就被拥挤的人群踩在脚下，因此如何判别危险、怎样离开危险境地、如何在险境中进行自我保护就显得非常重要。

(一) 遭遇拥挤的人群怎么办

(1) 发觉拥挤的人群向着自己行走的方向拥来时，应该马上避到一旁，但不要奔跑，以免摔倒。

(2) 如果路边有商店、咖啡馆等可以暂时躲避的地方，可以暂避一时。切记不要逆着人流前进，那样非常容易被推倒在地。

(3) 若身不由己陷入人群之中，一定要先稳住双脚。切记远离店铺的玻璃窗，以免因玻璃破碎而被扎伤。

(4) 遭遇拥挤的人流时，一定不要采用体位前倾或者低重心的姿势，即便鞋子被踩掉，也不要贸然弯腰提鞋或系鞋带。

(5) 如有可能，抓住一样坚固牢靠的东西，如路灯柱，待人群过去后，迅速而镇静地离开现场。

(二) 出现混乱局面后怎么办

(1) 在拥挤的人群中，要时刻保持警惕，当发现有人情绪不对或人群开始骚动时，要做好准备保护自己和他人。

(2) 此时，脚下要敏感些，千万不能被绊倒，避免自己成为拥挤踩踏事件的诱发因素。

(3) 当发现自己前面有人突然摔倒了，马上要停下脚步，同时大声呼救，告知后面的人不要向前靠近。

(4) 当带着孩子遭遇拥挤的人群时，最好把孩子抱起来，避免孩子在混乱中被踩伤。

(5) 若被推倒，要设法靠近墙壁。面向墙壁，身体蜷成球状，双手在颈后紧扣，以保护身体最脆弱的部位。

(三) 事故已经发生该怎么办

(1) 拥挤踩踏事故发生后，一方面赶快报警，等待救援；另一方面，在医务人员到达现场前，要抓紧时间用科学的方法开展自救和互救。

(2) 在救治中，要遵循先救重伤者、老人、儿童及妇女的原则。判断伤势的依据如下：神志不清、呼之不应者伤势较重，脉搏急促而乏力者伤势较重，血压下降、瞳孔放大者伤势较重，有明显外伤、血流不止者伤势较重。

(3) 当发现伤者呼吸、心跳停止时，要赶快做人工呼吸，并辅之以胸外按压。

（四） 开车时遇到拥挤人群怎么办

(1) 切忌驾车穿越人群，尤其是当群众情绪愤怒、激动或满怀敌意时。因为如果人群发动袭击、打破窗门、翻转汽车，自己可能会受重伤。

(2) 倘若自己的汽车正与人群同一方向前进，不要停车观看，应马上转入小路、倒车或掉头，迅速驶离现场。

(3) 倘若根本无法冲出重围，应将车停好，锁好车门，然后离开，躲入小巷、商店或民居楼。如果来不及找停车处，也要立刻停车，锁好车门，静静地留在车内，直至人群拥过。

四、预防踩踏事故的发生

（一） 普及安全常识，从身边小事做起

(1) 进入公共场所要留意地形与通道，以便发生人群骚动时及时撤离。但是，要记住，一定不要走楼梯，慌乱的人群挤上楼梯绝对是惨剧。

(2) 如果被迫进入楼梯间，应顺着楼梯往上跑而不要往楼下跑。如果骚乱已经发生，就不要再去逃生通道了，那里会是慌乱人群最快涌入的地方，也是最容易出事的地点。

(3) 尽量避免到拥挤的人群中，不得已时，尽量走在人流的边缘。

(4) 应顺着人流走，切不可逆着人流前进；否则，很容易被人流推倒。

(5) 当发觉拥挤的人群向自己行走的方向来时，应立即避到一旁，不要慌乱，不要奔跑，避免摔倒。

(6) 当陷入拥挤的人流时，一定要先站稳，身体不要倾斜失去重心，即使鞋子被踩掉，也不要贸然弯腰提鞋或系鞋带。对于穿高跟鞋的MM(女生逛商场的时候，尽量不要穿高跟鞋或者凉拖，一般商场试衣间都会预备搭衣服的高跟鞋)，只要脱鞋的动作本身不至于导致失去平衡的危险，就应当毫不犹豫地脱掉高跟鞋。有可能的话，可先尽快抓住坚固可靠的东西慢慢走动或停住，待人群过去后，迅速离开现场。

(7) 自己被人群拥倒后，要设法靠近墙角，身体蜷成球状，双手在颈后紧扣，以保护身体最脆弱的部位。

(8) 在人群中走动，当遇到台阶或楼梯时，应尽量抓住扶手，防止摔倒。

（二） 制定并执行应急措施

通过对人群拥挤踩踏事故特点和成因进行分析，从人群安全应急管理角度而言，拥挤踩踏事故的预防主要包括以下几个方面。

(1) 事先应进行风险评估，制定具体可行的应急预案。应急管理者或活动组织方事先进行的风险评估内容应包括活动可能涉及的人群规模、活动场所的安全容量、活动组织模式的有效性和安全性、整个活动期间场所内的人流流动模式、场所内的关键部位、可能出现的诱发事件、所需配备的应急力量及装备等。

在活动开始前，利用一切可能的形式（广播、安全告知单），对参与活动的群众进行安全教育，以提高其安全意识、识别和应对特定风险的能力、自我保护意识，避免紧急情况出现大规模恐慌情绪。另外，还要在活动场所内有计划地布置安保或工作人员，以便能够及时发现和制止诱发事件，稳定控制人群情绪。

此外，组织方还要采取有效措施，确保入场和散场有序，并尽可能地将进入场所的人群总量控制在场所的安全容量以内。

(2) 发生事故后，应迅速阻止事态发展，防止次生衍生事件。在活动中，一旦出现突发情况，相关人员在履行自身职责开展先期处置的同时，应尽快报告指挥人员。指挥人员收到报告信息后，应尽快组织人员对事态进行评估，充分考虑事态发展走向及可能的连锁反应及后果，迅速确定有效的处置方案；确保所有安保人员和工作人员之间通信联系畅通。根据具体情况，将相关信息及时告知参加活动的人群，避免其因情况不明产生或听信谣言，造成人群恐慌。

(3) 事故后，要迅速查明公布事故真相，采取补偿和补救措施。在事故查处过程中，调查组要及时公布查处进展，稳定社会情绪；对受害者及其家属应尽快进行赔偿；惩处、教育事故责任人；研究事故深层次的技术原因，制定或更新技术标准规范；加强日常安全管理，提高应急准备和响应能力。

实训课堂

(1) 遭遇拥挤人群怎么办？
(2) 出现混乱局面怎么办？
(3) 事故已经发生怎么办？

第九节 湖南校园踩踏事件

时间：2009年12月7日晚10时许
地点：湖南省湘潭市辖内的湘乡市育才中学
事件：学生自习课下课后发生踩踏事件，造成8名学生遇难，26人受伤

2009年12月7日晚10时许，湖南省湘潭市辖内的湘乡市私立学校育才中学发生一起伤亡惨重的校园踩踏事件，初步统计共造成8名学生遇难，26人受伤。这一惨剧发生在晚上9时许晚自习下课之际，学生们在下楼梯的过程中，一学生跌倒，骤然引发。

一、事件回顾

（一）事故发生过程

9点半左右，育才中学的下课铃响了。初中部的8个班400多名学生纷纷从教室里走出来，要跑回宿舍，利用20min的时间洗刷，9时50分就要熄灯睡觉。这座“回”字形大楼里有

4 个出口，可教室外面下着大雨，400 多学生都纷纷涌向离宿舍最近的出口，从五楼到一楼，仅 1.5m 宽的楼道摩肩接踵，挤得满满当当，楼梯间没有电灯，只有一只手电闪着微弱的光晃来晃去。一楼出口处，两个调皮的男生将路堵住了，一个女学生不慎跌倒，另一男生赶紧救人，立即产生了拥挤，一块儿被后面的人潮踩在下面，惨剧发生了。

（二）事故原因

(1) 班额过大。湘潭市规定，初中班额 40～50 人，育才中学 52 个班，容纳了 3626 名学生，平均每班 70 多名学生，有的班超过 80 名，严重超编。

(2) 管理不善。学校只安排了一名现场看守人员进行安全巡查与现场管理，难以监控全部下楼梯的学生。

(3) 学生行为意识差。学生安全意识不强、自控能力弱，在楼梯口堵塞，导致楼梯间拥挤，是导致事件发生的直接原因。

(4) 天气恶劣。因下雨大部分学生涌向与宿舍楼最近的一号楼梯回宿舍，造成一号楼梯人流量增加，导致事件发生。

(5) 训练不足。学校没有开展过类似应急演练。

(6) 安全设施不完善。没有在楼梯间安装应急灯与警示标志。

（三）救治与赔偿

事发后湖南省、湘潭市和湘乡市高度重视事故善后处置和受伤学生的救治。在上级医疗卫生专家组的现场指导下，湘乡市几家医疗卫生条件很好的医院为每个孩子展开精心的救治。在事故中死难学生的家长和亲属，闻讯后赶到湘乡市。湘乡市委、市政府对每个死难学生家属，都安排了一组工作人员宽慰情绪，商量事故善后事宜。8 名罹难学生每人获赔 35 万元。

（四）责任追究

8 日晨，湘乡市免除朱清华教育局党委副书记职务，按程序免除其教育局局长职务。

4 月 27 日，湖南省湘乡市人民法院对湘乡市育才中学踩踏事件宣布了一审判决。法院认为，育才中学原校长叶继志犯教育设施重大安全事故罪，判处有期徒刑一年六个月；育才中学政教处主任陈新威、政教处干事彭和良犯教育设施重大安全事故罪，判处有期徒刑一年，缓刑一年。

二、近年发生的学校踩踏事件

2009 年 12 月 7 日，湖南省湘乡市私立育才中学发生伤亡惨重的校园踩踏事件，造成 8 人罹难，26 人受伤。

2009 年 11 月 25 日，重庆彭水县桑柘镇中心校下午放学时，学生流在一楼、二楼楼梯口发生拥堵、踩踏，造成 5 名学生严重受伤，数十人轻伤。

2009 年 11 月 3 日，衡阳常宁西江小学在准备做课间操时，由于人多拥挤，学生下楼时发生严重的踩踏事故，造成 6 人受伤。

2007 年 8 月 28 日，云南曲靖市马龙县一所小学发生踩踏事件，导致 17 名学生不同程度受伤，2 名学生伤势严重。

2006 年 12 月 22 日，河北永年县第一实验学校中午放学时，位于三楼的小学三年级学生蜂拥而出，拥向楼梯口，引发 1 名学生死亡，2 人受伤的惨剧。

2006 年 11 月 18 日，江西都昌县土塘中学因学生系鞋带，引发一起学生拥挤踩踏伤亡事件。造成 6 人死亡，39 名学生受伤。

三、事故频发的原因

（一）学校设施建设方面不达标

我国就学校建设的标准都有着详细规定，如校址选择、学校建筑和绿化方面等。整个学校内部的广场、各种道路应连接成完整不间断的硬质路面，以保证雨天的通行及各种用房的室内卫生环境。在设计楼梯时，还要考虑某特定年龄阶段孩子的生理和心理特点，如中、小学生活泼好动，最好采用普通的折跑楼梯；楼梯的踏步高和踏步面宽应根据学生的年龄合理设计。

另外，一些基本的标准，如学校建筑的主楼梯不宜是全开敞的室外楼梯，以免人流密集时发生意外，楼梯间靠墙侧应设扶手，以保证疏散安全；超过 5 层的教学楼应设封闭楼梯间等。

（二）学校教育管理方面不到位

在学校管理上，一些学校没有成立专门的安全领导和组织机构，也没有专门的安全工作规划和实施方案，因而各项安全职责落实不到位。目前，很多学校没有开设专门的安全课程，学校的学生普遍缺乏安全常识和自护自救能力。

（三）缺乏校园安全活动

很多学校开展的安全活动的形式不够多样化，不容易引起学生的兴趣。学校没有充分利用各种校园里的宣传舆论工具宣传安全主题，营造安全氛围。

四、校园踩踏事件的预防措施

（一）应该强化学校领导的安全意识和责任心

学校领导应该从“讲政治，保稳定”的高度，从“立党为公，执政为民”出发，按照“构建和谐社会，打造平安校园”的要求，本着对学生生命高度负责的精神，进一步提高认识，强化责任心，培养学生的生存能力，加强学校的管理，切实预防拥挤踩踏等事故的发生，为教育创造良好的发展环境。

（二）学校的安全设施要齐全

学校的安全设施是师生安全的重要保证。寄宿制学校的教学楼、公寓楼都应该在主要交通部位安装应急灯和警示标志，以保证在停电时让师生安全撤离，保证楼道楼梯照明、设施安全检查制度等，认真检查，切实保障师生的生命安全。

（三）学校要加强对学生的安全知识的教育和技能的训练

从某种意义上说，学生的行为意识决定着学生的生命安全。学生安全意识的提高、安全知识的丰富、行为习惯的养成、安全技能的素养是学生安全的保证。所以，学校应该经常对学生进行安全知识教育。

（四）严格按照国家的规定办学

班额的容量是有其科学依据的，如果超过某种因素的承载力，就有可能出现安全隐患。对于学校公共疏散通道，特别是当楼梯容量较小，不能满足学生遇突发事件疏散的需要时，要增加辅助设施，以确保疏散通道畅通。

（五）学校的安全管理要严格

当遇到突发事件和恶劣天气时，带班教师首先要带领学生安全撤离、科学疏散。放学和下晚自习时，每个楼梯口都要有执勤教师负责疏散，指挥学生按照规定路线行走。一层、二层、三层的放学时间应该错开，不能一窝蜂。对于安全管理工作者而言，其要坚持严肃认真的原则，对学校的各项安全设施要定期检查，对学校的安全隐患要及时汇报和处理，定期组织安全学习和安全演练，发现问题并及时整改。

学生上下楼梯安全须知

（1）上下楼梯要严格按照政教处对各班规定的楼梯行走。

（2）上下楼梯要按规则：靠右、慢行、礼让。做到遵守秩序、轻声慢步、礼让右行，不能拥挤。

（3）上下楼梯时，不系鞋带、不捡掉在地上的物品、不攀肩而行、不高声喧哗、不搞恶作剧（尖叫、乱喊、开玩笑、大闹、三两搭肩而行）、不快跑乱窜。

（4）要避免人员高峰期（上课、下课、放学、集合），可适当提前或延后上下楼。做到“集体上时切勿下，集体下时切勿上”，尤其是当手上持有重物、身体有病或伤时更应注意。

（5）如有偶发事件发生，要沉着冷静，立即停止脚步，千万不能惊慌失措、高喊大叫、乱挤乱窜；不能往人多的地方去探究竟，服从值班教师或学生的指挥。

（6）如遇晚间上下楼梯时突然停电，应在原地停住不动，等待重新供电。若楼梯安装有应急灯照明，可在值班教师或学生的指挥下慢慢行进。

(7) 偶发事件发生时，所有学生和教师有权利和义务组织安排在场人员有序疏散，特别是班干部，应主动站出来指挥。在指挥过程中，应尽量及时联系外援求助，就近报告学校领导或教师。

(8) 任何时候都不能爬到栏杆上往下滑行。

安全脱险常识

(1) 在行进中，若发现慌乱人群向自己方向涌来，应快速躲到一旁，等人群过去后再离开。

(2) 当身不由己混入混乱人群中时，一定要双脚站稳，抓住身边一件牢固物体(栏杆或柱子)或靠墙。或随人流慢慢移动，注意不被挤倒。

(3) 时刻注意脚下，千万不能被绊倒，避免自己成为拥挤踩踏事件的诱发因素。当发现自己前面有人突然摔倒了，马上要停下脚步，同时大声呼救，告知后面的人不要向前靠近。

(4) 遭遇拥挤的人流时，一定不要采用体位前倾或者低重心的姿势，即便鞋子被踩掉或重要的物品丢在了地上，也不要贸然弯腰提鞋、系鞋带或拾取物品。

(5) 心理镇静是个人逃生的前提，服从大局是集体逃生的关键。在人群拥挤中前进时，要用一只手紧握另一手腕，手肘撑开，平放于胸前，微微向前弯腰，形成一定空间，以保持呼吸道通畅。

(6) 一旦被人挤倒在地，设法使身体蜷缩成球状，双手紧扣置于颈后，保护好头、颈、胸、腹部。

安全小贴士

学生楼内行走安全须知

(1) 明确要求学生在上下楼梯时要遵守上下楼秩序。

(2) 不拥挤、不打闹、不凑热闹，特别是上下楼梯靠右行。

(3) 学生在上下楼梯时，鞋带松散时不系鞋带、不捡掉在地上的物品、不攀肩而行、不高声喧哗、不搞恶作剧如尖叫、乱喊、开玩笑等，不快跑、乱窜，不参与拥挤。

(4) 若发现拥挤苗头应及时撤离，提高自我防范踩踏事故的能力。

(5) 不论刮风下雨，还是暴雪浓雾，都要坚持按照学校的规划路线上下课。

讨论题

当人意识到危险时，奔跑、逃生是人类的本能。大多数都会因为恐惧而“慌不择路”，从而引发拥挤甚至踩踏。谈谈面对踩踏事件，应如何保持冷静，应如何采取正确的方法降低伤害。

第十节 电梯事故的应对与安全教育

一、2013年发生的电梯事故

2013年5月14日上午8时左右，湖北宜昌西陵区CBD沃尔玛超市发生一起自动扶梯事故，正在运行的一个手扶电梯突然断裂，据现场目击网友透露，一位老婆婆与电梯一起坠落，当场身亡。

2013年5月14日上午，红庙坡幸福家园小区发生一起电梯坠亡事故，一名女士在电梯门打开后顺势迈进门内，不曾想这时电梯的轿厢并未到达，女士顺着电梯井从15层跌落，不幸当场死亡。

2013年4月17日下午4时许，深圳龙华新区书香小学600余名学生前往东门“迪可可”儿童体验乐园参加拓展训练后的返回途中，发生群体踩踏事故，当时有一批二年级的学生乘搭扶手电梯从4楼下3楼时发生意外，多名学生在电梯口处发生拥挤踩踏，共10人受伤，其中4人伤势较重。

2013年4月10日，在南京六合北门方州路一家服装厂内，一名搬运工欲从4层乘电梯下到1层，没想到发生意外，电梯门开了，电梯却没有到达4层，搬运工一脚踩空，身受重伤，不治身亡。

2013年3月16日晚，广州体育学院研究生窦文博正靠在6层的电梯门上和妈妈打电话，谁知电梯门突然打开，窦文博从6层掉下负2层，不治身亡。

2013年2月3日中午11时30分许，水电路1013弄灵新小区2号楼内发生惊险一幕，一名56岁的妇女搭乘电梯时腿部被电梯门夹住，大腿以下还在门外，电梯却突然启动上行至2楼，导致该妇女盆骨骨折。

二、发生电梯“吞人”事件的原因

（一）维护过程中，没设隔挡

南京市质监局特种设备安全监督检验研究院电梯检验部负责人介绍，电梯吞人，一种可能的情况如下：维保单位正在对电梯进行维护。在此过程中，层门开着，电梯轿厢在其他楼层位置。这时，门口肯定要设隔挡，“如果没有隔挡，乘客不知情就进入了，就可能出现危险”。实际上，这种情况是管理疏忽造成的。

（二）层门打开，轿厢却没到

一知名电梯公司的技术专家，向快报记者介绍了另外的情况。“有的层门，锁钩装置松脱，这时遇到有人暴力扒门，就可能会出现层门打开，但轿厢还没到。”门一打开，正好旁边有不知道情况的乘客进入，就容易酿成事故。这同样是人为原因导致的。

（三）违规操作，门突然打开

专家还介绍，有的维修人员，发现电梯的保护开关需要更换，但临时找不到零件，又不想耽误乘客上下大楼，就可能进行“短接”。这能让电梯维持运行，但也容易发生“轿厢没到门先开”的危险状况。

（四）自动扶梯的踏板发生故障

质监专家介绍，超市商场常见的有自动扶梯和自动人行道。在进行维修时，有时会对踏板进行拆除。等维修完毕后，拆除的东西没有及时安装或者安装不到位，就可能出现“吞人”的情况。

三、电梯故障的征兆预警及应对办法

（一）电梯出现故障的征兆预警

电梯数量伴随着楼层的高度越来越多，使用频率越来越多，磨损消耗越来越多，电梯事故也随着越来越多。

除了正常的维护检修，其实，在电梯出现事故前都会有征兆作为预警，那么电梯征兆预警都有哪些呢？

(1) 出现抖动现象(电梯左右晃动、上下垂直方向跳动、带有声音的共振等)。

(2) 电梯滑层现象(从指定楼层降到指定楼层以下)。

(3) 电梯冲顶现象(从指定楼层升到指定楼层以上，到楼顶)。

(4) 轿厢下沉现象(轿厢底部与所在楼层不在一个平面上，比楼层高度要低)。

(5) 按钮失效现象(开关门按钮及楼层按钮失效)。

（二）垂直电梯故障的应对办法

一般电梯在出现事故前，都会有相应的现象出现作为征兆预警，人们只能在平时使用的时候多加留意，一经发现问题，应立即通知相关人员进行检修。

“电梯困人事件看似简单，但暴露出很多市民缺乏自救常识。”电梯故障较为常见，市民有必要掌握基本的自救知识。

(1) 保持镇定，电梯槽有防坠安全装置，会牢牢夹住电梯两旁的钢轨，安全装置也不会失灵。

(2) 利用警钟或对讲机求援，如无警钟或对讲机可拍门叫喊，也可脱下鞋子敲打，并请求立刻找人来营救。

(3) 如不能立刻找到电梯技工，可请外面的人打电话叫消防员。

(4) 如果外面没有受过训练的救援人员在场，不要自行爬出电梯。

(5) 千万不要尝试强行推开电梯内门，即使能打开，也未必够得着外门。想要打开外门安全脱身显然更不行。

（6）电梯天花板若有紧急出口，也不要爬出去。出口板一打开，安全开关就会使电梯刹住不动。但如果出口板意外关上，电梯就可能突然开动令人失去平衡，在漆黑的电梯槽里，可能被电梯的缆索绊倒，或因踩到油垢而滑倒，从电梯顶上掉下去。

（三）扶梯事故的应对办法

（1）紧急时刻第一时间按紧停按钮。在每台扶梯的上部、下部都各有一个紧停按钮。一旦扶梯发生意外，靠近按钮的乘客应第一时间按下该按钮，扶梯就会在2s内缓冲30～40cm自动停下。

（2）如果无法第一时间按下紧停按钮。万一没办法第一时间按下紧停按钮，乘用人应用双手紧紧抓住手扶电梯的扶手，然后把脚抬起，不要接触到手扶电梯，这样人就会随着手扶电梯的护栏移动，不会摔倒，但有一个前提是电梯上的人不能太多。

（四）杂物电梯使用方法及注意事项

（1）开关门时必须轻开轻关(以防止门绳出槽或砸坏门安全开关)。

（2）装放货物时请往轿厢中间放置，(距轿厢边≥5cm)以防卡住轿厢。

（3）取出货物后，应将该层厅门随手关上并关好，直到呼梯面板上开门灯或占用灯灭为止，以保证其他层站的正常使用。

（4）电梯在出现非卡梯或故障时，请勿触动急停开关，当触动急停开关时呼梯面板上的急停灯或占用灯点亮，这时应排除故障即将急停开关复位直到呼梯面板上急停灯或占用灯灭为止电梯才能正常使用。

（5）电梯只有关好所有厅门时，呼梯面板上开门灯或占用灯灭才能正常使用，任一厅门未关好时电梯均不能正常运行。

（6）电梯不停在该层时，厅门机械锁将自动锁闭。除维修外，不允许以任何方式让厅门打开。严禁将厅门安全开关短接，开着厅门让电梯运行。如发现电梯开着厅门可以运行应立即停止使用，关闭该电梯总电源和所有厅门并及时报修。

（7）当电梯严禁超载运行时，货物的重量应≤呼梯面板上所规定的载重量。

（8）当电梯出现故障时，应及时通知维修人员进行检修，不要让电梯“带病”运行，严禁在无人监督或非维修人员的情况下进行电梯检修。

四、乘坐电梯常识

（一）乘坐电梯的禁忌事项

（1）禁止在电梯内蹦跳、左右摇晃，否则会使电梯的安全装置误动作而造成乘客被困在电梯内，影响电梯正常运行，同时有可能损坏电梯部件。

（2）切忌使用过长的细绳牵领着宠物搭乘，应用手拉紧或抱住，以防细绳被层、轿门夹住，造成运行安全事故。

（3）禁止儿童单独乘梯，因为儿童自理能力较弱，不懂乘坐电梯的安全常识，活泼好动，容易造成误操作，而且自我保护能力不强，单独处于电梯内或遇到紧急情况容易发生危险。

(4) 靠门候梯时，禁止用手扒动层门。一旦扒开门，不但轿厢会紧急制停，造成乘客困在电梯内，而且影响电梯正常运行，更可能造成候梯乘客坠入井道或伤害。在电梯运行过程中，一旦扒开门，轿厢会紧急制停，造成乘客困在电梯内，影响电梯正常运行。因此，无论电梯运行与否，扒、撬、扶、倚靠电梯门都是极其危险的。

(5) 禁止将易燃易爆或腐蚀性物品等危险品带入电梯轿厢。一旦发生意外，会造成人身伤害或设备的损坏。特别是腐蚀性物品遗撒会给电梯带来不易察觉的事故隐患。

(6) 禁止将流水的雨具、溢水的物品带入电梯，禁止清洁员在清洗楼层时将水流带入电梯轿厢，否则会弄潮轿厢地板而使乘客滑倒，甚至会使水顺着轿门地坎间隙处进入井道而发生电气设备短路故障。

（二）家长带小孩乘电梯需要注意的事项

(1) 3 岁之前的小孩最好由大人抱着。0～3 岁的孩子，在人多的情况下上下电梯，尽量让大人抱着，不要让孩子自己走进电梯，以免电梯故障，发生意外。

(2) 电梯上尽量不要给孩子拿玩具。在电梯上不要逗孩子玩，孩子手里尽量不要拿东西。因为如果东西掉了，就得去捡，但是电梯是一直运转的，所以就会发生踩踏事件。

(3) 5 岁以下孩子乘电梯时，尽量别穿洞洞鞋。材质很软的凉鞋容易被卷入扶梯，而且卷入后，电梯的安全装置可能无法及时启动使电梯停运。

(4) 家长最好让孩子站在自己的身体前方，紧紧拉住孩子，在北京 4 号线地铁扶梯事故中，来自武汉的吴良牵着女儿的手站在扶梯上，在发现逆行后，赶忙将孩子高高举起避开了危险。

(5) 人太多的时候，不要坐扶梯。搭乘扶梯时，一定不要挤上拥挤的扶梯，最好与上下台阶的其他乘客保持 1～2 个台阶的距离。

五、制定电梯应急管理制度

电梯应急装置已设计完成，但毕竟其只在停梯困人事故发生或抢修电梯时才需要使用，且该装置位于电梯井道内，因此其对电梯的正常运行必然产生很大的影响。所以，制定专门的应急管理制度就显得十分重要。

（一）电梯使用管理单位应制订应急预案

应根据实际情况制定电梯事故应急救援制度和应急救援预案，配备电梯管理人员，落实责任人，配置必备的专业救助工具及 24h 不间断的通信设备。

（二）电梯使用管理单位应注意保管电梯

应与电梯维修保养单位签订维修保养合同，明确电梯维修保养单位的责任。电梯维修保养单位作为维修救助工作的责任单位之一，应当建立严格的规程，并配备一定数量的专业救援人员和相应的专业工具，以确保接到电梯紧急情况报告后能及时赶到现场进行维修和救助。

（三）制定应急吊篮操作规程

严禁电梯和应急吊篮同时停电，并应制定专用的应急吊篮操作规程。电梯日常使用时，必须将吊篮降至最低到电梯井道底部，并将其可靠固定，避免进入电梯运行区域。切断机房内吊篮的总电源，并将机房上锁。

当发生电梯困人事故且通过常规救援手段无法实施救援，或者电梯发生故障需要抢修但无法通过住户家进入电梯轿顶时，方可启用该应急救援装置。当使用吊篮时，必须切断电梯主电源，防止电梯突然启动造成吊篮内人员的伤害。使用吊篮者必须经过必要的培训，做好相应的安全防护措施。

实训课堂

（1）垂直电梯发生故障，你该怎么办？

（2）扶梯发生故障，你该怎么办？

（3）货梯发生故障，你该怎么办？

第十一节　深圳“4·17”小学生电梯事故

时间：2013年3月28日

地点：湖东门汇国际轻纺城

事件：学生乘手扶电梯下楼时，发生学生摔倒踩踏事件

4月17日下午3时45分左右，龙华新区书香小学600余名学生，在罗湖东门汇国际轻纺城6楼“迪可可”儿童职业体验馆参加活动后，乘手扶电梯下楼，在4楼下3楼时发生学生摔倒踩踏事件，9名学生受伤送院，其中5人伤势较重，另有一名女教师受轻伤。据了解，事故原因与电梯停驶有关，具体原因还在进一步调查中。

一、事件回顾

华新区书香小学600余名学生，在罗湖东门汇国际轻纺城6楼“迪可可”儿童职业体验馆参加活动后，乘手扶电梯下楼，有孩子在下行的扶梯上发现鞋带松了，弯腰系鞋带，当电梯到3楼终点时仍未起身，身后的同学被迫挤上去摔倒并发生踩踏。随后有教师按下电梯的紧急按钮，电梯骤停又发生第二次踩踏事件。

9名学生受伤送院。有5名伤势较重的学生已办理入院手续，其中3名患者需要手术，具体伤情如下：一名患儿有头部凹陷性骨折合并右侧股骨干骨折，一名患儿头部凹陷性骨折合并髋关节脱位，一名患儿有头皮撕裂伤。4名身穿校服的学生已接受了初步诊治，正在家长陪同下留院观察。

市教育局要求各校应加强安全教育并通报了上述安全事故，事故发生后，罗湖区委区政府，龙华新区党工委、管委会领导高度重视，及时安排受伤师生的治疗工作，调查了解事故原因。市教育局获悉后也非常重视，要求龙华新区公共事业局全力做好受伤师生的救助工作，并派出有关负责同志到医院慰问受伤师生。

据了解，受伤师生在市儿童医院接受治疗，目前情况稳定。市教育局相关负责人表示，社会实践是教育教学工作的重要组成部分，市教育局要求各区、各学校要认真做好社会实践活动的组织工作，加强安全教育和管理，防止意外事故发生。

二、学生安全乘坐电梯常识

（一）乘坐垂直电梯注意事项

（1）如果电梯门正在关闭，不要用手挡门、扒门；当门无法关闭时，不要乘坐电梯。

（2）不要在电梯门口逗留。

（3）不要坐超载电梯。

（4）不要乱按电梯按钮。

（5）乘坐电梯时应该收好宠物链，不要让宠物在电梯内自由活动，最好把宠物抱在怀里。

（6）发生火灾时，不能乘坐电梯，应当走消防通道和安全出口。

（二）紧急情况下正确的自救姿势

（1）固定自己的身体。当发生坠落事故时，固定自己的身体就不会因为重心不稳而造成摔伤。

（2）紧贴墙壁保护脊椎。要运用电梯墙壁作为脊椎的防护，紧贴墙壁可以起到一定的保护作用。

（3）稍稍弯曲膝盖。韧带是人体唯一富含弹性的组织，比骨头更能承受压力。因此脚尖踮起膝盖稍微弯曲，这样可以借用膝盖弯曲来承受重击压力。

（4）呼叫报警电话。若被困在电梯中，在不知晓原因之前，任何自己设法逃离的行为都属冒险举动。首先，看看电梯内有没有报警电话，如果有要赶紧拨打，没有可用鞋子敲门。如果长时间被困，最安全的做法是保持镇定、保存体力、等待救援。

（5）按下每个楼层的按键。当出现意外情况时，不论有几层楼，要把每层楼的按键都按下，这样当紧急电源启动时，电梯可以马上停止下坠。

（三）乘坐自动扶梯注意事项

（1）乘坐手扶梯不要反方向乘坐。不要踩在黄线上。

（2）不要在楼梯口玩耍。

（3）不要把尖锐物品插入扶梯缝隙内。不要把身体的任何一部分伸到扶梯外。

（4）不要穿轮滑鞋乘梯，注意系紧鞋带，小心长裙裙边被卡。

（四） 乘电梯应避免的危险举动

（1）重复按按钮。等待电梯时，经常有人重复按按钮，这样反复按按钮会造成电梯误停，既耽误时间，还可能造成按钮失灵。

（2）停留在厅门和轿门之间。电梯最容易出事的就是门，停留在厅门和轿门之间是最危险的动作，专家建议进出电梯最好是快进快出。

（3）倚靠在门上。不少人在等电梯时喜欢靠在门上暂时休息，如果电梯打开时，轿厢不在本层，则很容易跌进井道，或者被轿厢和井道卡住。

（4）用手、脚、棍棒等物品阻止关门。电梯门正在关闭时，外面的乘客会用手、脚、棍棒等物品阻止关门。专家建议最好等待下次或请电梯内部的乘客按动开门按钮。

（5）下雨天将滴着水的雨具带入电梯。这样不仅会弄湿地板，而且水顺着缝隙进入井道还可能造成短路。

（6）只要看到电梯门打开，就往里面冲。

（7）硬币等物件掉进电梯自己用手或工具伸进缝隙里去掏。在电梯停靠过程中，有时会有硬币、项链等物件落入了电梯门和井道的缝隙中，应立即告知电梯专业人员协助处理，不要自己把手或工具伸进缝隙去掏。

（8）在运动的轿厢里蹦蹦跳跳、乱按按钮。这种举动，多半发生在小朋友身上。例如，有时他们会乘电梯玩，往上时，按下每层按钮，再往下时，又按下每层按钮。

（9）重量超载。一般电梯的载重为 1 000kg，限 13 人。

（10）用手扒开电梯。当运行的电梯突然停止时，不少人会因为恐慌而强行用手扒开电梯门或企图从安全窗爬出，这样做是很危险的。

（五） 电梯最易伤人的部位

1. 梯级与围裙板之间的缝隙

按照有关规范，围裙板与梯级、踏板间任何一侧的水平间隙不应大于 4mm，而孩子手指有 7～8mm 粗，手臂更粗，被夹进缝隙中是由于围裙板静止而梯级在运动，就会产生冲力将孩子的手指甚至手臂带入缝隙。此外，有些孩子乘扶梯时喜欢将脚靠在围裙板上，若不慎将鞋尖、鞋带或裤边卷入缝隙，就会将脚也带进去。

2. 踏板与末端梳齿板间缝隙

孩子手指细小、平衡性不好，一旦趴倒在扶梯上，很容易造成伤害。

3. 自动扶梯下面的扶手槽

扶手槽入口处包裹着 10 多条黑色橡胶带，而且和扶梯下面的按钮相连，当孩子的手伸入橡胶带后，触动了相连的按钮，所以自动扶梯就会立即停止。自动扶梯都有自动保护功能，当遇到阻碍物时会自动停止。但遇到阻碍物的阻力有一个值，当达到这个值时保护功能才会响应。

4. 扶手与构筑物夹角

孩子好奇心强，对眼前的危险预计不足，当上行过程中把头部伸出扶梯向下看时，易导致意外发生。

三、学校预防电梯事故的措施

（一）学校加强学生安全常识的培养

学校应加强学生安全常识的培养，要经常教孩子们秩序“常识”：应该遵守公共秩序，不要争先恐后，注意安全。认真做好孩子们的安全教育，提高孩子们的秩序意识，如果孩子们拥有这些为人的基本能力的话，这些踩踏事件的悲剧就能从源头避免。

儿童搭乘自动扶梯应由成年人陪同，且陪同人员帮助儿童进入及离开自动扶梯，确保儿童站立在梯级黄色警示线内，帮助儿童扶好扶手带或牵好儿童的手，搭乘时不要让儿童在梯级上打闹嬉戏。

（二）学生集体活动要制定安全预案

开展学生集体活动之前，一定要制定安全预案，以应对活动中出现的紧急情况。应该教会学生在乘坐扶手电梯时抓紧扶手、靠右站稳、有序通行。大量学生上下电梯时，出于安全起见，应该有教师在电梯上下两端安排人员维持秩序。学生集体活动前，教师也应该对学生进行安全防范的指导和教育。

（三）加强电梯安全管理

北京市交通委曾经下发《关于进一步加强本市交通行业电梯安全工作的通知》（以下简称《通知》）。《通知》还要求强化安全值守监控。各运营单位应积极引入视频监控装置对设备运行进行全过程监控；在客流高峰时段，要在电梯使用的关键部位安排专人值守，疏导客流，引导乘客安全乘梯。

2013 年 1 月，安徽省质检局提出将用 3 年时间完成电梯数据采集终端的安装，实现对电梯运行状态的实时监控。凡涉及公共安全和人员密集场所的电梯，将首先要安装电梯数据采集终端；对发生安全事故和故障频发的电梯，必须尽快安装电梯数据采集终端，以迅速实现电梯安全远程监控。

（四）建立公共信息平台

以电梯物联网监控系统为基点，建立全新的社区公共信息平台，能提供多方面的应用服务，包括信息服务平台、电子商务等应用。平台由内容发布管理中心、多媒体发布服务器、多媒体终端、无线网络平台等多部分组成。通过此平台，能为政府、物业等部门发布电梯安全应急、公共服务类信息和其他相关服务内容，并为政府及有关单位建立一个垂直管理的信息通道，以使其更好地服务于大众。

缓解电梯恐惧症的方法

1. 心情调节法

尽量将心情放松，乘坐电梯前，不要胡思乱想，可以进行深呼吸，调节气息。再畅想一下美好的一天，想一些平时开心的事，让心情保持愉悦欢快。

2. 心理暗示法

乘坐电梯时，如无法控制自己胡思乱想，那就多对自己进行一些心理暗示，如我没有那么倒霉吧，全国那么多电梯每天运行，发生事故的也没几个，我这个电梯肯定没问题，等等。

3. 增加常识法

谁也无法预料乘坐电梯后是否会遇到电梯故障，如果真的遇到危险时应该怎么做才是关键。平时多看一些危险急救类知识，以免遇到电梯事故时手足无措。并且，电梯知识多了，对于电梯的了解多了，乘坐电梯时自然就不会担心了。

4. 结伴同行法

如果一个人在电梯里实在感到压抑，不妨和家人或朋友一同乘坐电梯，如果是一个人在外面，毕竟电梯是公共场所，可以等其他人一起进入电梯乘坐。

5. 转移注意力法

可以在进入电梯的时候带着耳机听着音乐，或者做些其他不影响他人的事，转移自己的注意力，就自然不会去想电梯事故的事了。

6. 主动选择法

尽量不去或者少乘坐破旧电梯，主动选择一些样式较新、外观保持得较好，干净整洁的电梯去乘坐。乘坐这类电梯时，一般也比较放心，不会有恐惧心理。

乘坐电梯的礼仪

(1) 同乘电梯时，如果电梯没有专门的服务生，应先入电梯并按住“开”的按钮，让他人安全进入。

(2) 出电梯时，应让他人先走，自己最后出电梯。进入电梯请立即转身面朝开门方向，不可面朝四壁与人目光对视，大眼瞪小眼十分不妥。

(3) 电梯内空间狭小，乘坐者应保持安静，并禁饮、禁食、禁烟。切忌高谈阔论或隔空喊话。

讨论题

书香门第小学负责人介绍，此次600多名学生前往“迪可可”儿童乐园开展实践活动，系一家名为金色航向的公司组织的。在安保措施方面，实行的是学校、家长、服务机构三方负责制。在此次事故中，共有35名辅导员、33名学校教师及部分家长参与其中。请结合案例描述，讨论一下，这次事故谁应当承担责任。

公共卫生类突发事件的应对

学习目的

掌握公共卫生类突发事件的应对措施。

学习重点

水污染、疫情、传染性疾病、食物中毒等突发事件基本知识点。

公共卫生类突发事件主要包括传染病疾病、群体性不明原因疾病、食品安全和职业危害、动物疫情以及其他严重影响公众健康和生命安全的事件。如鼠疫、霍乱、传染性非典型肺炎、食物中毒、重大动物疫情及外来有害生物入侵等。

近年来,我国人民医疗保障水平有了较大提高,但仍有多种传染病尚未得到有效遏制,公共卫生事件仍然威胁着群众的生命和健康。据统计,全球新发现的30余种传染病已有半数在我国发现,有些传染病尚未得到有效遏制,有些还造成了严重后果(特别是"非典"和高致病性禽流感疫情)。重大传染病和慢性病流行仍比较严重,职业病危害呈上升趋势,生产、销售假冒伪劣食品药品等违法犯罪活动尚未得到有效遏制,食品、药品安全事故多发。

本章知识架构

(1)传染性疾病的应对与安全教育。
(2)水污染的应对与安全教育。
(3)食品安全突发事件的应对与安全教育。
(4)食物中毒突发事件的应对与安全教育。

第一节　公共卫生类突发事件的应对与安全教育

突发公共卫生事件是指已经发生或者可能发生的,对公众健康造成或者可能造成重大损失的传染病疫情和不明原因的群体性疾病,还有重大食物中毒和职业中毒以及其他危害公共健康的突发公共事件。

一、突发公共卫生事件的特点及分类

（一）突发公共卫生事件的特点

（1）成因的多样性。公共卫生事件与事故灾害密切相关，如环境污染、生态破坏、交通事故等。社会安全事件也是形成公共卫生事件的一个重要原因，如生物恐怖等。另外，还有动物疫情、致病微生物、药品危险、食物中毒、职业危害等。

（2）分布的差异性。在时间分布差异上，不同的季节，传染病的发病率也不同。例如，SARS往往发生在冬、春季节，而肠道传染病则多发生在夏季。此外，分布差异性还表现在空间分布差异上，传染病的区域分布不一样，像我国南方和北方的传染病就不一样，此外，还有人群的分布差异等。

（3）传播的广泛性。尤其是当前正处在全球化的时代，某一种疾病可以通过现代交通工具跨国流动，而一旦造成传播，就会成为全球性的传播。

（4）危害的复杂性。也就是说，重大的卫生事件不但是对人的健康有影响，而且对环境、经济乃至政治都有很大的影响。例如，2003年SARS流行，尽管患病的人数不是最多，但对我们国家造成的经济损失却很大。

（5）治理的综合性。治理需要4个方面的结合：第一，技术层面和价值层面的结合，不但要有一定的先进技术还要有一定的投入；第二，直接的任务和间接的任务相结合，它既是直接的愿望，也是间接的社会任务，所以要结合起来；第三，责任部门和其他的部门结合起来；第四，国际和国内结合起来。

（6）新发的事件不断产生。例如，自1985年以来，艾滋病的发病率不断增加，严重危害着人们的健康；2003年，“非典”疫情引起人们的恐慌；近年来，人禽流感疫情使人们谈禽色变；前段时间的人感染猪链球菌病、手足口病等都威胁着人们的健康。

（7）种类的多样性。引起公共卫生事件的因素多种多样，如生物因素、自然灾害、食品药品安全事件、各种事故灾难等。

（8）食源性疾病和食物中毒的问题比较严重。例如，1988年，上海甲肝爆发；1999年，宁夏沙门氏菌污染食物中毒；2001年，苏皖地区肠出血性大肠杆菌食物中；2002年，南京毒鼠强中毒；2004年，劣质奶粉事件等。这些事件都属于食源性疾病和食物中毒引起的卫生事件。

（9）公共卫生事件频繁发生。这与公共卫生的建设及公共卫生的投入都有关系，公共卫生事业经费投入不足；忽视生态的保护以及有毒有害物质滥用和管理不善，都会使公共卫生事件频繁发生。

（10）公共卫生事件的危害严重。公共卫生事件不但影响人们的健康，还影响社会的稳定和经济的发展。公共卫生事件有很多的特点，公务员、管理公共卫生事件的有关部门一定要掌握这些特点。

（二）突发公共卫生事件的分类

1. 按事件的表现形式分类

根据事件的表现形式可将突发公共卫生事件分为以下两类。

(1) 在一定时间、一定范围、一定人群中，当病例数累计达到规定预警值时所形成的事件。例如，传染病、不明原因疾病、中毒(食物中毒、职业中毒)、预防接种反应、菌种、毒株丢失等，以及县以上卫生行政部门认定的其他突发公共卫生事件。

(2) 在一定时间、一定范围内，当环境危害因素达到规定预警值时形成的事件，病例为事后发生，也可能无病例。例如，生物、化学、核和辐射事件(发生事件时尚未出现病例)，包括传染病菌种、毒株丢失；病媒、生物、宿主相关事件；化学物泄漏事件、放射源丢失、受照、核污染辐射及其他严重影响公众健康事件(尚未出现病例或病例事后发生)。

2. 按事件的成因和性质分类

根据事件的成因和性质，突发公共卫生事件可分以下几种。

(1) 重大传染病疫情

这是指传染病在集中的时间、地点发生，导致大量的传染病病人出现，其发病率远远超过平常的发病水平。这些传染病包括《中华人民共和国传染病防治法》规定的 3 类 37 种法定传染病；卫生部根据需要决定并公布列入乙类、丙类传染病的其他传染病；省、自治区、直辖市人民政府决定并公布的按照乙类、丙类传染病管理的其他传染病。例如，1988 年，在上海爆发的甲型肝炎；2004 年，青海鼠疫疫情等。

(2) 群体性不明原因的疾病

这是指在一定时间内，某个相对集中的区域内同时或者相继出现多个共同临床表现患者，又暂时不能明确诊断的疾病。这种疾病可能是传染病，可能是群体性癔病，也可能是某种中毒。如传染性非典型肺炎疫情发生之初，由于对病原方面认识不清，虽然知道这是一组同一症状的疾病，但对其发病机制、诊断标准、流行途径等认识不清，这便是群体性不明原因疾病的典型案例。随着科学研究的深入，才逐步认识到其病原体是由冠状病毒的一种变种所引起。

(3) 重大食物和职业中毒

这是指由于食物和职业的原因而发生的人数众多或者伤亡较重的中毒事件。例如，2002 年 9 月 14 日，南京市汤山镇发生一起特大投毒案，造成 395 人因食用有毒食品而中毒，死亡 42 人。2002 年年初，保定市白沟镇苯中毒事件，箱包生产企业数名外地务工人员中，陆续出现中毒症状，并有 6 名工人死亡。

(4) 新发传染性疾病

狭义的新发传染性疾病是指全球首次发现的传染病。广义的新发传染性疾病是指一个国家或地区新发生的、新变异的或新传入的传染病。在世界上新发现的 32 种新传染病中，有半数左右已经在我国出现，新出现的肠道传染病对人类健康构成的潜在危险十分严重，处理的难度及复杂程度进一步加大。

(5) 群体性预防接种反应和群体性药物反应

这是指在实施疾病预防控制时，出现疫苗接种人群或预防性服药人群的异常反应。这类反应原因较为复杂，可以是心因性的，也可以是其他异常反应。

(6) 重大环境污染事故

这是指在化学品的生产、运输、储存、使用和废弃处置过程中，由于各种原因引起化学品从其包装容器、运送管道、生产和使用环节中泄漏，造成空气、水源和土壤等周围环境的污染，严重危害或影响公众健康的事件。例如，2004 年 4 月，在重庆江北区发生某企业的氯气储气罐泄漏事件，造成 7 人死亡，15 万人疏散的严重后果。

(7) 核事故和放射事故

这是指由于放射性物质或其他放射源造成或可能造成公众健康严重影响或严重损害的突发事件。例如，1992 年，山西沂州 ^{60}Co 放射源丢失，不仅造成 3 人死亡，数人住院治疗，还造成了百余人受到过量辐射的惨痛结局。

(8) 生物、化学、核辐射恐怖事件

这是指恐怖组织或恐怖分子为了达到其政治、经济、宗教、民族等目的，通过实际使用或威胁使用放射性物质、化学毒剂或生物战剂，或通过袭击或威胁袭击化工(核)设施(包括化工厂、核设施、化学品仓库、实验室、运输槽车等)引起有毒有害物质或致病性生物释放，导致人员伤亡，或造成公众心理恐慌，从而破坏国家和谐安定，妨碍经济发展的事件。例如，1995 年，发生在日本东京地铁的沙林毒气事件，造成 5 510 人中毒，12 人死亡。

(9) 自然灾害

这是指由自然力引起的设施破坏、经济严重损失、人员伤亡、人的健康状况及社会卫生服务条件恶化超过了其发生地区所能承受的能力的状况。主要有水灾、旱灾、地震、火灾等。例如，1976 年，唐山地震造成 24.2 万人死亡。

(10) 其他严重影响公众健康的事件

这是指针对不特定的社会群体，造成或可能造成社会公众健康严重损害，影响正常社会秩序的重大事件。

(三) 突发公共卫生事件的分级

根据突发公共卫生事件的性质、危害程度、涉及范围的不同，可将其划分为特别重大(Ⅰ级)、重大(Ⅱ级)、较大(Ⅲ级)和一般(Ⅳ级)4 级。依次用红色、橙色、黄色、蓝色作为预警标识。

(1) 有下列情形之一的，为特别重大突发公共卫生事件(Ⅰ级)。

① 肺鼠疫、肺炭疽在大、中城市发生并有扩散趋势，或肺鼠疫、肺炭疽疫情波及两个以上省份，并有进一步扩散趋势。

② 发生传染性非典型肺炎、人感染高致病性禽流感病例，并有扩散趋势。

③ 涉及多个省份的群体性不明原因疾病，并有扩散趋势。

④ 发生新传染病或我国尚未发现的传染病发生或传入，并有扩散趋势，或发现我国已消灭的传染病重新流行。

⑤ 发生烈性病菌种、毒株、致病因子等丢失事件。

⑥ 周边以及与我国通航的国家和地区发生特大传染病疫情，并出现输入性病例，严重危及我国公共卫生安全的事件。

⑦ 国务院卫生行政部门认定的其他特别重大突发公共卫生事件。

(2) 有下列情形之一的，为重大突发公共卫生事件(Ⅱ级)。

① 在一个县(市)行政区域内，一个平均潜伏期内(6天)发生5例以上肺鼠疫、肺炭疽病例，或者相关联的疫情波及两个以上的县(市)。

② 发生传染性非典型肺炎、人感染高致病性禽流感疑似病例。

③ 腺鼠疫发生流行，在一个市(地)行政区域内，一个平均潜伏期内多点连续发病20例以上，或流行范围波及两个以上市(地)。

④ 霍乱在一个市(地)行政区域内流行，一周内发病30例以上，或波及两个以上市(地)，并有扩散趋势。

⑤ 乙类、丙类传染病波及两个以上县(市)，一周内发病水平超过前5年同期平均发病水平2倍以上。

⑥ 我国尚未发现的传染病发生或传入，尚未造成扩散。

⑦ 发生群体性不明原因疾病，扩散到县(市)以外的地区。

⑧ 发生重大医源性感染事件。

⑨ 预防接种或群体性预防性服药出现人员死亡。

⑩ 一次食物中毒人数超过100人并出现死亡病例，或出现10例以上死亡病例。

⑪ 一次发生急性职业中毒50人以上，或死亡5人以上。

⑫ 境内外隐匿运输、邮寄烈性生物病原体、生物毒素造成我境内人员感染或死亡的。

⑬ 省级以上人民政府卫生行政部门认定的其他重大突发公共卫生事件。

(3) 有下列情形之一的，为较大突发公共卫生事件(Ⅲ级)。

① 发生肺鼠疫、肺炭疽病例，一个平均潜伏期内病例数未超过5例，流行范围在一个县(市)行政区域以内。

② 腺鼠疫发生流行，在一个县(市)行政区域内，一个平均潜伏期内连续发病10例以上，或波及两个以上县(市)。

③ 霍乱在一个县(市)行政区域内发生，一周内发病10～29例或波及两个以上县(市)，或市(地)级以上城市的市区首次发生。

④ 一周内在一个县(市)行政区域内，乙、丙类传染病发病水平超过前5年同期平均发病水平1倍以上。

⑤ 在一个县(市)行政区域内发现群体性不明原因疾病。

⑥ 一次食物中毒人数超过100人，或出现死亡病例。

⑦ 预防接种或群体性预防性服药出现群体心因性反应或不良反应。

⑧ 一次发生急性职业中毒10～49人，或死亡4人以下。

⑨ 市(地)级以上人民政府卫生行政部门认定的其他较大突发公共卫生事件。

(4) 有下列情形之一的，为一般突发公共卫生事件(Ⅳ级)。

① 腺鼠疫在一个县(市)行政区域内发生，一个平均潜伏期内病例数未超过10例。

② 霍乱在一个县(市)行政区域内发生，一周内发病9例以下。

③ 一次食物中毒人数30～99人,未出现死亡病例。

④ 一次发生急性职业中毒9人以下,未出现死亡病例。

⑤ 县级以上人民政府卫生行政部门认定的其他一般突发公共卫生事件。

二、突发公共卫生事件处理原则

(一) 突发公共卫生事件处理原则

1. 预防为主,常备不懈

预防为主是我国卫生工作的基本方针。在突发公共卫生事件的预防中,主要是提高突发公共卫生事件发生的全社会防范意识,落实各项防范措施,有针对性地制定应急处理预案,对各种可能引发突发公共卫生事件的情况进行及时分析、预警、报告,做到早发现、早报告、早处理,从而有效应对和处理各种突发事件。

2. 统一领导,分级负责

在突发公共卫生事件应急处理的各项工作中,必须坚持由各级人民政府统一领导,并成立应急指挥部,对处理工作实行统一指挥。各有关部门在应急指挥部的领导下,根据部署和分工,开展各项应急处理工作。

3. 反应及时,措施果断

反应及时、措施果断,是有效控制突发公共卫生事件事态的前提。在突发公共卫生事件发生后,有关人民政府及其有关部门应当及时作出反应,决定是否启动应急预案,及时收集、报告疫情、组织调查,积极开展救治工作,提出处理建议,并有效控制事态发展。

4. 依靠科学,加强合作

处理突发公共卫生事件要尊重科学、依靠科学,开展防治突发公共卫生事件相关科学研究。各有关部门、学校、科研单位等要通力合作,实现资源共享。

三、突发公共卫生事件的监测、预警与报告

突发公共卫生事件具有高度不确定性,发生时间、范围、强度等不可完全预测,而且事件一旦发生,其发展演变就会十分迅速,不仅会对人们身心健康造成极大伤害,还会给当地的社会经济、政治等方面带来不利影响。因此,开展突发公共卫生事件监测预警工作,对阐明已知疾病流行状况、发现新的疾病、明确未知疾病的病因、帮助政府决策和有针对性地对公众进行防范突发公共卫生事件的宣传,及时控制突发公共卫生事件的发生和发展,都有着重要的意义。

(一) 突发公共卫生事件监测

国家建立统一的突发公共卫生事件监测、预警与报告网络体系,包括法定传染病、突发公共卫生事件监测报告网络,症状监测网络,实验室监测网络,出入境口岸卫生检疫、监测网

络以及全国统一的举报电话等。各级医疗、疾病预防控制、卫生监督和出入境检疫机构应负责突发公共卫生事件的日常监测工作。

1. 社区(乡镇)医疗卫生服务机构监测的职责

社区(乡镇)医疗卫生服务机构在各级政府、卫生行政部门领导及疾病预防控制机构和卫生监督机构的指导下，承担责任范围内突发公共卫生事件和传染病疫情监测信息报告任务，其具体职责如下。

(1) 建立突发公共卫生事件和传染病疫情信息监测报告制度，包括采用统一的门诊日记、住院登记、检验记录、X线检查记录、传染病报告卡和登记簿，建立本单位的疫情收报、核对、自查、奖惩制度。

(2) 执行首诊负责制，严格门诊工作日志制度以及突发公共卫生事件和疫情报告制度，负责突发公共卫生事件和疫情监测信息报告工作。

(3) 建立或指定专门的部门和人员，配备必要的设备，保证突发公共卫生事件和疫情监测信息的网络直接报告。

(4) 对医生和实习生进行有关突发公共卫生事件和传染病疫情监测信息报告工作的培训。

(5) 配合疾病预防控制机构开展流行病学调查和标本采样。

2. 监测内容

(1) 突发公共卫生事件相关信息监测。

(2) 常规传染病疫情监测。

(3) 相关症状监测。

(4) 基本公共卫生监测。

(5) 突发公共卫生事件的主动监测。

3. 监测方法

(1) 常规传染病及突发公共卫生事件监测。

(2) 现场或专题调查。

(3) 基本公共卫生信息收集。

(二) 突发公共卫生事件的预警

预防和控制突发公共卫生事件的关键是及时发现突发事件发生的先兆，迅速采取相应措施，将突发事件控制在萌芽状态。建立突发公共卫生事件的预警机制就是以监测为基础，以数据库为条件，采取综合评估手段，建立信息交换和发布机制，及时发现事件的苗头，发布预警，快速作出反应，以达到控制事件蔓延的目的。

(三) 突发公共卫生事件的报告

突发公共卫生事件信息报告既是保障突发公共卫生事件监测系统有效运行的主要手段，也是各级政府和卫生行政部门及时掌握突发公共卫生事件信息、提高处置速度和效能的保证。

1. 责任报告单位和责任报告人

(1) 责任报告单位

县以上各级人民政府卫生行政部门指定的突发公共卫生事件监测机构;各级、各类医疗卫生机构;卫生行政部门;县级以上地方人民政府;其他有关单位,主要包括发生突发公共卫生事件的单位、与群众健康和卫生保健工作密切相关的机构,如检验检疫机构、食品药品监督管理机构、环境保护、监测机构、教育机构等。

(2) 责任报告人:执行职务的各级、各类医疗卫生机构的工作人员、个体开业医生。

2. 报告时限和程序

当突发公共卫生事件监测机构、医疗卫生机构及有关单位发现突发公共卫生事件后,应在2h内向所在地区县(区)级人民政府的卫生行政部门报告。

卫生行政部门在接到突发公共卫生事件报告后,应在2h内向同级人民政府报告;同时,向上级人民政府卫生行政部门报告,并应立即组织进行现场调查,确认事件的性质,及时采取措施,随时报告事件的进展态势。

各级人民政府应在接到事件报告后的2h内向上一级人民政府报告。

对可能造成重大社会影响的突发公共卫生事件,省级以下地方人民政府卫生行政部门可直接上报国务院卫生行政部门。省级人民政府在接到报告的1h内,应向国务院卫生行政部门报告。国务院卫生行政部门接到报告后,应当立即向国务院报告。

发生突发公共卫生事件的省、地、市、县级卫生行政部门,应视事件性质、波及范围等情况,及时与临近省、地、市、县之间互通信息。

3. 报告内容

突发公共卫生事件报告分为首次报告、进程报告和结案报告。应根据事件的严重程度、事态发展、控制情况,及时报告事件的进程,内容包括事件基本信息和事件分类信息两部分。不同类别的突发公共卫生事件应分别填写基本信息报表和相应类别的事件分类信息报表。

对于首次报告尚未调查确认的突发公共卫生事件或可能存在隐患的事件相关信息,应说明信息来源、波及范围、事件性质的初步判定及拟采取的措施。经调查确认的突发公共卫生事件报告应包括事件性质、波及范围(分布)、危害程度、势态评估、控制措施等内容。

4. 突发公共卫生事件的网络直报

各级、各类医疗卫生机构可通过《中国突发公共卫生事件信息报告管理系统》网上直接报告突发公共卫生事件,以提高报告的及时性。县及县以上各级疾病预防控制机构接到事件报告后,应逐级及时审核信息,以确保信息的准确性,并汇总、统计、分析,按照有关规定向同级人民政府卫生行政部门报告。

5. 信息监控、分析与反馈

(1) 各级信息归口部门对突发事件的分析结果,应以定期简报或专题报告等形式,向上级信息归口部门及同级卫生行政部门报告。较大级以上的突发公共卫生事件,应随时进行专题分析,并上报同级卫生行政部门及上一级信息归口部门,同时反馈到下一级卫生行政部门和信息归口部门,必要时,应通报周边地区的相关部门和机构。

（2）各级卫生行政部门应加强与各级突发公共卫生事件监测机构的信息反馈与交流，充分利用信息资源为突发公共卫生事件的处置服务。

（3）发生突发公共卫生事件的相邻地区卫生行政部门，应定期交换相关事件信息，对于较大级以上的突发公共卫生事件，应随时互相进行通报。

四、突发公共卫生事件的应急准备

国务院卫生行政主管部门应按照分类指导、快速反应的要求，制定全国突发事件应急预案，并报请国务院批准。省、自治区、直辖市人民政府应根据全国突发事件应急预案，结合本地实际情况，制定本行政区域的突发事件应急预案。

（1）全国突发事件应急预案应当包括以下主要内容。

① 突发事件应急处理指挥部的组成和相关部门的职责。

② 突发事件的监测与预警。

③ 突发事件信息的收集、分析、报告、通报制度。

④ 突发事件应急处理技术和监测机构及其任务。

⑤ 突发事件的分级和应急处理工作方案。

⑥ 突发事件预防、现场控制，应急设施、设备、救治药品和医疗器械以及其他物资和技术的储备与调度。

⑦ 突发事件应急处理专业队伍的建设和培训。

（2）国家建立突发事件应急报告制度。

国务院卫生行政主管部门制定突发事件应急报告规范，建立重大、紧急疫情信息报告系统。有下列情形之一的，省、自治区、直辖市人民政府应当在接到报告 1h 内，向国务院卫生行政主管部门报告。

① 发生或者可能发生传染病暴发、流行的。

② 发生或者发现不明原因的群体性疾病的。

③ 发生传染病菌种、毒株丢失的。

④ 发生或者可能发生重大食物和职业中毒事件的。

对可能造成重大社会影响的突发事件，国务院卫生行政主管部门应当立即向国务院报告。

突发事件发生地的省、自治区、直辖市人民政府卫生行政主管部门，应当及时向毗邻省、自治区、直辖市人民政府卫生行政主管部门通报。接到通报的省、自治区、直辖市人民政府卫生行政主管部门，必要时应当及时通知本行政区域内的医疗卫生机构。县级以上地方人民政府有关部门，已经发生或者发现可能引起突发事件的情形时，应当及时向同级人民政府卫生行政主管部门通报。

实训课堂

在何种情况下，可以认定特别重大突发公共卫生事件？

第二节　2003年“非典”疫情

时间:2002年11月—2003年8月5日
地点:广东、北京等地
事件:一种严重急性呼吸综合征在全国范围流行蔓延

一、“非典”疾病知识

严重急性呼吸综合征(Severe Acute Respiratory Syndromes,SARS)又称传染性非典型肺炎,是一种因感染SARS冠状病毒引起的新的呼吸系统传染性疾病。它主要通过近距离空气飞沫传播,以发热、头痛、肌肉酸痛、乏力、干咳少痰等为主要临床表现,严重者可能会出现呼吸窘迫。本病具有较强的传染性,在家庭和医院有显著的聚集现象。

(一) 传染源

目前,已知患者是本病的主要传染源。在潜伏期具有传染性,症状期传染性最强,极少数患者刚有症状时即有传染性,少数“超级传染者”可感染数人至数十人。恢复期粪便中仍检出病毒,此时是否有传染性,仍待研究。共同暴露人群中,部分人不发病。

(二) 传播途径

密切接触是主要传播途径。以近距离飞沫传播和直接接触呼吸道分泌物、体液传播多见。气溶胶传播,即通过空气污染物气溶胶颗粒这一载体在空气中作中距离传播,是经空气传播的另一种方式,严重流行疫区的医院和个别社区爆发即通过该途径传播。

(三) 传播模式

(1) 医护人员通过诊疗、护理病人被感染。特别是气管插管、口腔检查时容易感染。
(2) 家庭成员通过探视、护理病人或共同生活被感染。
(3) 因与病人住同一病房被传染。
(4) 个别也有未明确直接接触患者而发病。

(四) 预防疾病的注意事项

(1) 根据天气变化,注意防寒保暖;注意均衡膳食,以增强自身免疫力。

(2) 多参加一些户外活动,减少在人员密度比较大的地方滞留或活动时间。不过,应活动有度,并注意充分休息。到空气质量好的地方去,本身就能积极减少呼吸道疾病,尽量选择登山、到海边、到森林去。

(3) 加强个人卫生,勤洗手,防止肠道传染病。打喷嚏、咳嗽后要洗手,洗后用清洁的毛巾或纸巾擦干净。外出客居宾馆、旅店时,使用自己携带的洗漱用具。

(4) 在旅游景点和风景区参观、旅游时，尽量避免接近动物和鸟类。因为研究发现，不少疾病都与动物和鸟类传播有关。

(5) 经常开窗，保持室内空气流通，保持空气清新。

(6) 饮食方面要少聚餐，不吸烟、少喝酒。

(7) 如果出行期间自己或旅伴发现有发烧、腹泻、咳嗽、气短或高烧不退的症状，要果断中止旅行，并就地就医。一定要服从医生和医护人员的安排。病人要自觉与旅伴隔离，这不仅对自己恢复健康有利，同时，也是一种必要的社会公德。

(8) 出行时的常见病主要是感冒、咳嗽、腹泻等消化道疾病、呼吸道疾病，适当备一些药就可以了。如果自己用药，一定要有充足的把握，不能滥用抗生素类药物。

(9) 关于"要不要戴口罩"：出门旅行要"带"口罩，但不是什么时候都"戴"，一般情况下不需要戴。如果自己出现一些异常症状要戴；旅伴中有出现异常症状时，要戴口罩。

(10) 准备出行的人们，还可以随身携带一些旅行须知之类的小册子，里面有关出行卫生方面的知识，可供在不能及时联系到医疗单位时参考。

（五）"非典"康复者饮食处方

注意加强营养，合理膳食。患者出院后应注意补充营养，可适当多吃一些富有营养的食物。每天饮用1～2杯牛奶，保持总量250g的肉、鱼、大豆、蛋类食品，蔬菜最好3种以上，加上两种以上水果，再搭配少量油脂，就能获取均衡营养。但不要过于辛辣、油腻。要合理调配膳食，尽可能地吃得杂一些，通过每天多元化的饮食，来增强肌体的免疫力。

(1) 饮食清淡，忌油腻。清淡且富含营养的饮食易于消化吸收。在烹调加工时，尽量不用油煎、油炸、熏、烤、烘等方法，可清蒸、煮着吃，烧焦的食物不能吃。

(2) 忌辛辣、香燥、寒凉的食品。辛辣太过会耗气伤阴，并助长燥热；香燥太过则伤津劫液；寒凉可使外邪伏入体内。所以，冰糕、冰镇食品应慎食。生姜、大葱、洋葱、蒜等含有丰富的抗氧化成分，可适量食用。这类食品一旦出现霉烂，则不能食用，因为其中有些成分已经变为致癌物。

(3) 多饮水、饮茶，忌浓茶、浓咖啡。无论是绿茶、红茶、乌龙茶，还是黑茶、白茶、黄茶、青茶都含有茶多酚、生物碱、茶氨酸等保健成分，只不过含量不同而已，功效各有千秋，并不是唯有绿茶好。饮茶关键在于常饮，饮淡茶，平时还要多饮白开水，有促进体内废物或病原体排泄的作用。

(4) 多食富含维生素C、维生素A的食物。富含维生素C的食物包括新鲜蔬菜和水果，如刺梨、大枣、柚子、柠檬等；富含维生素A的食物有鸡肝、羊肝、猪肝、鸭肝，含胡萝卜素丰富的食物有胡萝卜、菠菜、油菜、红薯、南瓜等。

(5) 多吃能提高免疫力的食物或药物。常用的药物如人参、黄芪、茯苓、白术、枸杞、莲子、薏苡仁、龙眼肉、芦根、蒲公英、鱼腥草、桔梗等；食物有白木耳、香菇、山楂、花菜、胡萝卜、白萝卜、葱、蒜等。

（六）"非典"时期心理调适法

1. 认识压力，寻找压力源

即弄清自己究竟恐惧什么和为什么恐惧。人们恐惧"非典"，主要是因为它暂时还是一个“不明物”,而且能致人死亡。但如果人们尽可能多地了解了其对人的威胁程度究竟有多大和如何防卫后,各种身心反应则开始趋于正常。

2. 接受现实,再应对现实

当人处于具有威胁性的环境中或在生死攸关的时刻,每个人对待现实的态度一般有3种:一是逃避;二是听天由命;三是积极应对。其中,做出第3种选择的人往往容易获得成功。

3. 心理暗示,建立积极心态

人的心态一般有两种:一是积极心态;二是消极心态。积极心态是根据事态发展,积极思考,不断设想战胜困难的种种措施和方案,团结互爱、相互鼓励。建立积极心态的最好办法是积极的心理暗示,包括少发牢骚、少说泄气话、少传播小道消息等。

4. 优化性格,多自我调控

有的人什么道理都懂,但就是无法建立积极心态,因为他的个性的固有特点在时刻影响着他。人的性格、应变力、创新能力和自我调控能力一般在危难时表现得淋漓尽致,而这些东西大多是后天习得的,因此是可以改变的。由于性格是个性的核心,所以每个人要善于调整自己的性格特征,包括对自己和他人的态度、意志品质、各种情绪活动以及个体在感知和思维等过程中表现出来的理智特征,以提高自己的自我调控能力。

5. 提升情感,爱共存空间

要把对亲人、人民和祖国的爱变成激发潜能,积极寻找战胜“非典”办法的动力,以此表达自己的责任和真情。

二、事件回顾

非典型肺炎危机的应对过程大致可以分为如下3个阶段。

第一阶段是最初预警阶段:从2002年11月16日最初发现非典型肺炎病例到2003年2月10日为止,此阶段疫情由不为人知到引起政府和公众的广泛关注。

第二阶段是初步反应阶段:从2003年2月10日广东省各主要媒体对非典型肺炎进行公开报道,到2003年4月17日中央政治局常务委员会召开会议专门研究非典型肺炎问题为止。此阶段的应对重点放在了对继发性危机(如商品抢购等)的处理上,而没有放在控制疫情上。

第三阶段是全力应对阶段:此阶段是在2003年4月17日中央政治局常务委员会召开会议之后,对疫情的严重程度有了真正的认识,全国开始全力应对非典型肺炎。

三、启示

(一) 人类社会在发展,灾害也在发展

在中国历史上,记载较多的是水灾、旱灾、蝗灾等少数自然灾害,而且是每隔一定年份才

发生一次；近现代中国则不仅有频繁发生的各种自然灾害，更有频繁发生的各种恶性事故灾难；现在又开始遭遇重大的公共卫生灾害，在国际上还有恐怖主义灾难等。

因此，经济社会的发展一方面带来了社会财富的日益增长；另一方面也在累积着各种灾害与风险，灾情严重的现实及危害的普遍性，其表明灾害问题正在走向全面化、深刻化和全球化。

（二）用全面发展观、协调发展观来取代单纯的经济发展观

初步研究表明，“非典”源于野生动物，而对野生动物的消费偏好则是餐饮业市场竞争和经济发展带来人们消费水平高涨的一个“成果”；此外，“非典”的蔓延又与伴随经济发展而来的发达的交通运输、商旅往来及急剧增长的人员流动等密不可分；而“非典”对正常经济活动的冲击以及造成的各种直接及间接经济损失，更是明显地构成了这一时期的经济问题；它导致的数以百计的人口死亡和数以千计“非典”患者，以及由此引起一些人员恐慌、精神恐惧等后遗症，又构成了社会问题。

因此，经历了“非典”这场灾难，人们便愈发觉得经济与社会、经济与自然生态、经济与环境等的协调发展已经越来越重要，人们需要树立新的发展观，这就是全面发展观、协调发展观。

（三）现行一些管理体制的缺陷急切需要弥补

现行一些管理体制的缺陷急切需要弥补，如医疗卫生体制的条块分割，不仅给疫情统计与信息传达制造了障碍，也直接影响着对公共卫生灾害的防治；城乡户口政策的分割及相关政策的欠缺，不利于控制民工的无序流动和疫情的进一步扩散；而缺乏医疗保障的部分城乡居民尤其是贫困人口，在遭遇“非典”时的处境，则揭示了如果社会保障制度不健全则不仅仅是个人利益受损，同时也会威胁社会整体利益等。

上述事实，足以表明社会的协调与和谐发展需要建立在健全的制度基础之上。

（四）依法治国的重要性在充分显现

我国早已颁布过《传染病防治法》，但包括《传染病防治法》在内的许多法律过去并未受到应有的重视，以至于许多人士在“非典”爆发后呼吁立法，殊不知这一立法早已颁行全国；“非典”爆发后一度出现的问题表明，不依法办事是要付出代价的。

“非典”防治过程对法律规范的客观需要已经非常明确地告诉人们，依法治国不是一个口号，而是一种理念和非常具体的实践，它不只是中国民主与法制建设和社会文明进步的需要与标志；同时，也是解决现实问题尤其是在市场经济导致利益多元化格局条件下的各种复杂问题的依据与保证。

（五）灾害问题的国际化还需要运用国际化的手段来化解

实践表明，在处理类似于“非典”这样的国际性公共卫生灾害方面，确实需要重视与国际组织的有效合作，这不仅是因为灾难是人类社会共同的敌人，它需要人类社会共同来对付，而且也是中国政府在国际社会树立诚信、负责形象的需要。

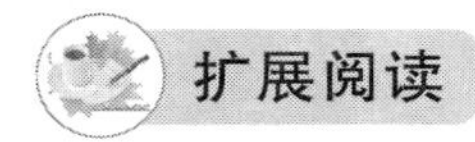

国外控制“非典”经验

1. 新加坡严把“体温关”

在疫情发现初期，新加坡政府通过媒体进行广泛宣传，反复告诫人们，如果有人出现发高烧，并发咳嗽、呼吸困难等症状，必须立即向医疗部门报告，并尽快就医。

为防止病源进一步输入，新加坡政府在机场、港口等各关卡派驻了上百名医护人员，对入境人士采取健康登记、测量体温等检查措施。对被怀疑有“非典”症状的人视情况继续观察或直接送医院治疗。为保证搭乘公共交通工具的安全性，新加坡政府在全国范围内设立了17个检查站，免费为出租车和公共汽车司机量体温。3月底，新加坡政府果断宣布关闭全国所有的中小学校，并命令各个学校在停课期间对校舍进行全面清洗和消毒。复课时，学生都必须接受体温测试和健康检查，合格者才可以上课。

2. 日本防患于未然

尽管截至4月21日，日本还没有发现“非典”患者，但日本有关方面丝毫不敢大意，全力防患于未然。日本厚生劳动相坂口日前宣布，为防御“非典”的入侵，日本已成立了国家医学专家组，负责监测、调查可能的感染状况和感染途径。一旦发现病例，厚生劳动省将立即派遣官员和专家前往发现地点，指挥防治工作。

3. 美国实行强制隔离

据美国疾病控制预防中心介绍，卫生部门虽然有权强制隔离病人，但到目前为止，卫生部门还没有使用过这种权力，因为所有被隔离治疗的病人都是自愿的。此外，美国还加强了对抵美飞机、轮船的检疫工作。尽管没有证据显示非典型肺炎可通过血液传播，但美国食品与药物管理局还是要求各地不要接受可疑患者献血。

4. 加拿大取消大型活动

加拿大政府取消了全国所有大型节庆活动。政府甚至还劝告百姓，一旦发现有发烧、咳嗽、身体疼痛等“非典”症状中的任何一项，就应该避免和外界接触，复活节周末也不要与亲朋往来。患者最多的安大略省最近在当地发行量最大的一份报纸上刊登公示广告，要求任何有“非典”症状或在最近半个月内接触过“非典”病人的人待在家中，实施自我隔离。

5. 法国消除不必要恐慌

为防止“非典”的传播，法国卫生部门在各大医院、机场设立了急救中心，向来自疫区的游客发放预防“非典”手册，要求其填写一份卫生检疫表格，写明在法的联系地址和电话，以便在发生病情时与所有乘客取得联系。此外，法国政府还专门设立了有关“非典”知识免费咨询电话专线，并在卫生部网站刊登了有关预防“非典”的常识。

安全小贴士

家庭消毒方法

（1）食餐具消毒。可连同剩余食物一起煮沸10～20min或可用500mg/L有效氯，或用0.5%过氧乙酸浸泡消毒0.5～1h。餐具消毒时，要全部浸入水中，消毒时间从煮沸时算起。

（2）衣被、毛巾等的消毒。宜将棉布类与尿布等煮沸消毒10～20min，或用0.5%过氧乙酸浸泡消毒0.5～1h，对于一些化纤织物、绸缎等只能采用化学浸泡消毒方法。

（3）要使家庭中消毒达到理想的效果。须注意掌握消毒药剂的浓度与时间范围，这是因为各种病原体对消毒方法抵抗力不同所致。消毒药物的配制可采用估计方法：一杯水约250mL，一面盆水约5 000mL，一桶水约10 000mL，一痰盂水约2 000～3 000mL，一调羹消毒剂约相当于10g固体粉末或10mL液体，如需配制1万毫升0.5%过氧乙酸，即可在一桶水中加入5调羹过氧乙酸原液而成。

讨论题

“非典”消息一传开，广大市民就开始了板蓝根、抗病毒口服液、醋等商品的抢购行为，信息灵通者则整箱购进上述商品，11日，抢购风达到高潮，价格迅速攀升，在长沙市，上午8时，广州白云制药厂生产的《板蓝根冲剂》零售价格由每盒2.8元上涨到6.5元，抗病毒口服液、白醋价格也跟随上涨。到上午10时，从长沙、株洲、岳阳等所有大城市直至偏远的耒阳、道县等小市县，上述物品价格均在飞速上涨。

“非典”期间人们能少出门便少出门，而与其他商铺相反的是，小药店里却显得异常热闹，只见里面挤满了早起的顾客，其纷纷询问有无板蓝根出售。老板回答说，板蓝根冲剂存货少，售价30元/包。顾客们听罢毫不犹豫地掏出大把钞票购买。不到一顿饭工夫，小店存有的几十包板蓝根转眼被抢购一空。结合上述描述，评价一下人们在“非典”期间的做法是否正确。

第三节　传染性疾病的应对与安全教育

传染性疾病就是人们常说的传染病，是许多种疾病的总称，它是由病原体引起的，能在人与人、动物与动物或人与动物之间相互传染的疾病。最常见的如流行性感冒、乙肝、细菌性痢疾、流脑、结核病、急性出血性结膜炎（红眼病）等。

一、传染病的分类及特点

《传染病防治法》规定的传染病分为甲类、乙类和丙类。

（一）传染病的分类

（1）甲类传染病是指鼠疫、霍乱。

（2）乙类传染病是指传染性非典型肺炎、艾滋病、病毒性肝炎、脊髓灰质炎、人感染高致病性禽流感、麻疹、流行性出血热、狂犬病、流行性乙型脑炎、登革热、炭疽、细菌性和阿米巴性痢疾、肺结核、伤寒和副伤寒、流行性脑脊髓膜炎、百日咳、白喉、新生儿破伤风、猩红热、布鲁氏菌病、淋病、梅毒、钩端螺旋体病、血吸虫病、疟疾等。

（3）丙类传染病是指流行性感冒、流行性腮腺炎、风疹、急性出血性结膜炎、麻风病、流行性和地方性斑疹伤寒、黑热病、包虫病、丝虫病，除霍乱、细菌性和阿米巴性痢疾、伤寒和副伤寒以外的感染性腹泻病。

上述规定以外的其他传染病，根据其爆发、流行情况和危害程度，需要列入乙类、丙类传染病的，由国务院卫生行政部门决定，并予以公布。

（二）传染病的特点

1. 传染性

传染病的病原体可以从一个人经过一定的途径传染给另一个人。每种传染病都有比较固定的传染期，在此期间病人会排出病原体，污染环境，传染他人。

2. 有免疫性

大多数患者在疾病痊愈后，都会产生不同的免疫力。

3. 可以预防

传染病在人群中流行，必须同时具备 3 个基本条件：传染源、传播途径和易感人群。缺少其中任何一个，传染病就流行不起来。通过控制传染源、切断传染途径、增强人的抵抗力等措施，可以预防传染病的发生和流行。

4. 有病原体

每一种传染病都有其特异的病原体，包括微生物和寄生虫。如水痘的病原体是水痘病毒，猩红热的病原体是溶血性链球菌。常见的病原体有细菌、病毒、真菌、原虫、蠕虫等。

二、常见传染病的诊断与治疗

（一）流行性感冒（简称流感）

1. 病因

流感是由流感病毒通过呼吸道传播而引起的急性传染病。流感病毒存在于病人的口鼻等分泌物中，经飞沫传播。本病极易传播，可引起局部地区流行或世界性大流行。

2. 症状

（1）发病大多数突然，全身症状明显而呼吸道症状较轻。

（2）先有畏寒，继以高烧，可达 39℃～40℃，同时伴有头痛、全身酸痛和软弱无力。

（3）胃肠道症状表现为恶心、腹泻等。

（4）对于重症者，一开始病情严重，表现明显高热、神志不清、颈强直、抽搐等；有些老年人、病弱者一开始发病就严重。

3. 防治

（1）高热、头痛、全身酸痛较重者可用复方阿斯匹林、克感敏等药物或可用物理降温。

（2）较严重者，必须输液，并应用抗菌素治疗。

（3）中药治疗：感冒退热冲剂（大青叶板蓝根、连翘）每天 2～4 次，每次一包冲服。

（4）流行期减少集体活动；发现病人应及早隔离和治疗；注意室内通风；提倡在公共场所戴口罩。

（二）脊髓灰质炎（小儿麻痹）

1. 病因

脊髓灰质炎患者大多是小儿，其是由脊髓灰质炎病毒引起的传染病。病人大便中有大量病毒，常由于接触病人的大便或污染的用具而传染。在生病最初 5 天内，也可由呼吸道分泌物传染。由于病毒侵犯不同部位的神经组织，因此病儿可发生同部位瘫痪。

2. 症状

潜伏期约为 5～14 天，症状轻重不一。多数小儿不发生症状，或仅有 1～2 天的发热、头痛、咽痛、呕吐、腹泻等，而不发生瘫痪。一部分病儿于热退后 1～6 天再次发热，称"双峰热"，病儿多汗、全身不适、呕吐、周身肌肉疼痛。患儿不愿抬头，不愿让人抱，或坐不稳，患儿神志大多不清醒。

3. 防治

（1）急性期患者，必须住院隔离治疗，并卧床休息。

（2）待病情稳定时，应及时进行针灸推拿治疗。

（3）隔离病员自发病日起隔离期间食具及排泄物应进行消毒。夏天有脊髓灰质炎发病时，有发热的患者不宜去游泳池。接触者，接触后 3 天内可注射胎盘球蛋白或丙种球蛋白。

（三）流行性腮腺炎

1. 病因

它是由流行性腮腺炎病毒引起的急性传染病。病毒存在于病人唾液中，主要通过飞沫传染给他人。病毒侵入人体，引起腮腺或颌下腺肿胀。此病传染性很强。

2. 症状

本病潜伏期为 14～21 天。病人先觉一侧耳下腮腺肿大、疼痛、咀嚼时疼痛。2～3 天后，另一侧腮腺也肿痛，肿块以耳垂为中心，边缘腮腺也肿痛。

腮腺高度肿胀时，会伴有发烧、食欲不振、全身不适等症状，有时会头痛、呕吐剧烈，且嗜睡,甚至严重者有抽搐等神志改变。

3. 治疗方法

(1) 应卧床休息,多饮开水,吃流质或半流质饮食。

(2) 腮腺肿痛严重时,可局部冷敷或中草药外敷(如意金黄散等)。

(3) 患者有脑膜炎症状,应立即送医院治疗。

(4) 最好的预防是隔离病人,直到腮腺肿胀完全消失为止。

(四) 猩红热

1. 病因

猩红热是由乙型溶血性球菌引起的急性呼吸道传染病,病原菌隐藏于病人的咽部,在发病前 24h 至疾病高峰时期,传染性最强。

2. 症状

(1) 起病急骤,早期以发热、咽痛、头痛、呕吐为主要症状。

(2) 咽部发红、扁桃体红肿、表面有白色渗出物。舌面光滑呈肉红色,乳头隆起如同杨梅,故有"草莓知"之称。

(3) 皮疹出现在高热 1～2 日之后,首先从耳根及上胸部开始,数小时后蔓延至胸、背、上肢,24h 左右至下肢。

(4) 典型皮疹是在全身皮肤潮红的基础上布满针尖大小点状红疹,压之褪色。

3. 防治

(1) 接触病人者可口服磺胺药物及肌肉注射青霉素(可注射一周)。

(2) 如发生化脓性并发症时,必须用大量青霉素点、局部化脓可作切开引流。

(五) 流行性脑脊髓膜炎(简称流脑)

1. 病因

该病是由流行性脑膜炎双球菌引起的急性呼吸道传染病,是化脓性脑膜炎中的一种。脑膜炎双菌存于病人的鼻咽部、血液、脑脊髓液、皮肤出血点和带菌者的鼻咽部。当病人或带菌者咳嗽时,通过含有病菌的飞沫传染他人。

2. 症状

(1) 潜伏期为 1～10 天,起病很急,有时在发病前几小时或 1～2 天内。

(2) 有乏力、咽痛和头痛等上呼吸道症状。高热达 39℃以上。

(3) 脑膜刺激症状:高热后头痛,反复的喷射性呕吐、烦躁不安或嗜睡,颈部强直。

(4) 皮肤黏膜有散在的淤点(出血点),有些病人口唇可发生疱疹。

(5) 爆发型病人:除有高烧、精神极度萎靡外,皮肤迅速遍布淤点或大片淤点或大片淤斑,很快便四肢发冷、唇指青紫、血压下降。如不及时治疗,病人多于 24h 内死亡。

3. 防治

(1) 在流行季节(冬春两季 2～3 月份),遇有高烧、头痛、呕吐、皮肤有小出血点的人,应考虑本病，应立即去医院注射（主要磺胺类药物）。

（2）在流行季节，尽力不到公共场所活动。另外，应讲究卫生、勤晒被褥衣服，开窗通风及早预防接种。

（3）吃大蒜有良好的预防作用。

（六）伤寒

1．病因

该病是由伤寒杆菌引起的急性肠道传染病。病人和带菌者是传染源，细菌从传染源的大小便中排出，通过水以及被水、手、苍蝇等污染的食品由口进入人体。

2．症状

（1）本病潜伏期平均为 7～14 天，起病多数缓慢。体温呈梯形上升，至一周可达 39℃～41℃，并有畏寒、头痛、食欲减退、腹胀、便秘等症状。

（2）从第二周期开始，高执热持续不退，一般持续 10～14 天，此时病情加重，可出现神反应迟钝、表情淡漠、听觉减退，重者可能会有说胡话、抓空症状（为无意识举动）或昏睡。

（3）脉搏增快，但和体温升高不成比例（相对缓慢），是本病的特点之一。约 2/3 病人有脾肿大，有 1/3 病人肝肿大，1/3 病人出现皮疹（为玫瑰色疹）。

（4）如病人不及时治疗（饮食和照顾不好），在病程第 2～4 周时可发生肠出血、肠穿孔等并发症。

3．防治

（1）对伤寒病人护理是极为重要的，从病人卧床休息到完全恢复为止。注意饮食，高热时予以米汤、藕粉、豆浆等流质饮食。

（2）高热病人可用物理降温，便秘不可用泻药，宜用生理盐水低压灌肠。

4．预防

（1）隔离病人应彻底，对病人粪便、便器、饮食用具、痰杯、衣服、被褥等都应消毒。

（2）对保育员、炊事员每年应做大便培养 3 次，如找到伤寒杆菌，就是带菌者，应调动工作。

（3）个人卫生习惯方面应注意，养成饭前便后洗手、不吃不洁食物等良好卫生习惯。

（4）应预防接种伤寒、副伤寒（甲、乙）菌苗。

（七）细菌性痢疾

1．病因

细菌性痢疾（简称菌痢）是由痢疾杆菌所致的一种常见肠道传染病。多发生在夏秋季。

2．症状

（1）主要症状有发热、腹痛、腹泻、里急后重（肛门坠痛，有排便感又排不出）和脓血便等。

(2) 病菌侵入人体后一般在 1～3 天内出现全身症状，随后腹泻，开始大便为糊状或水样，次数每天多到几十次，量很少，常为浓血。

(3) 少数病人，中毒症状严重，起病甚急，发展极快(称为中毒性菌痢)。主要症状：病人突发高热(40℃或更高)、精神萎靡、嗜睡或烦躁不安，并有反复惊厥、神志不清、面色灰白、口唇发绀、四肢发冷脉搏微弱、血压下降、循环衰竭(休克)等症状，病人死亡很快，应立即抢救治疗。

3. 防治方法

(1) 治疗方法：①急性菌痢病人必须卧床休息、多喝水，饮食应以容易消化的流质食物为主，如米汤、藕粉、稀粥、面条等，牛奶不宜多喝，以免增加腹胀；②病人有呕吐不能进食或失水、高热时，要静脉点滴生理盐水和 5％葡萄糖液或加用氯霉素(一般立即住院治疗)；③针灸治疗可改善症状、消灭细菌等。

(2) 一定注意在夏季不食腐烂或污染食物，注意饭前便后洗手，彻底消灭苍蝇。

(八) 流行性出血热

1. 病因

流行性出血热是病毒引起的急性传染病。主要症状有发热、出血和肾脏损害等。传染源主要是老鼠，通过老鼠的唾液、尿等污染的尘埃传染。流行季节是 10 月～次年 1 月。这种病发病率较高，对人体危害较大，病死率也较高，早期发现、早期治疗可以缩短治疗病程，降低死亡率。

2. 症状

患者常具备典型的三大特征，即发热、出血现象和肾脏损伤。五期病程，即发热期、低血压期、少尿期、多尿期和恢复期。非典型及轻型病人症状多不典型，五期过程多不明显。重型病人症状严重，五期中的前三期可相重叠出现，来势凶猛，后果严重。

诊断流行性出血热主要依据是流行病学资料、早期症状、体征和化验检查，进行综合分析，而后确诊。在流行区和流行季节，要贯彻疑诊从宽、确诊从严的原则。在非流行地区和非流行季节，也应注意鉴别诊断，防止误诊和漏诊，延误病情。

3. 治疗

本病尚无特效疗法。在流行季节，对可疑病人，特别是类似感冒病人，平素身体健康，很少发病的青壮年患者，尤应重视。应密切注意病情变化，不随意给予发汗解热药物，如 APC、阿斯匹林，以免掩盖病情。应绝对卧床休息，并给予多种维生素，如 B_1、C、B_6、路丁等，频饮热茶、糖盐水，补充水分。

随病程进展应就地就近进行检查和必要的化验，避免远途求医，加重病情。目前，治疗出血热一般都采用对症治病和免疫治疗，没有突破性效果。

4. 预防

对流行性出血热的预防，主要是灭鼠。目前，已通过病毒分离证实，黑线姬鼠、褐家鼠、大家鼠等是本病的主要传染源。这种病全年各月均可发生，但有明显季节性，每年 4～7 月、

10月～次年1月是流行高峰，尤其以冬季严重。因此，高峰前进行灭鼠防鼠，发动群众、土洋结合、利用药物、器械等灭鼠是控制发病的有效措施。

与此同时，要避免与鼠类接触，更不要用手接触或玩弄鼠类，加强个人防护，减少感染机会。流行性出血热疫苗也已研制成功，但未大量生产应用。对于流行性出血热，只要措施得当是完全可防可治的。

三、传染病的防治措施

传染性疾病的流行要同时具备多种条件，其中任何一个条件被破坏，传染病就不能流行。预防时要做到如下几点。

（一）及早发现传染源

对病人和疑似病人要早发现、早报告、早隔离。

（二）切断传播途径

平时注意隔离、消毒、杀虫、灭鼠，要消除带菌媒介，搞好食品及环境卫生。个人养成饭前便后洗手的良好习惯。

（三）保护易感人群

在传染病流行期对易感染的人要预防接种疫苗，加强个人防护。只要做到以下几点，一般不会得传染病。

(1) 注意日常用品的消毒灭菌，经常保持室内及个人卫生。

(2) 保持室内空气流通，应每天开窗换气至少两次。如有空调设备，应经常清洗防尘网。

(3) 打喷嚏或咳嗽应掩着口鼻。用过的纸巾应放在有盖的垃圾桶内，每天清理一次。

(4) 如果自己患流感或其他上呼吸道疾病，最好在家休息，这样有利于自身恢复，也避免传染他人。

四、学校传染病应急处置预案

（一）建立管理宣传制度

(1) 学校分管领导要加大管理力度，建立学校安全工作领导小组和报告制度，健全传染病预防和控制工作的管理制度，掌握、检查学校疾病预防控制措施的落实情况，并提供必要的卫生资源及设施。

(2) 学校应建立各项卫生工作责任制，完善考核制度，明确各部门工作职责，并指定卫生教师每天做好晨检工作，认真填写学生日检统计表，以保证学校预防疾病控制工作的顺利开展。

(3) 学校应普及卫生知识，利用黑板报、橱窗等各种形式做好预防传染性疾病的宣传，正确认识，做好防范。定期召开班主任例会，加强有关季节性预防传染病的知识培训，保证每周 20min 的健康教育，教会师生防病知识，培养良好的个人健康生活习惯。

（二）传染病预防操作程序

（1）日检。班主任每天应密切关心学生的健康状况，统计学生的出勤人数。

（2）报告。一旦发现师生中有传染病症状的疑似病人，有关教师应立即告知卫生教师和学校领导，学校应按规定报教育局突发事件处理小组办公室，同时报区疾控中心。

（3）劝说。发现学生身体不舒服或有 38℃以上高热，必须迅速隔离，并及时通知其监护人带其去医院看病，并在家休养。

（4）记录。卫生教师应及时统计好患病学生的具体情况（班级、人数、症状、就医情况、上课情况、目前康复情况），并记录在册。

（5）跟踪。每天关心患病学生的身体状况，并主动对学生进行补课。

（6）家访。积极做好患病学生的家访、家长的思想工作，经常保持联系。

（7）消毒。根据有关规定做好（包括发病相关班级、食堂、厕所、公共场所、共用教室等）消毒工作，学校领导要听从卫生部门的专业指导，积极采取有效措施，停止一切集体性活动。

（8）观察。加强宣传，正确认识，做好防范，确保稳定，每天加强巡视，对痊愈后的学生必须经卫生教师认可后方可进教室，对班级其他同学加强观察了解。

（9）新生报到，学校必须要求其监护人如实填写《在校学生健康状况登记表》。校卫生教师应当分类建立在校学生健康档案。

常见传染性疾病有哪些？如何防治？

第四节　甲型 N1H1 流感的防控

甲型 H1N1 流感是一种因甲型流感病毒引起的人畜共患的呼吸系统疾病，早期又被称为“猪流感”。最明显症状是体温突然超过 39℃，肌肉酸痛感明显增强，伴随有眩晕、头疼、腹泻、呕吐等症状或其中部分症状。如果个体身体素质较差，自身免疫力低，患者一旦感染，会直接引发很多并发症，甚至于危及生命，但该流感可防、可控。

一、甲型 H1N1 流感的中国病例

（一）2009 年确诊的病例

1. 第一例在四川发现

内地发现首例甲型 H1N1 流感疑似病例病人已被隔离治疗。2009 年 5 月 11 日通报，四川省确诊一例甲型 H1N1 流感病例，这是中国内地首例甲型 H1N1 流感病例。

患者包某某于5月7日由美国圣路易斯经圣保罗到日本东京，5月8日从东京乘NW029航班于5月9日凌晨1时30分抵达北京首都国际机场。患者5月9日在北京至成都航程中自觉发热，伴有咽痛、咳嗽、鼻塞和极少量流涕等症状，在成都下机后自感不适，遂直接到四川省人民医院就诊。5月10日上午，四川省疾病预防控制中心两次复核检测，结果均为甲型H1N1流感病毒弱阳性。

2. 第二例在山东发现

5月8日14时30分患者绿某某从加拿大抵达北京。患者乘坐D41次列车离开北京抵达济南。患者于21时49分在火车上主动向济南市疾病预防控制中心报告，济南市疾病预防控制中心专业人员在列车抵达济南后，立即将其转送济南市传染病院隔离治疗。5月12日上午，济南市疾病预防控制中心和山东省疾病预防控制中心分别对患者标本进行检测，结果均为甲型H1N1流感疑似阳性。

3. 第三例在北京确诊

女性患者于5月11日13时50分乘坐美国大陆航空公司CO89航班到达北京，5月13日12时，患者自觉不适，全身乏力、自测体温低热。5月14日20时，到北大医院发热门诊就诊，初步诊断为发热待查、疑似甲型流感。北京市疾控中心对患者咽拭子标本进行检测，结果显示甲型H1N1流感病毒可疑阳性，H3亚型流感病毒阳性。

4. 第四例在广东确诊

男性患者5月13日经韩国飞抵中国香港。5月14日，患者自觉咽痛、鼻塞、干咳。5月15日16时35分，患者乘中国香港—广州T810列车返回广州，上车检疫时体温正常。在列车行驶途中自觉寒战、大汗、发热，抵达广州东站口岸检疫时腋下体温37.7℃，随即被送往广州市第八人民医院隔离治疗。广东检验检疫局、广州市疾控中心和广东省疾控中心分别对患者5月17日咽拭标本进行了检测，结果均为甲型H1N1流感核酸阳性。

（二）2013年死亡的病例

2013年1月6日，据《北京日报》引述北京市疾病预防控制中心1月5日发布的消息，北京流感发病为近5年同期最高水平。甲型H1N1流感（简称甲流）病毒成为主要毒株，从2012年12月底到2013年1月4日，已经报告两例甲流死亡。

第一个死亡病例为一名22岁的女性外来务工者，2012年12月下旬到朝阳医院就诊时出现高烧、呼吸困难等症状，由于患者自身贫血，抵抗力较弱，经治无效死亡。

1月4日，一名癌症晚期的65岁女性合并感冒后死亡，实验室检测感染甲型H1N1病毒。

二、甲型H1N1流感的传染源及传染途径

（一）传染源

传染源主要为病猪和携带病毒的猪，感染甲型H1N1流感病毒的人也被证实可以传播病毒。感染这种病毒的动物均可传播。

（二）传染途径

传播途径主要为呼吸道传播，也可通过接触感染的猪或其粪便、周围污染的环境或气溶胶等途径传播。某些毒株如 H1N1 可在人与人之间传播，其传染途径与流感类似，通常是通过感染者咳嗽或打喷嚏等。

在人群密集的环境中更容易发生感染，而越来越多证据显示，微量病毒可留存在桌面、电话机或其他平面上，再通过手指与眼、鼻、口的接触来传播。因此，尽量不要与他人身体接触，包括握手、亲吻、共餐等。如果接触带有甲型 H1N1 流感病毒的物品，而后又触碰自己的鼻子和口腔，也会受到感染。感染者有可能在出现症状前感染其他人。小孩的传染性会久一些。

三、甲型 H1N1 流感的临床症状

（一）潜伏期

甲型 H1N1 流感的潜伏期一般为 1～7 天。人感染甲型 H1N1 流感病毒后，传染期为发病前一天至发病后 7 天。若病例发病 7 天后仍有发热症状，表示仍具有传染性。儿童，尤其是幼儿的传染期可能长于 7 天。

（二）临床症状

甲型 H1N1 流感病毒猪流感的早期症状与普通流感相似，包括发热、咳嗽、喉痛、身体疼痛、头痛等，有些人还会出现腹泻或呕吐、肌肉酸痛或疲倦、眼睛发红等症状。

部分患者病情可迅速发展，来势凶猛、突然高热、体温超过 38℃，甚至继发严重肺炎、急性呼吸窘迫综合征、肺出血、胸腔积液、全身血细胞减少、肾功能衰竭、败血症、休克及 Reye 综合征、呼吸衰竭及多器官损伤，最终导致死亡。患者原有的基础疾病亦可加重。

（三）甲型 H1N1 流感的易感人群

(1) 妊娠期妇女(重症和死亡率很高)。

(2) 伴有以下疾病或状况者：慢性呼吸系统疾病、心血管系统疾病(高血压除外)、肾病、肝病、血液系统疾病、神经系统及神经肌肉疾病、代谢及内分泌系统疾病、免疫功能抑制(包括应用免疫抑制剂或 HIV 感染等致免疫功能低下)、19 岁以下长期服用阿司匹林者。

(3) 肥胖者(体重指数≥40 危险度高，体重指数在 30～39 可能是高危因素)。

(4) 年龄<5 岁的儿童(年龄<2 岁更易发生严重并发症)。

(5) 年龄≥65 岁的老年人。

四、甲型 H1N1 流感的治疗药物

（一）药物治疗

根据卫生部和世卫组织的推荐，抗甲流首选西药是达菲和乐感清，中成药是莲花清瘟

胶囊。

达菲的生产厂家是瑞士罗氏，目前已国产化，中国有两家企业引进仿制；乐感清的生产厂家是英国葛兰素史克，目前还没有国产化。莲花清瘟胶囊的生产厂家是石家庄以岭药业股份有限公司。

（二）接种疫苗

民警首批接种甲型H1N1流感疫苗，接种疫苗是预防甲型H1N1流感流行的有效手段之一。接种甲型H1N1疫苗后，可刺激机体产生针对甲型H1N1流感病毒的抗体，对该病毒所致流感可起到免疫预防作用。

1. 接种地区和人群

重点地区是指疫情较重、人口密集、人口流动性大的地区。疫情严重程度主要是根据甲型H1N1流感监测结果、聚集性病例发生起数和发病数量等因素综合判定。中国甲型H1N1流感疫苗接种的重点人群主要包括解放军、武警部队官兵和公安干警，外交、口岸检疫、海关、边检、铁路、民航、交通、电网、殡葬等关键岗位公共服务人员和一线医疗卫生人员，托幼机构教职工和中小学校学生及教职工，慢性呼吸系统疾病和心脑血管病等慢性病患者，妊娠期妇女等。

2. 暂时不能接种疫苗的人群

(1) 对鸡蛋或疫苗中任何其他成分（包括辅料、甲醛、裂解液等），特别是卵清蛋白过敏者。

(2) 患急性疾病、严重慢性疾病、慢性疾病的急性发病期、感冒和发热者。

(3) 格林巴利综合征（感染性多发性神经根炎）患者。

(4) 未控制的癫痫和患其他进行性神经系统疾病者。

(5) 严重过敏体质者，对硫酸庆大霉素过敏者。

(6) 医生认为不适合接种的其他人员。

3. 接种注意事项

(1) 接种后应留观30min。

(2) 出现轻微反应，一般不需要特殊处理，可电话咨询接种单位，必要时可赴医院诊治。

(3) 接种甲型H1N1流感疫苗不能对季节性流感和禽流感产生保护力。

(4) 到目前为止，任何疫苗的保护效果都不能达到100%，少数人接种后未产生保护力，或者仍然发病，可能与疫苗本身特性、受种者个人体质和病毒变异有关。

五、甲型H1N1流感的预防

（一）保护自己远离甲型H1N1流感，怎么办

(1) 对于那些表现出身体不适、出现发烧和咳嗽症状的人，要避免与其密切接触。

（2）勤洗手，要使用香皂彻底洗净双手。

（3）保持良好的健康习惯，包括睡眠充足、吃有营养的食物、多锻炼身体，如多吃水果、蔬菜，多锻炼，多饮水。

（4）不随地吐痰，打喷嚏时用纸巾捂住鼻口，擦鼻涕的纸巾要弃置于有盖垃圾箱内。

（5）居室要多开窗通风，尽量少去人群聚集的地方。

（6）避免用手接触眼睛、鼻子和嘴，避免人与人直接身体的接触，包括握手、亲吻、共餐等。

（7）要避免接触流感样症状（发热、咳嗽、流涕等）或肺炎等呼吸道病人；避免前往人多拥挤的地方，避免接触生猪或前往屠宰场的人。如出现流感样症状，应立即就医，就医时，应佩戴口罩。

（二）家中有人出现流感症状，怎么办

（1）将病人与家中其他人隔离开来，至少保持 1m 距离。

（2）照料病人时，应用口罩等遮盖物遮掩住嘴和鼻子。

（3）不管是从商店购买还是家中自制的遮盖物，都应在每次使用后丢弃或用适当方法彻底清洁。

（4）每次与病人接触后，都应该用肥皂彻底洗净双手；病人所居住的空间应保持空气流通，经常打开门窗保持通风。

（5）如果自己所在的国家已经出现甲型 H1N1 流感病例，应按照国家或地方卫生部门的要求处理表现出流感症状的家人。

（三）感觉自己感染了流感，怎么办

（1）如果感觉不适，出现高烧、咳嗽或喉咙痛等症状，应该待在家中，不要去上班、上学或者去其他人员密集的地方。

（2）多休息，喝大量的水。

（3）咳嗽或打喷嚏时，用一次性纸巾遮掩住嘴和鼻子，用完后的纸巾应处理妥当。

（4）勤洗手，每次洗手都应用肥皂彻底清洗，尤其咳嗽或打喷嚏后更应如此。

（5）将自己的症状告诉家人和朋友，并尽量避免与他人接触。

（四）如果自己认为需要医学治疗，怎么办

（1）去医疗机构之前，应该首先与医护人员进行联系，报告自己的症状，解释为何会认为自己感染了甲型 H1N1 流感，如自己最近去过爆发这种流感的某个国家，然后听从医护人员的建议。

（2）如果没法提前与医护人员联系，那么当抵达医院寻求诊断时，一定尽快把怀疑自己感染甲型 H1N1 流感的想法告知医生。

（3）去医院途中，用口罩或其他东西遮盖住嘴和鼻子。

扩展阅读

由于学校是人员高度聚集的场所，室内活动较多，为进一步预防传染病，学校应采取以下具体措施。

(1) 保持工作、学习、生活环境通风换气，教学和生活用房应每天开窗通风不少于两次。

(2) 尽量不要组织师生到人群集中的地方去活动。

(3) 注意个人卫生，经常用肥皂和流动水洗手，特别在打喷嚏、咳嗽和清洁鼻子后要洗手，不要共用茶具及餐具。

(4) 注意增减衣物和均衡营养，加强户外锻炼，保证足够休息，增强体质。

(5) 学生若发现有发热、咳嗽、乏力、肌肉酸痛等症状应马上告诉教师或家长，及时就医，教师发现上述症状也应及时就医。

(6) 学校卫生室应按规定定期消毒。

安全小贴士

用洗手液洗手，程序如下。

(1) 开水龙头冲洗双手。

(2) 加入洗手液，用手擦出泡沫。

(3) 最少用 20s 时间揉擦手掌、手背、指隙、指背、拇指、指尖及手腕；揉擦时，切勿冲水。

(4) 洗擦后才用流动的清水将双手彻底冲洗干净。

(5) 用干净毛巾或抹手纸彻底抹干双手或用干手机将双手吹干。

(6) 双手洗干净后，不要直接触摸水龙头，可用抹手纸包裹着水龙头，再把水龙头关上；或泼水将水龙头冲洗干净。

讨论题

保持手部卫生是预防传染病的首要条件。用洗手液彻底洗手或用酒精搓手液消毒双手均可保持手部卫生。传统的“饭前便后要洗手”的说法完全正确吗？请大家讨论一下，什么时候应洗手。

第五节　水污染的应对与安全教育

1984 年颁布的《中华人民共和国水污染防治法》中，为“水污染”下了明确的定义，即水体因某种物质的介入，而导致其化学、物理、生物或者放射性等方面特征的改变，从而影响水的有效利用，危害人体健康或者破坏生态环境，造成水质恶化的现象称为水污染。

一、水污染的分类

(1) 根据污染源不同,水污染分两类:一类是自然污染;另一类是人为污染。当前,对水体危害较大的是人为污染。

(2) 根据污染杂质的不同,水污染分 3 类:化学性污染、物理性污染和生物性污染。

(3) 根据社会危害程度、可控性和影响范围等因素,水污染分为 4 级,即特别重大(Ⅰ级)、重大(Ⅱ级)、较大(Ⅲ级)和一般(Ⅳ级)。对突发性水污染事件加以分级,主要是为监测、预警、报送信息、分级处置以及有针对性地采取应急措施提供依据。

一般的水污染事件和较大的水污染事件的社会危害程度和影响范围较小,可控性较大。而突发性水污染一旦发展到重大的程度,就需要启动应急机制来控制和防止水污染的进一步扩大和蔓延。

根据国务院制定的《国家特别重大、重大突发公共事件分级标准(试行)》关于重大环境事件的规定,人们可从水污染导致的伤亡人数、经济损失、社会影响、污染范围等方面,把重大突发性水污染事件界定为具有下列情形之一的。

(1) 因水污染发生 10 人以上 30 人以下死亡,或中毒(重伤)50 人以上 100 人以下。

(2) 因水污染使当地经济、社会活动受到较大影响,疏散转移群众 1 万人以上 5 万人以下的,或造成直接经济损失 300 万元以上 1 000 万元以下的。

(3) 因水污染造成重要河流、湖泊、水库发生或可能发生大范围水污染,或郊区城镇水源地取水中断的污染事故。

二、水污染的风险评估与预警

环境风险评估与预警是流域环境管理的重要技术支撑体系,其中环境风险评估已逐渐成为发达工业国家制定环境管理决策的主要科学依据。近 10 年来,在许多国际组织的共同努力下,环境风险评估的方法学取得了较大发展,已经成为欧盟、美国、加拿大和日本等国家制定和修改环境管理制度的重要参考依据。

20 世纪 90 年代初期,我国在借鉴国外研究的基础上,开始了风险评估的基础研究。国家环境保护部也要求在今后的环境影响评估中,引入风险评估的部分内容,完善环境影响评估工作。经过多年的努力,取得了一定的进展。

水环境安全预警则是建立在流域水环境风险评估基础上,对水环境不安全状况进行警兆识别,通过现状分析与评价分析警情、警源的变化,利用定量、定性相结合的预警模型确定其变化的趋势和速度,以形成对突发性或长期性警情的预报,从而达到排除警患为目的的技术体系。

三、突发性水污染的应急控制

突发性水污染事故往往具有很大的不确定性:发生时间和地点的不确定性、事故水域性质的不确定性以及污染源的类型、数量、危害方式和对环境破坏的能力的不确定性。同时，河流的流域属性决定了水污染事故同样具有流域性，也决定了污染影响的长期性和事故处理的艰巨性。

环境水污染事故的应急措施一般有控制污染源、保障饮水安全和重要生物种或种群保护。从国际河流发生的水污染事故可以看出一些典型做法，如尽快提出应急处理措施，为降低损害、损失赢得主动，包括及时向下游通报事故情况、公告告诫住在受污染区的居民面临的危险、立即关闭受污染的自来水厂、采取其他方式为居民提供安全饮用水等。

一般情况下，当水污染事故发生后，可以充分利用受纳水体的自净容量，使污染物在运移中逐步稀释，从而依靠水体自净能力使污染物得到处理。然而，水体的自净能力是有限的，面对有些突发性污染，单一依靠水体的稀释收效很慢，需要采用人工介入来降低污染的危害程度和范围。

我国对水污染突发事故的预防控制研究尚处于起步阶段。要实现环境风险源由常态管理向风险管理的转变，还需要进行流域污染负荷总量核定，开展风险源的识别，结合污染源的风险评价以及点源、非点源污染治理措施开展系统研究。

此外，传统的以政府为主导的命令控制型和以政府引导为主的经济刺激型的手段难以完全满足流域污染源环境管理的需要，有必要从政府、公众和企业三方面共同挖掘企业环境管理的驱动因素，完善我国现有的污染源管理体制和机制，为从源头控制流域污染源风险提供依据。

四、重大突发性水污染事件的事后处置

（一）善后处置

突发性水污染事件的威胁和危害得到控制或消除后，应停止执行应急处置措施并继续实施必要措施。

（1）继续加强水体环境监测，确保沿江人民饮用水安全。

（2）进行水污染生态环境影响评估。

（3）组织实施水污染防治中长期规划。要以促进流域社会经济与生态环境协调发展为出发点，优先保护大中城市集中式生活饮用水水源地，重点改善流域内对生产生活及生态环境影响大的水域水质，通过进行产业结构调整、开展清洁生产、实施污染物总量控制等减少污染物的产生和排放，进一步改善水环境质量。

（4）继续做好流域污染防治工作。组织环保部门严密监控沿江污染源情况，做好沿江巡查防控工作。加强城市供水安全管理，特别是保证沿江取水口取水安全。密切关注水质对鱼类的影响，加强水产品安全监测工作。

（二）调查与评估

突发事件应急处置工作结束后，应当尽快启动事故调查工作，在第一时间掌握信息、收集证据。履行统一领导职责的人民政府应当对突发事件的事发原因、发生过程、应急情况、

恢复情况、应对中存在的问题及加强和改进工作情况、损失、责任单位奖惩、援助需求等做出综合调查评估，并及时将调查评估报告报上一级人民政府。并且对突发事件造成的损失进行评估，并及时组织和协调受水污染影响地区的水利、环保、卫生等有关部门尽快恢复生产、生活、工作和社会秩序。

（三）责任与奖惩

根据调查评估报告，对在处置突发公共事件中有重大贡献的单位和个人给予奖励和表彰；对处置突发公共事件中瞒报、漏报、迟报信息及其他失职、渎职行为的单位和个人追究其行政责任；有关单位和个人违反法律法规，导致突发事件发生或者危害扩大，给他人人身或财产造成损害的，依法承担民事责任；构成犯罪的，提请司法机关依法追究其刑事责任。

五、政府在水污染事件中应该采取的措施

（一）做好水资源综合规划，并认真地执行

水资源综合规划是一项综合性的水利规划，涉及经济社会、工程布局、资源环境等诸多方面，是对水资源利用的宏观安排。非常欣喜的是，经过多年的努力，我国的水资源综合规划即将出台，对未来水资源利用必将起到约束和指导作用。但很遗憾的是，本次水资源综合规划也存在一定的不足，就是水资源规划中大多以多年平均水量作为规划的基础，缺乏极值条件下特别是干枯年份水资源利用量的风险分析。

水资源危机除了出现在总体供需平衡不匹配的情况下，在极值条件下(特枯年份和特丰水年份，丰水年份主要表现在洪涝灾害的发生)更为突出。制订规划只是万里长征走完了第一步，还需要认真地执行，执行规划也是政府的工作的重要组成部分。

（二）建立系统高效的水危机管控体系

建立高效的包括水危机在内的公共危机管控体系是非常必要的。首先应该针对具体情况，建立应急预案。建立综合性的应对公共危机的决策、指挥系统，决策、指挥系统是公共危机应急处理的核心，应该具有专门的危机管控能力，高效准确地做出科学的判断，并在短时间内做出危机处理方式，避免危机的进一步扩展。

（三）建立水危机预测预警体系

对水危机可能存在的风险进行系统的研究，并进行水危机风险管理，如对于洪水的风险管理，对历史水文、气象资料进行系统地分析，分析洪水发生的频率、评估洪灾可能造成的损失，分析洪水发生的频率和洪水灾害造成损失的数量关系，开展水文监测，包括降雨、水位和流量等项目监测，测预报可能要发生的洪水，根据所制定洪灾危机管理规划提出防洪行动方案，并在发生灾害后对防洪减灾过程进行评价，提出洪灾危机管理的改进措施，并修改相应的办法和制度。

（四）建立科学的水危机信息发布制度

对于由于突发性污染导致的水危机，根据水危机的实际情况，及时通过手机、电视、报纸、网络等多种形式向民众通报，让民众及时得到相关信息，避免谣言传播。建立系统的水危机信息收集、发布制度，如对发布什么水危机信息、如何进行发布，发布的级别等应预先做出明确的规定，让公众在第一时间内了解事件的真相，并对发布的信息进行科学的阐释，引导群众舆论，给群众获取信息的快速通道，以提高信息发布的时效性、准确性，消除公众疑虑。

（五）建立水危机处理补偿机制

在水危机处理过程中，为了避免更大的损失，可能出现牺牲局部利益维护整体利益的现象，如今年淮河流域发生了新中国成立以来最大的全流域的洪水，为了减少损失，纷纷启动了蓄滞洪区，给该区的群众带来巨大的损失。为了弥补这种损失，政府应该对受损失的群众进行适当的补偿，政府应该建立长效的水危机补偿机制，明确水危机补偿的原则、操作办法，建立科学的损失评价的方法，划清局部牺牲的责任，并及时足额地进行补偿。

（六）建立水危机处理的技术支撑体系

政府也应该做好技术储备，对水危机可能的诸多情况进行系统研究，特别是突发的水危机发生时，在最短时间内从技术上进行处理，争取时间，从而使危机降到最低处。

何种情况下，可以定性为重大突发性水污染事件？

第六节　广西贺江水体污染事件

时间：2013年7月6日

地点：广西贺州市

事件：发生水体镉、铊等重金属污染

2013年7月，广西贺州市发生水体镉、铊等重金属污染事件。此次贺江被污染河段约110km，从贺江马尾河段河口到广东省封开县，不同断面污染物浓度从1～5.6倍不等。污染源基本确定为上游沿岸冶炼、选矿企业。专家组经研究表示，贺江污染属可控范围，不会进行投药处置。

贺江是西江的主要支流，从广西流入广东，在封开县城注入西江。西江则是广西、广东部分地区的饮用水源。6日，封开县紧急通知，贺江、西江沿线下游群众和自来水厂，要求停止饮用贺江水源、不要食用贺江鱼类等水产品。专家表示，预计贺江广东段污染物超标将持续一两个星期。

一、事件介绍

作为西江主要支流之一的贺江于2013年7月6日爆出水污染事件，引发下游广东省用水担忧。7日，广西贺州市通报，贺江污染属可控范围，已基本锁定污染源。

此次贺江被污染河段有110km长，从上游的贺江马尾河段到与封开县交界处，污染最严重的发生在贺州境内靠近封开县的合面狮江段合面狮水库，水体都受到镉、铊污染，不同断面监测到的超标范围不等。截至6日晚，监测数据显示，镉浓度最高超标5.6倍，位于合面狮水库大坝前后。

6日上午，封开县副县长欧衡表示，县里在西江沿江120多公里设立了11个水质检测点，每隔1h进行一次取样，送到广州检测。西江沿线的南丰、都平、大玉口、大洲、白垢等镇有3.5万人受影响，大部分集中在南丰镇。广东、广西两地尚未接到人畜伤亡报告。为妥善处置贺州市贺江水污染环境事件，广西壮族自治区已启动Ⅱ级应急响应，全力确保沿江及下游地区群众饮用水安全。为了降低污染河段受影响程度，目前专家组决定暂不向受污染水体中投药消解污染物。

二、确定污染源

从7月6日开始，贺州市全面排查污染源，派出联合执法队拉电关停污染水域上游全部企业，并对沿河段污染源展开拉网式大排查。截至7月6日20时，共检查并断电112家企业，对50家可疑企业进行取样。基本查找到了污染源，污染源基本确定为贺江马尾河段沿岸企业。当前仍在逐家排查。总体态势可控。

三、整治措施

为了降低污染河段受影响程度，目前专家组决定暂不向受污染水体中投药消解污染物，原因有三：一是投药目的是使污染物浓度小于4倍，此次镉超标最高5.6倍，其他断面大部分在4倍以下，当前状态投药效果不佳；二是沿岸水厂实行了应急运行，确保供水达标；三是据专家研判此次“毒水”在自然生态中存在十几天，污染物对生态环境的影响有限。专家组经研究决定，先调用广西境内爽岛水库的水源稀释受污染河段。

事件发生后有关部门要求从上游的马尾河到贺江汇入西江入水口一带，全面进入水源应急状态，有备用水源的尽快启用，没备用水源的对水体采取除镉除铊措施等。最新监测数据显示，贺州市与封开县交界断面扶隆监测点有害物质含量呈下降趋势。

6日早上8时左右，镇自来水厂停止了在贺江取水并停止供水。封开县派出两辆消防车到镇上供应饮用水，镇上群众主要通过消防车和自家井水解决饮水问题。

6日晚8时，南丰自来水厂恢复取水和非饮用水供应。肇庆市自来水集团派出工程师对水厂取水进行氧化降沉重金属处理。预估此次污染可能在广东持续7～15天，将以每天5～10km的速度从上游到下游消除污染影响，当前处置方案可以确保西江水环境安全，不会影响沿岸居民的饮用水安全。

四、责任追究

贺州市市长白希9日晚发出公开道歉书，就贺江污染事件向全体市民等道歉。由于工作失误，对贺州市的对外形象产生了严重的不良影响，给部分贺州市市民的生产生活造成了严重的损失和不便，贺州市人民政府及其本人对此深感痛心。

根据《广西壮族自治区党政领导干部环境保护过错问责办法》，中共贺州市委7月9日做出决定，鉴于周声宁、黄强、杨辉考、莫思坚、莫鼎铭在造成此次贺州市贺江合面狮段水污染事件负有对隐患排查不到位、监管不力的领导责任，对周声宁（平桂管理区管委会副主任）、黄强（贺州市环保局环境监察支队支队长）予以停职。同时，责成平桂管理区对杨辉考（平桂管理区黄田镇党委书记）予以停职；责成贺州市环保局对莫思坚（贺州市环保局平桂分局局长）予以停职；责成贺州市国土局对莫鼎铭（贺州市国土资源局平桂分局执法监察大队大队长）予以停职。

五、启示

2012年年初发生的龙江河镉污染事件与贺江水污染事件在处理方式和最终的舆情应对效果方面有较大的差距，这表明广西在经历了一次水污染教训后，初步形成了一整套自己相对可行的应对机制。在这次危机事件的应对中，有不少经验值得各级政府借鉴和学习。

（一）掌握信息披露主动权

发生突发危机事件后，当地政府部门拥有天然的主场信息优势，一定要掌握信息披露的主动权，力争让政府部门公布的消息成为媒体的信源，从而为化解危机，创造舆论条件。在此事件中，贺州市新闻办主动披露污染事件，从一开始就掌握了信息传播上的主动权，并借助传统媒体和网络媒体对政府的通告加以传播，使政府可能对舆论进行有效引导。

（二）借助多媒体渠道第一时间告知公众事实

在类似水污染的危机事件中，如果政府在告知公众真相方面缺位，势必会造成谣言的不胫而走。学会与谣言赛跑，是政府应对突发危机的必修课。在贺江水污染事件发生后，贺州市官方第一时间借助网络新兴媒体、电视媒体和传统的报纸媒体，从传播速度和传播覆盖面上全力出击，让真相在最短的时间、最大限度到达民众那里，从而使得谣言无处生根发芽。

（三）细节的传播更具说服力

在突发危机发生后应对中，官方往往倾向于告知民众最终的结果，而对处理过程只字不提或提之甚少，这其实是官方懒政的一种表现。面对突发危机，民众拥有基本的知情权，这就要求官方尽最大可能的满足民众对信息的需求，一方面表现出官方对民意的尊重，同时也有利于压缩谣言的空间。

在此事件的处理中，官方第一时间告知公众污染物为镉和铊，并告知超标的具体数值，随后对潜在污染源一一进行排查，并最终确定污染源，并对企业责任人依法控制。贺州市官方在此事件的处理中，注重细节，使得事件的处理显得更加透明和公开，从而使得官民得以互信。

（四）官方姿态和处理手段同等重要

面对危机，民众对政府行为通常会有一个理性判断，但政府的行为更需要一份谦卑作护航。以一种低姿态来承认工作不足，并向民众致歉，在危机处置中更易拉近与民众的距离。贺江水污染事件发生后，当地环保部门和贺州市市长先后向民众道歉，官方和官员两个层面都身体力行，在民意面前，呈现出政府的谦卑姿态，为危机的顺利处理画上了相对圆满的句号。

我国近期发生的严重水污染事件

1. 淮河水污染事件震惊中外

1994 年 7 月，淮河上游因突降暴雨而采取开闸泄洪的方式，将积蓄于上游一个冬春的 2 亿m^3 水放下来。水经过之处河水泛浊，河面上泡沫密布，顿时鱼虾丧失。下游一些地方的居民饮用经自来水厂处理，但未能达到饮用标准的河水后，出现恶心、腹泻、呕吐等症状。

2. 2004 沱江“3·2”特大水污染事故

川化股份公司排放水氨氮指标严重超过强制性国家环境保护标准，且持续时间长，因为大量高浓度工业废水流进沱江，四川 5 个市区近百万老百姓顿时陷入了无水可用的困境，直接经济损失高达 2.19 亿元。

3. 河南濮阳多年喝不上“放心水”

自 2004 年 10 月以来，河南省濮阳市黄河取水口发生持续 4 个多月的水污染事件，城区 40 多万名居民的饮水安全受到威胁，濮阳市被迫启用备用地下水源。

4. 2005 北江镉污染事故

2005 年 12 月 15 日，北江韶关段出现严重镉污染，高桥断面检测到镉浓度超标 12 倍多。韶关地处北江上游，一旦发生污染将直接影响下游城市数千万群众的饮水安全。经调查发现，此次北江韶关段镉污染事故是由韶关冶炼厂在设备检修期间超标排放含镉废水所致，是一次由企业违法超标排污导致的严重环境污染事故。

5. 2005 重庆綦河水污染

因取水点被污染导致水厂停止供水，重庆綦江古南街道桥河片区近 3 万名居民，从 2005 年 1 月 3 日起连续两天没有自来水喝。经卫生和环保部门勘测，河水是被綦河上游重庆华强化肥有限公司排出的废水所污染。

6. 2005 松花江重大水污染事件

2005 年 11 月 13 日，中石油吉林石化公司双苯厂苯胺车间发生爆炸事故。事故产生的约 100t 苯、苯胺和硝基苯等有机污染物流入松花江。由于苯类污染物是对人体健康有危害的有机物，因而导致松花江发生重大水污染事件。哈尔滨市政府随即决定，于11月23日零时起关闭松花江哈尔滨段取水口，停止向市区供水，哈尔滨市的各大超市无一例外地出现了抢购饮用水的场面。

7. 2006白洋淀死鱼事件

2006年2月和3月，素有“华北明珠”美誉的华北地区最大淡水湖泊白洋淀，相继发生大面积死鱼事件。

8. 2006湖南岳阳砷污染事件

2006年9月8日，湖南省岳阳县城饮用水源地新墙河发生水污染事件，砷超标10倍左右，8万名居民的饮用水安全受到威胁和影响。最终经核查发现，污染发生的原因为河流上游3家化工厂的工业污水日常性排放，致使大量高浓度含砷废水流入新墙河。

9. 2007太湖水污染事件

从2007年5月29日开始，江苏省无锡市城区的大批市民家中自来水水质突然发生变化，并伴有难闻的气味，无法正常饮用。入夏以来，无锡市区域内的太湖水位出现50年以来最低值，再加上天气连续高温少雨，太湖水富营养化较重，从而引发了太湖蓝藻的提前爆发，影响了自来水水源水质。

10. 2007江苏沭阳水污染

2007年7月2日下午3时，江苏省沭阳县地面水厂监测发现，短时间、大流量的污水侵入到位于淮沭河的自来水厂取水口，城区生活供水水源遭到严重污染，水流出现明显异味。直至7月4日上午，因饮用水源污染而关闭的自来水厂取水口重新开启，沭阳城区全面恢复正常供水，整个沭阳县城停水超过40h。

安全小贴士

饮水安全标准

(1) 水量，每人每天可获得的水量不低于60L为安全。

(2) 水质，符合国家《生活饮用水卫生标准》(GB 5749)要求的为安全。

(3) 方便程度：供水到户或人力取水往返时间不超过10min为安全。

(4) 供水水源保证率不低于95%为安全。

讨论题

拧开水龙头就有干净的自来水，可惜地球上有12亿人没有这个福分，平均每个德国人每天可消耗130L饮用水，而世界上有12亿人没有清洁水可用，联合国预计这一数字到2025年将达到30亿。污染的饮用水是目前世界上头号的致死原因。每年世界上有500万人因为水供应条件恶劣而死亡，其中大部分是儿童。发展中国家的80%病例与水受到污染有关。水资源问题是人为造成的，并且情况在不断恶化。环境污染、人口爆炸式增长、城市化和对水资源的浪费，这些都成为水资源短缺的原因。根据上述材料，谈谈保护水资源的重要性。

第七节　食品安全突发事件的应对与安全教育

食品安全事故是指由食品引发的对人体健康有危害的事故，包括食物中毒、食源性疾病、食品污染等。

一、事故分级及分级响应

（一）事故分级

按照食品安全事故的性质、危害程度和涉及范围，将重大食品安全事故分为特别重大食品安全事故（Ⅰ级）、重大食品安全事故（Ⅱ级）、较大食品安全事故（Ⅲ级）和一般食品安全事故（Ⅳ级）4 级。

（二）分级响应

重大食品安全事故发生后，地方各级人民政府及有关部门应当根据事故发生情况，及时采取必要的应急措施，做好应急处理工作。

1. 特别重大食品安全事故的应急响应（Ⅰ级）

(1) 特别重大食品安全事故发生后，国家应急指挥部办公室应当及时向国家应急指挥部报告基本情况、事态发展和救援进展等。

(2) 向指挥部成员单位通报事故情况，组织有关成员单位立即进行调查确认，对事故进行评估，根据评估确认的结果，启动国家重大食品安全事故应急预案，组织应急救援。

(3) 组织指挥部成员单位迅速到位，立即启动事故处理机构的工作；迅速开展应急救援和组织新闻发布工作，并部署省（区、市）相关部门开展应急救援工作。

(4) 开通与事故发生地的省级应急救援指挥机构、现场应急救援指挥部、相关专业应急救援指挥机构的通信联系，随时掌握事故发展动态。

(5) 根据有关部门和专家的建议，通知有关应急救援机构随时待命，为地方或专业应急救援指挥机构提供技术支持。

(6) 派出有关人员和专家赶赴现场参加、指导现场应急救援；必要时，协调专业应急力量救援。

(7) 组织协调事故应急救援工作。必要时，召集国家应急指挥部有关成员和专家一同协调指挥。

2. 重大食品安全事故的应急响应（Ⅱ级）

(1) 省级人民政府应急响应

省级人民政府根据省级食品安全综合监管部门的建议和食品安全事故应急处理的需要，成立食品安全事故应急处理指挥部，负责行政区域内重大食品安全事故应急处理的统一领导和指挥；决定启动重大食品安全事故应急处置工作。

（2）省级食品安全综合监管部门应急响应

接到重大食品安全事故报告后，省级食品安全综合监管部门应当立即进行调查确认，对事故进行评估，根据评估确认的结果，按规定向上级报告事故情况；提出启动省级重大食品安全事故应急指挥部工作程序，提出应急处理工作建议；及时向其他有关部门、毗邻或可能涉及的省（区、市）相关部门通报情况；有关工作小组立即启动，组织、协调、落实各项应急措施；指导、部署市（地）相关部门开展应急救援工作。

（3）省级以下地方人民政府应急响应

重大食品安全事故发生地人民政府及有关部门在省级人民政府或者省级应急指挥部的统一指挥下，按照要求认真履行职责，落实有关工作。

（4）食品药品监管局应急响应

加强对省级食品安全综合监管部门的督导，根据需要会同国务院有关部门赴事发地指导督办应急处理工作。

3. 较大食品安全事故的应急响应（Ⅲ级）

（1）市（地）级人民政府应急响应

市（地）级人民政府负责组织发生在本行政区域内的较大食品安全事故的统一领导和指挥，根据食品安全综合监管部门的报告和建议，决定启动较大食品安全事故的应急处置工作。

（2）市（地）级食品安全综合监管部门应急响应

接到较大食品安全事故报告后，市（地）级食品安全综合监管部门应当立即进行调查确认，对事故进行评估，根据评估确认的结果，按规定向上级报告事故情况；提出启动市（地）级较大食品安全事故应急救援工作，提出应急处理工作建议，及时向其他有关部门、毗邻或可能涉及的市（地）相关部门通报有关情况；相应工作小组立即启动工作，组织、协调、落实各项应急措施；指导、部署相关部门开展应急救援工作。

（3）省级食品安全综合监管部门应急响应

加强对市（地）级食品安全综合监管部门应急救援工作的指导、监督，协助解决应急救援工作中的困难。

4. 一般食品安全事故的应急响应（Ⅳ级）

一般食品安全事故发生后，县级人民政府负责组织有关部门开展应急救援工作。县级食品安全综合监管部门接到事故报告后，应当立即组织调查、确认和评估，及时采取措施控制事态发展；按规定向同级人民政府报告，提出是否启动应急救援预案，有关事故情况应当立即向相关部门报告、通报。市（地）级食品安全综合监管部门应当对事故应急处理工作给予指导、监督和有关方面的支持。

5. 响应的升级与降级

当重大食品安全事故随时间发展进一步加重，食品安全事故危害特别严重，并有蔓延扩大的趋势，情况复杂难以控制时，应当上报指挥部审定，及时提升预警和反应级别；对事故危害已迅速消除，并不会进一步扩散的，应当上报指挥部审定，相应降低反应级别或者撤销预警。

二、事故监测、预警与报告

（一）监测系统

国家建立统一的重大食品安全事故监测、报告网络体系，加强食品安全信息管理和综合利用，构建各部门间信息沟通平台，实现互联互通和资源共享。建立畅通的信息监测和通报网络体系，形成统一、科学的食品安全信息评估和预警指标体系，及时研究分析食品安全形势，对食品安全问题做到早发现、早预防、早整治、早解决。设立全国统一的举报电话。加强对监测工作的管理和监督，以保证监测质量。

（二）预警系统

1. 加强日常监管

卫生、工商、质检、农业、商务、海关、环保、教育等部门应当按照各自职责，加强对重点品种、重点环节、重点场所，尤其是高风险食品种植、养殖、生产、加工、包装、储藏、经营、消费等环节的食品安全日常监管；建立、健全重大食品安全信息数据库和信息报告系统，及时分析对公众健康的危害程度、可能的发展趋势，及时做出预警，并保障系统的有效运行。

2. 建立通报制度

（1）通报范围：对公众健康造成或者可能造成严重损害的重大食品安全事故；涉及人数较多的群体性食物中毒或者出现死亡病例的重大食品安全事故。

（2）通报方式：接到重大食品安全事故报告后，应当在2h内向与事故有关地区的食品安全综合监管部门和国务院有关部门通报，有蔓延趋势的还应向地方各级食品安全综合监管部门通报，加强预警预防工作。根据重大食品安全事故危险源监控信息，对可能引发的重大食品安全事故的险情，食品药品监管部门应当及时通报；必要时，应及时上报。涉及港、澳、台地区人员或者外国公民，或者事故可能影响到境外的，应及时向香港、澳门、台湾地区有关机构或者有关国家通报。

3. 建立举报制度

任何单位和个人有权向国务院有关部门举报重大食品安全事故和隐患以及相关责任部门、单位、人员不履行或者不按规定履行食品安全事故监管职责的行为。

国务院有关部门接到举报后，应当及时组织或者通报有关部门，对举报事项进行调查处理。

4. 应急准备和预防

及时对可能导致重大食品安全事故信息进行分析，并按照应急预案的程序及时研究确定应对措施。

接到可能导致重大食品安全事故的信息后，应密切关注事态发展，并按照预案做好应急准备和预防工作；事态严重时，及时上报，做好应急准备工作。做好可能引发重大食品安全事故信息的分析、预警工作。

（三）报告制度

食品药品监管部门会同有关部门建立、健全重大食品安全事故报告系统。县级以上地方人民政府食品安全综合监管部门，应当按照重大食品安全事故报告的有关规定，主动监测，并按规定报告。

1. 重大食品安全事故发生（发现）单位报告

重大食品安全事故发生（发现）后，事故现场有关人员应当立即报告单位负责人，单位负责人接到报告后，应当立即向当地政府、食品安全综合监管部门及有关部门报告，也可以直接向食品药品监管局或者省级食品安全综合监管部门报告。

2. 报告范围

（1）对公众健康造成或者可能造成严重损害的重大食品安全事故。

（2）涉及人数较多的群体性食物中毒或者出现死亡病例的重大食品安全事故。

3. 下级向上级报告

地方人民政府和食品安全综合监管部门接到重大食品安全事故报告后，应当立即向上级人民政府和上级食品安全综合监管部门报告，并在2h内报告至省（区、市）人民政府。地方人民政府和食品安全综合监管部门也可以直接向国务院和食品药品监管局以及相关部门报告。食品药品监管局和相关部门、事故发生地的省（区、市）人民政府在接到重大食品安全事故报告后，应当在2h内向国务院报告。

三、事故处置

（一）事故善后处置

省级人民政府负责组织重大食品安全事故的善后处置工作，包括人员安置、补偿，征用物资补偿，污染物收集、清理与处理等事项。尽快消除事故影响，妥善安置和慰问受害和受影响人员，尽快恢复正常秩序，以保证社会稳定。

当重大食品安全事故发生后，保险机构应及时开展应急救援人员保险受理和受灾人员保险理赔工作。造成重大食品安全事故的责任单位和责任人，应当按照有关规定对受害人给予赔偿。

（二）责任追究

对在重大食品安全事故的预防、通报、报告、调查、控制和处理过程中，有玩忽职守、失职、渎职等行为的，依据有关法律法规追究有关责任人的责任。

（三）总结报告

重大食品安全事故善后处置工作结束后，地方应急救援指挥部总结分析应急救援经验教训，提出改进应急救援工作的建议，完成应急救援总结报告并及时上报。

四、应急保障措施

（一） 信息保障

食品安全综合监管部门建立重大食品安全事故的专项信息报告系统。重大食品安全事故发生后，应急指挥部应当及时向社会发布食品安全事故信息。

（二） 医疗保障

重大食品安全事故造成人员伤害的，卫生系统应急救援工作应当立即启动，救治人员应当立即赶赴现场，开展医疗救治工作。

（三） 人员保障

应急指挥部办公室负责组织食品安全监察专员及相关部门人员、专家参加事故处理。

（四） 技术保障

重大食品安全事故的技术鉴定工作必须由有资质的检测机构承担。当发生重大食品安全事故时，受重大食品安全事故指挥部或者食品安全综合监管部门委托，立即采集样本，按有关标准要求实施检测，为重大食品安全事故定性提供科学依据。

（五） 物资保障

各级人民政府应当保障重大食品安全事故应急处理所需设施、设备和物资，保障应急物资储备，提供应急救援资金，所需经费应列入同级人民政府财政预算。

（六） 演习演练

各级人民政府及有关部门要按照“统一规划，分类实施，分级负责，突出重点，适应需求”的原则，采取定期和不定期相结合形式，组织开展突发重大食品安全事故的应急演习演练。

（七） 宣传培训

各级人民政府及其相关部门应当加强对广大消费者进行食品安全知识的教育，提高消费者的风险和责任意识，正确引导消费。

五、政府应加强食品监管工作

在食品监管工作中，要以“有效预防，有序应对，有力控制”为工作理念，以“以人为本，减少危害，分级负责，科学预警，防控结合，快速反应”为工作原则，强化食品加工环节食品安全突发事件危机应对，进一步完善加工环节食品安全应急管理体系，规范食品安全事故处理流程，强化食品安全事故应急实战能力，提高食品安全事故应急处置整体功能。

（一）夯实基础，完善应急预案体系

依据上级局及当地政府突发公共事件应急体系建设规划要求，认真做好食品加工环节食品安全突发事件应急总预案的修改和完善，并组织指导各县级局制定管辖区域或职责范围内的子预案。通过有效的指导，提高预案的质量，切实保证预案的针对性、科学性、高效性和可操作性。同时，积极做好预案的备案管理及建档工作，形成总预案与各子预案有机相联系的应急预案体系。

（二）扎实管理，组织应急演练实战

注重加强食品安全风险节点管理和事故隐患的排查整治工作。对食品安全风险节点进行普查及分级评估，对排查出的事故隐患进行分级建档，为应急预案制定和处置提供基础资料。结合责任区建设，建立应急队伍参与食品安全检查及隐患排查的工作机制，通过组织有关人员参与隐患排查活动，提高有关人员对相关处置对象的了解程度，进而提高实战效果。同时，协调有关部门定期开展演练，特别是要开展联合演练，通过演练检验预案，锻炼队伍、提高能力，针对演练中发现的问题和情况，应及时修改预案。

（三）落实责任，实施应急目标考核

市局把食品安全应急管理作为食品安全监管工作的重要内容布置、检查。在目标考核管理中，按照“全面纳入，全面考核”的原则，将食品安全应急管理工作一直作为其重要内容纳入考核体系。通过实施食品安全目标管理考核，逐步提高了对食品安全应急管理工作的重视，保证了预案编制、队伍管理、预案演练、现场处置等应急管理工作的落实。

同时，对在食品安全事故的预防、报告、调查、控制和处理过程中，玩忽职守、失职、渎职等行为，依法追究有关责任人的责任；对在处置食品安全事故中有突出表现的有功人员，给予表扬和奖励，做到有责任、有奖励、有惩罚。

（四）务实宣传，加强应急能力建设

组织各类专项的食品安全应急培训，对全系统干部特别是各责任区干部、有关科室人员进行专门培训，提高干部的应急管理专业素质。认真抓好食品安全宣传教育工作，积极开展食品安全知识进社区、进厂区、进校区、进景区、进市场、进商场活动，宣传搞好食品安全应急管理工作的重要性，宣传食品安全工作的法律法规，宣传食品安全应急预案及其他应急方面的内容，普及食品安全知识，提高消费者的食品安全意识，提高社会公众应对事故的能力，增强事故处置工作有效性，从而最大限度地降低事故损失。

实训课堂

(1) 在何种情况下，定性为重大食品安全事故？

(2) 政府应如何应急响应？

第八节　三鹿奶粉事件

时间：2008年6月至12月

地点：全国范围

事件：29.4万名患儿因食用含三聚氰胺的三鹿奶粉出现泌尿系统异常

三鹿奶粉是三鹿乳业集团主要开发产品。2008年因三聚氰胺事件已经被关。截至2008年12月2日，全国累计报告因食用问题奶粉导致泌尿系统出现异常的患儿共29.4万人。

一、三鹿奶粉事件简介

2008年6月28日，位于兰州市的解放军第一医院收治了首例患肾结石病症的婴幼儿，根据家长们反映，孩子从出生起就一直食用河北石家庄三鹿集团所产的三鹿婴幼儿奶粉。

7月中旬，甘肃省卫生厅接到医院婴儿泌尿结石病例报告后，随即展开了调查，并报告卫生部。随后短短两个多月，该医院收治的患儿人数就迅速扩大到14名。

调查发现患儿多有食用三鹿牌婴幼儿配方奶粉的历史。经相关部门调查，高度怀疑石家庄三鹿集团股份有限公司生产的三鹿牌婴幼儿配方奶粉受到三聚氰胺污染。卫生部专家指出，三聚氰胺是一种化工原料，可导致人体泌尿系统产生结石。

9月11日晚，石家庄三鹿集团股份有限公司发布产品召回声明称，经公司自检发现2008年8月6日前出厂的部分批次三鹿牌婴幼儿奶粉受到三聚氰胺的污染，市场上大约有700t。为对消费者负责，该公司决定立即对该批次奶粉全部召回。

9月13日，党中央、国务院对严肃处理三鹿牌婴幼儿奶粉事件做出部署，立即启动国家重大食品安全事故Ⅰ级响应，并成立应急处置领导小组。

10月27日，三元股份首次正式承认正与三鹿进行并购谈判。

10月31日，经财务审计和资产评估，三鹿集团资产总额为15.61亿元，总负债17.62亿元，净资产－2.01亿元，已资不抵债。

12月23日，石家庄市中级人民法院宣布三鹿集团破产。

1月22日，三鹿系列刑事案件，分别在河北省石家庄市中级人民法院和无极县人民法院等4个基层法院一审宣判。

二、事件爆发过程

（一）爆发前序

早在2004年的阜阳劣质奶粉事件中，公布的不合格奶粉企业和伪劣奶粉中，三鹿奶粉亦在列，但随后证实为疾控中心工作人员失误所致，把三鹿撤出“黑名单”，多个国家机关联合发文，要求各地允许三鹿奶粉正常销售。

2007年9月2日，河北省产质量监督检验院对蛋白质、亚硝酸盐，以及抗生素残留等营养指标、理化指标及安全指标等进行检测，结果全都合格。

（二）揭发受阻

2008年5月20日和21日，一位网民揭露他在2007年11月在浙江泰顺县城一家超市里买的三鹿奶粉的质量问题。该奶粉令其女儿小便异常。后来，向三鹿集团和县工商局交涉未果。

确认因自己集团生产的奶粉导致众多婴儿患有肾结石后，三鹿集团开始进行危机公关工作。三鹿公关公司北京涛澜通略国际广告有限公司被指在2008年8月11日向三鹿集团建议与中国最大的互联网搜索引擎公司百度合作，屏蔽有关新闻。

三鹿集团是中外合资公司，其最大海外股东是新西兰恒天然公司。根据新西兰政府的说法，恒天然公司在2008年8月得知奶粉出现问题后，马上向中资方和地方政府官员要求召回三鹿集团生产的所有奶粉。不过恒天然公司经过一个月多的努力未能奏效，中国地方官员置若罔闻，试图掩饰，不予正式召回。恒天然只好向新西兰政府和总理海伦·克拉克报告。2008年9月5日，新西兰政府得知消息后下令新西兰官员绕过地方政府，直接向中国中央政府报告此次事件。

（三）事件曝光

2008年9月8日，甘肃岷县14名婴儿同时患有肾结石病症，引起外界关注。至2008年9月11日，甘肃全省共发现59例肾结石患儿，部分患儿已发展为肾功能不全，同时已死亡1人，这些婴儿均食用了三鹿18元左右价位的奶粉。而且人们发现两个月来，中国多省已相继有类似事件发生。中国卫生部高度怀疑三鹿牌婴幼儿配方奶粉受到三聚氰胺污染，三聚氰胺是一种化工原料，可以提高蛋白质检测值，人如果长期摄入会导致人体泌尿系统膀胱、肾产生结石，并可诱发膀胱癌。

（四）调查惩处

2008年9月13日，中国国务院启动国家安全事故Ⅰ级响应机制，处置三鹿奶粉污染事件。患病婴幼儿实行免费救治，所需费用由财政承担。有关部门对三鹿婴幼儿奶粉生产和奶牛养殖、原料奶收购、乳品加工等各环节开展检查。质检总局将负责会同有关部门对市场上所有婴幼儿奶粉进行了全面检验检查。

石家庄官方初步认定，三鹿“问题奶粉”为不法分子在原奶收购中添加三聚氰胺所致。

河北省政府决定对三鹿集团立即停产整顿，并将对有关责任人做出处理。三鹿集团董事长和总经理田文华被免职，后并遭刑事拘留，而石家庄市分管农业生产的副市长张发旺等政府官员、石家庄市市委副书记、市长冀纯堂也相继被撤职处理。河北省委也决定免去吴显国河北省省委常委、石家庄市市委书记职务。22日，李长江引咎辞去国家质检总局局长职务，这是因此次事件辞职的最高级官员。

2009年1月22日，河北省石家庄市中级人民法院一审宣判，三鹿前董事长田文华被判处无期徒刑，三鹿集团高层管理人员王玉良、杭志奇、吴聚生则分别被判有期徒刑15年、8年及5年。三鹿集团作为单位被告，犯了生产、销售伪劣产品罪，被判处罚款人民币4937余万元。涉嫌制造和销售含三聚氰胺的奶农张玉军、高俊杰及耿金平3人被判处死刑，薛建忠无期徒刑，张彦军有期徒刑15年，耿金珠有期徒刑8年，萧玉有期徒刑5年。

（五）事件升级

中华人民共和国国家质量监督检验检疫总局对全国婴幼儿奶粉三聚氰胺含量进行检查，结果显示，有22家婴幼儿奶粉生产企业的69批次产品检出了含量不同的三聚氰胺，除了河北三鹿外，还包括广东雅士利、内蒙古伊利、蒙牛集团、青岛圣元、上海熊猫、山西古城、江西光明乳业英雄牌、宝鸡惠民、多加多乳业、湖南南山等22个厂家69批次产品中检出三聚氰胺，被要求立即下架。

中国共有109家婴幼儿奶粉生产企业，中国国家质检总局对这些企业的491批次产品进行了排查，检验显示有22家企业69批次产品检出了含量不同的三聚氰胺。

三、赔偿情况

中国乳协官网发布消息称，中国乳协和中国人寿保险公司对婴幼儿奶粉事件医疗赔偿基金的管理及支付等情况进行了通报。中国乳协协调有关责任企业出资筹集了总额11.1亿元的婴幼儿奶粉事件赔偿金。

赔偿金用途有二：一是设立2亿元医疗赔偿基金，用于报销患儿急性治疗终结后、年满18岁之前可能出现相关疾病发生的医疗费用；二是用于发放患儿一次性赔偿金以及支付患儿急性治疗期的医疗费、随诊费，共9.1亿元。

中国乳协介绍，考虑到中国人寿拥有遍布全国并延伸到基层的服务网点，患儿家长办理报销手续方便，中国乳协将2亿元医疗赔偿基金委托给中国人寿代为管理。

四、启示

三聚氰胺事件曝光以来，乳业企业并没有集体好好反思，依然被屡次曝出安全事故。2011年11月，飞鹤乳业养殖公司员工曝出所饲养奶牛得了布鲁氏杆菌病，饲养奶牛的员工也感染了该细菌。2011年12月，国家质检总局的检测结果显示，多家乳企纯牛奶产品被检出黄曲霉毒素M1超标，乳企“致癌门”，被称为挑战公众容忍底线的事件。洋品牌雅培奶粉也出现了问题。乳业产品安全事故频发，让消费者担心食品安全问题。政府相关部门必须采取措施，加强食品监管。

（一）加快构建相对集中的食品安全监管体制

从国际经验看，全面快速提升食品安全水平，必须加快建立科学、统一、权威、高效的食品安全监管体制，对食品安全实行强有力的监管。建议借鉴发达国家的先进经验，在国务院食品安全办和国家食品药品监管局的基础上，将目前分散在卫生、质检、工商、商务等部门的食品安全监管职责集中起来，成立国家食品药品监督管理委员会或者健康产品部，实现对食品、保健食品、化妆品、药品、医疗器械等健康产品的统一监管。

（二）加快建立独立的食品安全检验体系

在科技时代，食品检验检测是保障监管部门科学执法、文明执法的重要基础。为此，要进一步加大对食品检验检测研究和应用的投入，使检验检测方法紧随标准的修订而完善；要建立、健全检验检测培训考核机制，加强执法监管人员和食品检验检测专业技术人员的业务技能培训，提高检验检测结果的准确性和公正性；要逐步实现检验检测资源的整合和共享，政府检验检测机构与监管部门脱钩，减少部门间的重复检验检测，逐步建立检验检测共享数据库；要推动检验检测资源的合理区域分布，保证省、市、县三级机构结构优化，实现检验检测职能的合理分工；要出台相关扶持政策，鼓励发展食品安全检验检测社会中介机构，逐步实现检验检测体系的专业化、社会化。

（三）强化基层食品安全监管全覆盖

生产加工小作坊和食品摊贩在广大农村和城乡接合部大量存在，监管难度比较大，已成为监管的薄弱环节。各省级人大常委会应以《食品安全法》及其《实施条例》为基础，加快出台有关食品生产加工小作坊和食品摊贩管理的地方性法规，确保食品生产经营者和监管部门有法可依。在地方人大出台相关地方性法规之前，省级政府可以制定相关地方性规章。

针对基层食品安全监管力量不足的难题，应加强乡镇食品安全协管员、信息员队伍的组织管理，实施工作考核，落实工作补贴，有效发挥其作用。食品安全违法犯罪行为隐蔽性强，仅仅依靠监管部门的有限力量，很难及时发现和查处各类违法违规行为，应充分发挥社会力量加强食品安全监督，有效弥补目前监管资源的严重不足。同时，应进一步落实食品安全有奖举报制度，从而形成公众参与、社会监督的良好氛围。

（四）严惩重处让不法者望“罚”生畏

加大处罚不法行为是维护消费者权益行之有效的措施。近期，有关组织调查表明，食品已成为我国民众信任度最低的产品。要恢复民众对食品安全的信心，就必须坚持对违法犯罪行为的严惩重罚。各监管部门要严把食品生产经营准入关，加强对许可后的监管和检查。

对不能持续满足许可条件的企业，要依法撤销许可；对存在严重食品安全问题的，要依法加大行政处罚力度，直至停产整改、吊销证照；对隐瞒食品安全隐患、故意逃避监管的，要依法从重处罚；对涉嫌犯罪的，要及时移交公安机关。要抓紧出台食品安全事故调查处理办法，完善责任调查处理机制。强化行政监察和问责，对监管中的失职渎职行为，要依法依纪严肃追究相关责任人的责任。

扩展阅读

国外治理食品安全问题的经验

1. 监管部门严格把关

英国食品标准署担负着消灭食品安全隐患的职责。它不仅监测着市场上的各种食品，还长期关注食品产地的安全问题。

法国农业部下属的食品总局主要负责保证动植物及其产品的卫生安全、监督质量体系管理，还负责检查包括食品标签、添加剂在内的各项指标。

2. 从源头监控

法国对食品供应源头实行严格的监控措施。屠宰场要保留供食用的牲畜如猪、牛等的详细资料，并为其挂上识别标签以标注来源；肉制品上市要携带“身份证”，标明来源和去向，并由计算机系统追踪监测。同时，法国实行食品认证和标识制度两种模式。

3. 可追溯原则

在德国，食品的可追溯性原则得到了很好的贯彻。以鸡蛋为例，每一枚鸡蛋上都有一行红色的数字，用来表示出产国、产蛋母鸡的饲养方式、养鸡场、鸡笼编号等。消费者可以根据数字传达的信息进行选购。

一些英国农场主销售克隆牛及其后代生产的牛奶和牛肉制品后，食品标准署迅速查明了克隆牛的来历、所在农场以及相关奶肉制品的销售情况，并将相关信息公之于众。

在日本，米面、果蔬、肉制品、乳制品等农产品的生产者、农田所在地、使用的农药和肥料、使用次数、收获和出售日期等信息都要记录在案。每种农产品都要分配一个“身份证”号码，供消费者查询，并为食品的追溯提供依据。

4. 召回制度

加拿大的食品召回程序严密细致，具备从触发、调查、决策、召回到事后跟进等一系列方案。2011 年 4 月，加拿大出现大肠杆菌感染案例，多名消费者患病。经调查，怀疑是食用一家企业从美国进口的一批核桃所致。事发后，该企业迅速把可能受到污染的所有核桃产品从已知的销售区域全部召回。

在美国，食品安全新法案规定食品药品管理局拥有强制召回权，即直接下令召回问题食品而无须征求生产厂家同意。另外，食品药品管理局推出食品召回官方信息的搜索引擎，以及时披露食品安全相关信息。网站上包含自 2009 年以来所有官方召回食品的详细动态信息。

英国食品标准署网站上也可以查询到问题食品的召回信息，包括食品生产厂家、包装规格等，并明确标注召回原因。德国则成立食品召回委员会，专门负责问题食品的召回事宜。

5. 法律严惩

2010 年年底，德国北威州的养鸡场发现饲料遭受致癌物质二噁英污染。德国检察部门提起刑事诉讼，同时受损农场拟提出民事赔偿，数额高达每周 4 000 万～6 000 万欧元。

韩国《食品卫生法》规定，故意制造、销售劣质食品者将被处以一年以上有期徒刑；对国民健康产生严重影响的事件相关负责人将被处以 3 年以上有期徒刑；一旦因制造或销售有害食品被判刑者，10 年内禁止在《食品卫生法》所管辖的领域从事经营活动，另附以高额罚款。

在日本，如果违反《食品卫生法》，主要负责人最高可判 3 年有期徒刑及 300 万日元罚款，对企业法人的罚款最高可达 1 亿日元。

安全小贴士

购买婴幼儿食用配方奶粉时应注意如下问题。

(1) 一般婴幼儿配方奶粉的必须标注制造日期和保存期限。食用前看包装是否完好，查对制造日期和保存期限可以判断该产品是否在安全使用期内，从而避免食用过期变质的产品。

(2) 食用前，应先观察婴幼儿配方奶粉状态，如果发现奶粉中有结块或奶粉中有霉斑，应立即停止使用这种奶粉。

(3) 如果发现婴幼儿食用配方奶粉后，有任何过敏反应，应立即停止食用该奶粉，去医院检查，并听从医生和专家的建议。

讨论题

有这样一则笑话：早起，买两根地沟油油条，切个苏丹红咸蛋，冲杯三聚氰胺奶。中午，瘦肉精猪肉炒农药韭菜，再来一份人造鸡蛋卤注胶牛肉，加一碗石蜡翻新陈米饭，泡壶香精茶叶。下班，买条避孕药鱼、尿素豆芽、膨大西红柿、石膏豆腐，回到豆腐渣工程天价房，开瓶甲醇勾兑酒，吃个增白剂加吊白块和硫磺馒头。结合这则笑话，谈谈我国的食品安全问题的现状及解决办法。

第九节　食物中毒突发事件的应对与安全教育

食源性疾病(Foodborne Illness 或 Foodborne Disease)，俗称食物中毒(Food Poisoning)，泛指所有因为进食了受污染食物、致病细菌、病毒，又或被寄生虫、化学品或天然毒素(如有毒蘑菇)感染了的食物。

一、食物中毒的种类

根据致病源的种类，食物中毒可以分为如下4类。

(一) 化学性食物中毒

化学性食物中毒主要包括如下几种。

(1) 误食被有毒害的化学物质污染的食品。

(2) 因添加非食品级的或伪造的或禁止使用的食品添加剂、营养强化剂的食品，以及超量使用食品添加剂而导致的食物中毒。

(3) 食用因储藏等原因造成营养素发生化学变化的食品，如油脂酸败造成中毒。食入化学性中毒食品引起的食物中毒即为化学性食物中毒。

化学性食物中毒发病特点：发病与进食时间、食用量有关。一般进食后不久发病，常有群体性，病人有相同的临床表现。剩余食品、呕吐物、血和尿等样品中可测出有关化学毒物。在处理化学性食物中毒时应突出一个“快”字，及时处理不但对挽救病人生命十分重要，同时对控制事态发展，特别是群体中毒和一时尚未明确化学毒物时更为重要。

（二）细菌性食物中毒

细菌性食物中毒是指人们摄入含有细菌或细菌毒素的食品而引起的食物中毒。引起食物中毒的原因有很多，其中最主要、最常见的原因就是食物被细菌污染。

食物被细菌污染主要有以下几个原因。

（1）禽畜在宰杀前就是病禽、病畜。

（2）刀具、砧板及用具不洁，生熟交叉感染。

（3）卫生状况差，蚊蝇滋生。

（4）食品从业人员带菌污染食物。

（三）霉菌毒素与霉变食品中毒

真菌在谷物或其他食品中生长繁殖，产生有毒的代谢产物，人和动物食入这种毒性物质发生的中毒，称为真菌性食物中毒。中毒发生主要通过被真菌污染的食品，用一般的烹调方法加热处理不能破坏食品中的真菌毒素。真菌生长繁殖及产生毒素需要一定的温度和湿度，因此中毒往往有比较明显的季节性和地区性。

（四）有毒动植物中毒

1．动物性食物中毒

食入动物性中毒食品引起的食物中毒即为动物性食物中毒。动物性中毒食品主要有两种：将天然含有有毒成分的动物或动物的某一部分当作食品，误食引起中毒反应；在一定条件下产生了大量的有毒成分的可食的动物性食品，如食用鲐鱼等也可引起中毒。中国发生的动物性食物中毒主要是河豚中毒，其次是鱼胆中毒。

2．植物性食物中毒

植物性食物中毒主要有如下3种。

（1）天然含有有毒成分的植物或其加工制品当作食品，如大麻油等引起的食物中毒。

（2）在食品的加工过程中，将未能破坏或除去有毒成分的植物当作食品食用，如木薯、苦杏仁等。

（3）在一定条件下，不当食用大量有毒成分的植物性食品，食用鲜黄花菜、发芽马铃薯、未腌制好的咸菜或未烧熟的扁豆等造成中毒。

一般植物性食物中毒因误食有毒植物或有毒的植物种子，或烹调加工方法不当，没有把植物中的有毒物质去掉而引起。最常见的植物性食物中毒为菜豆中毒、毒蘑菇中毒、木薯中毒；可引起死亡的有毒蘑菇、马铃薯、曼陀罗、银杏、苦杏仁、桐油等。

二、食物中毒的症状及诊断依据

（一）食物中毒症状

虽然食物中毒的原因不同，症状各异，但一般都具有如下流行病学和临床特征。

(1) 潜伏期短，一般由几分钟到几小时，食入有毒食物后于短时间内几乎同时出现一批病人，来势凶猛，很快形成高峰，呈爆发流行。

(2) 病人临床表现相似，且多以急性胃肠道症状为主。

(3) 发病与食入某种食物有关，病人在近期同一段时间内都食用过同一种有毒食物，发病范围与食物分布呈一致性，不食者不发病，停止食用该种食物后很快不再有新病例。

(4) 一般人与人之间不传染，发病曲线呈骤升骤降的趋势，没有传染病流行时发病曲线的余波。

(5) 有明显的季节性，夏秋季多发生细菌性和有毒动植物食物中毒；冬春季多发生肉毒中毒和亚硝酸盐中毒等。

（二）食物中毒诊断机构

在《食物中毒诊断标准及技术处理总则》中明确规定，食物中毒患者的诊断由食品卫生医师以上（含食品卫生医师）诊断确定，食物中毒事件的确定由食品卫生监督检验机构根据食物中毒诊断标准及技术处理总则确定。

三、食物中毒的预防措施

（一）家庭预防食物中毒注意事项

(1) 不买、不吃不新鲜和腐败变质的食品，不吃被卫生部门禁止上市的海产品。

(2) 买回来的蔬菜要在清水里浸泡半小时或更长时间，并多换几次水，要洗得干净，以防农药对身体危害。

(3) 教育孩子不要到无证摊贩处买食品，不买无商标或无出厂日期、无生产单位、无保质期限等商标不符合规范的罐头食品和其他包装食品。

(4) 生熟食品要分开，工具（刀、砧板、揩布等）要生熟分开，做到专用，餐具要及时洗擦干净，有消毒条件的要经常消毒。

(5) 不吃有毒食品，如河豚。

(6) 家中不宜放农药等毒品。至少要使有毒物品远离厨房和食品柜。

(7) 服药要遵医嘱，要按说明书服用。服药前要仔细辨认，还要注意有关药物的禁忌事项。

(8) 餐具要卫生，每个人要有自己的专用餐具，饭后将餐具洗干净存放在一个干净的塑料袋内或纱布袋内。个人要养成良好的卫生习惯，养成饭前便后洗手的卫生习惯。外出不便洗手时，一定要用酒精棉或消毒餐巾擦手。

（二）常见易中毒食物及应对方法

1. 鲜木耳

常见问题：鲜木耳与市场上销售的干木耳不同，含有叫做“卟啉”的光感物质，如果被人体吸收，经阳光照射，能引起皮肤瘙痒、水肿，严重可致皮肤坏死。若水肿出现在咽喉黏膜，还能导致呼吸困难。

应对方法：新鲜木耳应晒干后再食用。暴晒过程会分解大部分“卟啉”。市面上销售的干木耳，也需经水浸泡，使可能残余的毒素溶于水中。

2. 鲜海蜇

常见问题：新鲜海蜇皮体较厚，水分较多。研究发现，海蜇含有四氨络物、5—羟色胺及多肽类物质，有较强的组胺反应，引起“海蜇中毒”，出现腹泻、呕吐等症状。

应对方法：只有经过食盐加明矾盐渍3次（俗称三矾），使鲜海蜇脱水，才能将毒素排尽，方可食用。“三矾”海蜇呈浅红或浅黄色，厚薄均匀且有韧性，用力挤也挤不出水。

海蜇有时会附着一种叫“副溶血性弧菌”的细菌，对酸性环境比较敏感。因此，凉拌海蜇时，应放在淡水里浸泡两天，食用前加工好，再用醋浸泡5min以上，就能消灭全部“弧菌”。这时候，就可以放心大胆地吃凉拌海蜇了。

3. 鲜黄花菜

常见问题：含有毒成分“秋水仙碱”，如果未经水焯、浸泡，且急火快炒后食用，可能导致头痛头晕、恶心呕吐、腹胀腹泻，甚至体温改变、四肢麻木。秋水仙碱在体内氧化为氧化二秋水仙碱，0.5～4h恶心、呕吐、腹痛、腹泻、头昏、头疼、口渴、喉干。

应对方法：干制黄花菜无毒。想尝尝新鲜黄花菜的滋味，应去其条柄，开水焯过，然后用清水充分浸泡、冲洗，使“秋水仙碱”最大限度溶于水中。建议将新鲜黄花菜蒸熟后晒干，若需要食用，应取一部分加水泡开，再进一步烹调。

如果出现中毒症状，不妨喝一些凉盐水、绿豆汤或葡萄糖溶液，以稀释毒素，加快排泄。症状较重者，立刻去医院救治。

4. 变质蔬菜

常见问题：在冬季，蔬菜特别是绿叶蔬菜储存一天后，其含有的硝酸盐成分会逐渐增加。人吃了不新鲜的蔬菜，肠道会将硝酸盐还原成亚硝酸盐。亚硝酸盐会使血液丧失携氧能力，导致头晕头痛、恶心腹胀、肢端青紫等，严重时还可能发生抽搐、四肢强直或屈曲，进而昏迷。

应对方法：如果病情严重，一定要送院治疗。而轻微中毒的情况下，可食用富含维生素C或茶多酚等抗氧化物质的食品加以缓解。大蒜能阻断有毒物的合成进程，所以民间说大蒜可杀菌是有道理的。

需要提醒的是，蔬菜当天买当天吃完最好。有些市民习惯将大白菜、青椒等用报纸包裹着放在冰箱里，这也是不可取的。

5. 变质生姜

常见问题：生姜适宜放在温暖、湿润的地方，存储温度以12℃～15℃为宜。如果存储温度过高，腐烂也很严重。变质生姜含毒性很强的物质“黄樟素”，一旦被人体吸收，即使量很少，也可能引起肝细胞中毒变性，因此不能食用。

应对办法：要存放的鲜姜应选购外皮无伤、茎块肥厚的大块姜，掰掉小芽后可以埋在潮而不湿的细沙土或黄土中保存。保存生姜鲜嫩的较好方法是将生姜洗净后埋入盛食盐的罐内，这样做可使生姜较长时间不干，并保持浓郁的姜香。

6. 霉变甘蔗

常见问题：霉变的甘蔗“毒性十足”。霉变甘蔗的外观无正常光泽、质地变软，肉质变成浅黄或暗红、灰黑色，有时还发现霉斑。如果闻到酒味或霉酸味，则表明严重变质。甘蔗阜孢霉，串珠镰刀菌等产生的霉菌毒素10min～48h内引起头痛、头晕、恶心、呕吐、腹痛、腹泻、视力障碍；重者剧吐、阵发性痉挛性抽搐、神志不清、昏迷，幻视、哭闹。误食后，可引起中枢神经系统受损，轻者出现头晕头痛、恶心呕吐、腹痛腹泻、视力障碍等。严重者可能抽搐、四肢强直或屈曲，进而昏迷。

应对方法：观其色、闻其味之后，如果发现有可疑，请一定不要食用。因为霉变甘蔗中含有神经毒素，而且还没有特效的解毒药。儿童的抵抗力较弱，要特别注意。

7. 长斑红薯

常见问题：红薯表面出现黑褐色斑块，表明受到黑斑病菌（一种霉菌）污染，排出的毒素有剧毒，不仅使红薯变硬、发苦，而且对人体肝脏影响很大。这种毒素，无论使用煮、蒸或烤的方法都不能使之破坏。因此，有黑斑病的红薯，不论生吃或熟吃，均可引起中毒。

应对方法：放红薯的地窖要选择地势高、通风好、不渗水的地方；放红薯的底层要垫上干燥、清洁的草；被水淹过的红薯不要再储存；碰破皮或有镐伤的红薯，保存时间不要过长；经常检查，及时挑出有褐色或黑色斑点的红薯。

8. 生豆浆

常见问题：未煮熟的豆浆含有皂素等物质，不仅难以消化，还会诱发恶心、呕吐、腹泻等症状。

应对方法：一定将豆浆彻底煮开再喝。当豆浆煮至85℃～90℃时，皂素容易受热膨胀，产生大量泡沫，让人误以为已经煮熟。家庭自制豆浆或煮黄豆时，应在100℃的条件下，加热约10min，才能放心饮用。

还须注意，别往豆浆里加红糖。否则红糖所含醋酸、乳酸等有机酸，与豆浆中的钙结合，产生醋酸钙、乳酸钙等块状物，不仅降低豆浆的营养价值，而且影响营养素吸收。此外，豆浆中的嘌呤含量较高，痛风病人不宜饮用。

9. 生四季豆

常见问题：四季豆又名刀豆、芸豆、扁豆等，是人们普遍食用的蔬菜。生的四季豆中含皂甙和血球凝集素，皂甙对人体消化道具有强烈的刺激性，可引起出血性炎症，并对红细胞有溶解作用。

此外，豆粒中还含红细胞凝集素，具有红细胞凝集作用。如果烹调时加热不彻底，豆类的毒素成分未被破坏，食用后会引起中毒。

四季豆中毒的发病潜伏期为数10min至数小时，一般不超过5h。主要有恶心、呕吐、腹痛、腹泻等胃肠炎症状，同时伴有头痛、头晕、出冷汗等神经系统症状。有时还会出现四肢麻木、胃烧灼感、心慌和背痛等症状。病程一般为数小时或1～2天，愈后良好。若中毒较深，则需送医院治疗。

应对方法：家庭预防四季豆中毒的方法非常简单，只要把全部四季豆煮熟焖透就可以了。每一锅的量不应超过锅容量的一半，用油炒过后，加适量的水，加上锅盖焖10min左右，并用铲子不断地翻动四季豆，使它受热均匀。

另外，还要注意不买、不吃老四季豆，把四季豆两头和豆荚摘掉，因为这些部位含毒素较多。使四季豆外观失去原有的生绿色，吃起来没有豆腥味，就不会中毒。

10. 青番茄

常见问题：青番茄含有与发芽土豆相同的有毒物质——龙葵碱。人体吸收后会造成头晕恶心、流涎呕吐等症状，严重者发生抽搐，对生命威胁很大。

应对方法：关键要选熟番茄。首先，外观要彻底红透，不带青斑。其次，熟番茄酸味正常，无涩味。最后，熟番茄蒂部自然脱落，外形平展。有时青番茄因存放时间久，外观虽然变红，但茄肉仍保持青色，此种番茄同样对人体有害，需仔细分辨。购买时，应看一看其根蒂，若采摘时为青番茄，蒂部常被强行拔下，皱缩不平。

四、食物中毒的处理

对食物中毒的处理可分为技术处理和行政处理。前者如救治中毒病人，对中毒场所的清洁、消毒；后者如行政控制措施（强制措施）和行政处罚。处理对象可包括中毒病人、中毒食品和造成中毒责任人等。

（一）技术处理

（1）出现食物中毒症状或者误食化学品时，应及时用筷子或手指伸向喉咙深处刺激咽后壁、舌根进行催吐。在中毒者意识不清时，需由他人帮助催吐，并及时就医。

（2）了解与病人一同进餐的人有无异常，并告知医生。

（3）向所在地卫生防疫部门反映情况。

（二）行政处理

（1）食物中毒行政控制措施要求及时、有效。这对控制食物中毒的发展具有重要意义，必须按法定的程序使用法定的形式。对于已售出或外流的中毒食品及原料必须封存。在封存之前，应当责令追回，然后进行封存。责令追回也应有书面的责令追回通知书。

（2）在行政处罚中责令停产停业是一种较为严厉的罚种，《行政处罚法》规定做出责令停产停业，当事人有要求听证的权利。

（3）《食品卫生法》第三十九条规定了造成严重食物中毒事故，对人体健康造成严重危害的，依法追究刑事责任。在调查重大食物中毒案时应按最高人民检察院、卫生部、公安部发布的《关于查处违反食品卫生案件的暂行规定》及时与司法机关联系。

（4）在卫生部颁布的《食品卫生行政处罚办法》中，将食物中毒按发病人数将罚款的数额进行了较为合理的裁量，分为 10 人以下；11～30 人；31～100 人，101 人以上 4 种情形，但在具体适用时还应参考其他情况，如中毒病人的严重程度，肇事单位主动消除影响的态度等。

(5)《食品卫生法》第四十八条规定，造成食物中毒的还应当承担民事赔偿（损害赔偿）的责任。民事赔偿责任的追究适用民法，应由受损害人提起，并适用调解，可由司法机关裁决。由于民事赔偿的提起往往是以行政责任的追究为前提的，因此在卫生行政部门做出食物中毒案的行政处罚决定时，可能会跟随着一起民事赔偿案的发生。

实训课堂

生活中，有哪些食物容易引发中毒，如何应对？

第十节　“4·22”陕西榆林学生集体食物中毒事件

时间：2013 年 4 月 22 日上午 7 时左右

地点：榆林市榆阳区鱼河中心小学

事件：学生因喝了宝鸡生产的蒙牛纯牛奶（学生专用牛奶）导致集体食物中毒

2013 年 4 月 22 日上午 7 时左右，在榆林市榆阳区鱼河中心小学发生一起学生集体食物中毒事件，中毒人数达 251 人。中毒原因是，因喝了宝鸡生产的蒙牛纯牛奶（学生专用牛奶）所致。经过榆林区各大医院的及时救治，到 22 日中午 12 时许，有 80 多名小学生经诊断无异常，送返回家。晚间 20 时许，大部分学生都已返回家中。有 9 名学生因离家太远，有关部门安排这 9 名学生和家人在医院过夜。23 日上午也因学生身体状况均无异常离开医院。4 月 24 日，蒙牛集团表示，此次学生集体中毒事件系学生空腹饮用纯牛奶所致。

一、事件过程

（一）救治

榆林市第一医院是救治人数最多医院，医护人员对重症学生进行了洗胃、吸氧等抢救措施，有的学生在不停地呕吐，喊着肚子痛。

经过诊治检查，到 22 日中午 12 时许，有 80 多名小学生经诊断无异常，送返回家。有 9 名学生因离家太远，有关部门安排这9 名学生和家人在医院过夜。23 日上午也因学生身体状况均无异常离开医院。

据参与救治工作的医护人员初步诊断，学生的症状是由于细菌性食物中毒引起的。此次发生的事件属于饮食污染。

（二）政府反映

榆阳区有关官员以及教育、卫生、药监等部门接到报告后，分别赶赴榆林当地医院、鱼河镇中心小学，现场成立了组织协调领导小组，协调各方面关系，将学生分别安排在榆林一院、二院和星元医院进行诊治。要求全力以赴诊治身体出现不适的学生，立即对事故原因展开调查。

同时，还责成榆阳区食品药品监督管理、质检、公安、卫生等相关部门将学校和代理商所剩余的同一生产批号的牛奶全部封存并抽样检查化验，并就学生食物中毒事件召开新闻发布会。

（三） 蒙牛回应

4 月 23 日，针对 22 日晨陕西榆林市出现学生因饮用由蒙牛集团统一配送的学生奶后出现发烧、肚痛、腹泻等症状，蒙牛集团新闻发言人赵远花 23 日表示，蒙牛正积极配合有关部门对现场产品进行封存和检验，并会将检验和调查结果及时向媒体和公众通报。

4 月 26 日，榆阳区食品安全委员会就鱼河镇中心小学 251 名学生饮用蒙牛牛奶后出现不适反应，检测报告出炉：牛奶未检出致病病菌。

榆阳区食品安全委员会委托市疾控中心进行检测后，公布了检测结果。学生空腹饮用冷牛奶后，部分学生出现上腹隐痛、恶心、呕吐等急性胃炎样表现，经检测：抽检牛奶各项指标不超标，奶制品符合国家饮用奶标准；饮用奶及学生呕吐物、粪便未检出致病菌。

二、校园食物中毒事件高发的原因

分析多起校园食物中毒事件，不难发现，导致当前校园食物中毒事件高发、频发的主要原因有如下几个。

（一） 餐饮企业准入门槛低导致行业整体素质不高

学校后勤实行社会化改革，社会餐饮企业可通过招标、承包等形式进入学校食堂，但对社会餐饮企业的准入标准却无国家层面上的统一规定。根据现行规定，企业只要具有餐饮经营资质即可进入学校经营，对餐饮企业的诚信经营、不良记录等均没有考察评审。这就导致部分学校食堂引进的社会餐饮企业良莠不齐。

（二） 校园食堂“以包代管”难以有效监管

根据《食品安全法》规定，学校作为校园食品安全第一责任人，学校在对外承包食堂时只对企业承包经营权，食堂管理权由学校负责。部分学校将食堂转包给个人管理，个人再转包现象目前都不同程度存在。

许多学校食堂承包方并不都具有食堂承包资质，学校食堂无证经营现象严重。在学校管理缺位的情况下，餐饮企业出于成本考虑，易出现采购不合格原材料，在餐饮具消毒、工作人员健康培训等关键环节偷工减料等违规行为。

（三） 原材料采购源头把控不严，监管流于形式

多名受访的学校负责人以及专家指出，校园食品安全最关键的环节在于原材料采购源

头控制，但在实际操作中部分学校食堂在原材料采购过程中并未严格执行索票索证台账管理制度，采购没有正规检验单、非正规厂家生产的原材料，进货查验和采购记录制度也难以落到实处。

三、学校食物中毒事故行政责任追究

（一） 食物中毒事故的分类

2005 年 11 月 2 日卫生部教育部关于印发《学校食物中毒事故行政责任追究暂行规定》的通知中，按照严重程度，将食物中毒事故划分为如下几个等级。

(1) 重大学校食物中毒事故。其是指一次中毒 100 人以上并出现死亡病例，或出现 10 例及以上死亡病例的食物中毒事故。

(2) 较大学校食物中毒事故。其是指一次中毒 100 人及以上，或出现死亡病例的食物中毒事故。

(3) 一般学校食物中毒事故。其是指一次中毒 99 人及以下，未出现死亡病例的食物中毒事故。

（二） 行政责任追究

学校发生食物中毒事故，有下列情形之一的，应当追究学校有关责任人的行政责任。

(1) 未建立学校食品卫生校长负责制的，或未设立专职或兼职食品卫生管理人员的。

(2) 实行食堂承包(托管)经营的学校未建立准入制度或准入制度未落实的。

(3) 未建立学校食品卫生安全管理制度或管理制度不落实的。

(4) 学校食堂未取得卫生许可证的。

(5) 学校食堂从业人员未取得健康证明或存在影响食品卫生病症未调离食品工作岗位的，以及未按规定安排从业人员进行食品卫生知识培训的。

(6) 违反《学校食堂与学生集体用餐卫生管理规定》第十二条规定采购学生集体用餐的。

(7) 对卫生行政部门或教育行政部门提出的整改意见，未按要求的时限进行整改的。

(8) 瞒报、迟报食物中毒事故，或没有采取有效控制措施、组织抢救工作致使食物中毒事态扩大的。

(9) 未配合卫生行政部门进行食物中毒调查或未保留现场的。

四、学校预防食物中毒的措施

（一） 食品采购关

购买肉菜瓜果，都要注意新鲜、干净。要买经工商管理部门检验合格允许上市的放心肉、放心菜。

（二） 食品保管关

暂时不吃的肉菜，经及时加工后，放入冰箱，生熟食要分开容器存放。不食超过保质期的食品。米面、干菜、水果等要妥善保存，严防发霉、腐烂、变质，防止老鼠、苍蝇、蟑螂等咬食污染。要妥善保管有毒、有害物品如消毒剂、灭鼠药等，要远离食品存放处，防止误食误用。

（三） 个人卫生关

炊事员要体检合格后才能上岗，凡患有消化道、呼吸道传染病（如乙肝、痢疾、肺结核等）及有皮肤病者均暂不能做炊事员工作。炊事员上班时，要穿工作服，戴口罩。要认真做到做饭前后、开饭前、大小便前后洗好双手。

（四） 烹调制作关

做饭菜一定要充分加热煮熟。做生、熟食的刀砧板、容器要分开，隔夜食品及豆类食品要加热煮熟，才可食用。买回的蔬菜要充分浸泡后，再反复清洗 3 遍，才能烹调食用。凡发现有腐烂、发霉、变质等可疑食品，均不要食用。

（五） 餐具消毒关

锅、碗、盆、碟、筷、勺等用前要烫洗或煮沸消毒后再用。集体进餐要实行分菜制或用公筷。要定期清洗消毒碗柜、冰箱、冰柜、微波炉等与食具有关的容器。

（六） 进食用餐关

用餐者都要养成吃饭前后、大小便前后彻底洗好双手。进餐时若发现有腐败变质，发霉有馊味或夹生食物，或有被蝇叮爬过的食品，均不可食用。

（七） 食前留验关

凡集体用餐饭前均要将要吃的每种饭、菜，各留一小份样品，以备万一食后有可疑中毒时，作毒物化验用。

（八） 食后观察关

凡进食一天内突然出现恶心呕吐、腹痛、腹泻、头晕、发烧等症，或短期内在同一食堂进餐的多名人员发生相同症状，就应怀疑为食物中毒。此时，应急呼 120，同时向上级报告，组织检查救治。并对病人的进食、呕吐物、大便、尿、血进行有关检毒化验，还要保护好现场。另外，食物中毒要多加休息，以免造成不必要的后果。

扩展阅读

2011 年频发中小学食物中毒事件

1. 安徽一所小学 14 名学生食物中毒

2011 年 5 月 12 日，在安徽省宣城市泾县人民医院一下子来了 61 位小学生，经过医院确诊,14名学生是食物中毒,其他47名有相似症状的学生是出于心理作用或其他原因。有关部门已经查明这是一起群体性食物中毒事件。

2. 罗城“毒白糕”事件

2011年4月15日,广西罗城仫佬族自治县黄金镇寺门村寺门小学,发生一起食物中毒事件,26名小学生在食用了路边摊的食物后,发生头晕、呕吐现象,被紧急送医院治疗。

3. 无锡桶装“毒”水使百名学生中毒

2011年4月13日,无锡市惠山区洛社两所中学有部分学生出现疑似食物中毒症状,当地医院已接诊了近百名这两所中学的学生。校方回应称可能是桶装饮用水或食物出了问题。

4. 滁州有毒青条鱼放倒17名高中生

2011年3月20日中午,滁州市乌衣中学17名高三学生在食堂吃过午餐后,集体出现腹痛腹泻、面红和头晕症状。滁州市卫生部门随后进行调查。目前,可以确定的是,这17名学生都有过食用青条鱼的情况。

5. 安徽亳州18名学生集体中毒

2011年3月8日晚,安徽亳州一中发生学生校外就餐食物中毒事件,经及时抢救,出现中毒症状的18名学生中已有16人治愈出院,留院的2名学生病情稳定。

6. 萧县过期食品致使学生中毒

2011年3月3日上午,宿州萧县一所小学发生学生集体中毒事件,数十名学生出现不同程度的肚痛、腹泻等症状。经过治疗学生已经恢复并且上课。

7. 唐山市玉田县育英小学发生疑似食物中毒事件

2011年9月1日开学当天,即有个别学生出现高烧、呕吐、腹泻等症状。9月4日晚开始至9月6日,出现高烧、腹泻等症状的学生人数增加,27名学生到医院接受治疗。

8. 河北隆化135名中学生腹泻疑因水源污染

2011年9月4日,河北省隆化县章吉营中学135名学生涌现腹泻征兆。依据现场观察,推断此事件为学校自备水源井受到污染导致的熏染性腹泻疫情。

9. 桐梓县茅石乡中学34名学生食物中毒

2011年9月20日,贵州桐梓县茅石乡中学发生一起食物中毒事件,34名学生中毒被送往医院救治,中毒原因可能与学生吃了食堂的月饼有关。

10. 太原市新晓双语小学发生食物中毒事件

2011年10月10日下午,太原市新晓双语小学141名学生到医院就诊,其中住院12人,留院观察治疗105人,对症治疗后回家24人。

夏天处理剩饭的正确方法

(1) 应将剩饭松散开,放在通风、阴凉和干净的地方,避免污染。

(2) 等剩饭温度降至室温时,放入冰箱冷藏。剩饭的保存时间以不隔餐为宜,尽量缩短在5～6h以内。吃剩饭前,一定要彻底加热。

讨论题

每个中小学门口都能看到流动小吃摊，油炸、烤肠、辣条、棉花糖等花样迭出的小吃，让孩子们难以控制肚里的馋虫，纷纷购买。但这些小吃摊大都属于无证经营，卫生条件较差，让许多学生家长忧心不已。讨论一下，学校如何引导学生不购买这些食品，政府要采取哪些措施，取缔这些不卫生的流动小吃摊。

第五章 社会安全类突发事件的应对

学习目的

掌握社会安全类突发事件的应对知识。

学习重点

人质劫持、公交车爆炸、群体性事件的基本知识点。

社会安全类突发事件主要包括恐怖袭击事件、经济安全事件和涉外突发事件、重大刑事案件、大规模群体性事件等。

尽管我国长期政治稳定,人民安居乐业,但影响国家安全和社会稳定的因素依然存在。在一些地方,群死群伤的爆炸、投毒等恶性案件时有发生,杀人、绑架等暴力犯罪多发。尤其是随着时代发展,新的犯罪形式和手段不断出现,违法犯罪活动日趋组织化、职业化、国际化。境内外敌对势力加紧勾结,国内外极端势力制造的各种恐怖事件危及国家安宁,涉外突发事件增多,恐怖活动、恐怖主义的现实危害上升。

此外,由人民内部矛盾引发的群体性事件不断,有些还呈现出参与人数增多、持续时间长、处置难度大、连锁反应增强的特点。

本章知识架构

(1) 人质劫持突发事件的应对与安全教育。

(2) 交通工具爆炸事件的应对与安全教育。

(3) 群体性突发事件的应对与安全教育。

第一节　人质劫持事件的应对与安全教育

20 世纪 90 年代以后,在经济高速发展,国家综合实力不断增强,人民群众生活水平日益提高的同时,受国内外各种社会消极因素的影响,各地劫持人质犯罪事件相继发生,且劫持人质犯罪发生的频繁度以及恶劣程度前所未有,其行径令人震惊、愤慨。在这种严峻的情况下,分析和评断当前劫持人质犯罪活动的日趋严重的客观现实,准确预测未来劫持人质犯罪的发展趋势，就显得尤为重要。

一、我国近期发生的人质劫持事件

2009年6月22日傍晚，江苏省南京市一名高中女生被深圳来的网友余某持刀捅伤。歹徒劫持她作为人质，与警察展开对峙。约1h后，在谈判无果的情况下，特警开枪击伤歹徒，救出人质。女生被立即送往医院，经抢救无效死亡。

2009年4月21日，从重庆市开县到广东省广州市的张氏兄弟自称为筹母亲治病的1万多元手术费，在离派出所仅50m的街面持刀抢劫，劫持女人质与警方对峙。经过近90min的较量，张氏兄弟被民警生擒，人质被安全救出。

2009年10月27日，广州海珠区新港西路一名男子阿标手持一把西瓜刀架在一名男青年脖子上，2h后劫匪阿标的父亲来到现场，交出阿标要的户口簿后，阿标放下刀具，随即被警方控制。

2010年7月8日，广州市站南路一歹徒抢劫一名男子时遭对方反抗，疑犯持剪刀将被抢的男事主刺伤后逃跑。疑犯持刀劫持路过的女事主，越秀女刑警抓住有利战机，连开4枪将其当场击毙，成功解救人质。

2010年8月7日，一名女事主黄某在广州黄埔大沙东路逛街时，被一名男子持刀劫持至附近一栋居民住宅楼上。经过广州黄埔警方劝导后，3h后劫匪放下手中的刀具，人质最终被安全解救。

2013年8月3日下午，一男子在无锡惠山玉祁持刀劫持一女子，在警方数小时劝解无效后，犯罪嫌疑人被当场击毙，人质安全获救。

2013年8月8日下午2时左右，山东省卫生厅办公楼3楼的一间办公室发生劫持事件，一名20多岁的男性用一把刀劫持一名30岁左右的女性，在僵持了近3h后，人质被成功解救。

二、人质劫持的法律定性

人质劫持应定性为绑架罪，是指利用被绑架人的近亲或者其他人对被绑架人安危的忧虑，以勒索财物或满足其他不法要求为目的，使用暴力、胁迫或者麻醉方法劫持或以实力控制他人的行为。

（一）构成要件

（1）本罪主体为一般主体，凡达到刑事责任年龄并具有刑事责任能力的自然人均能构成本罪，即已满16周岁的人犯罪，应当负刑事责任。

（2）主观方面表现为直接故意，且以勒索他人财物为目的或者以他人作为人质为目的。

（3）客体是他人的身体健康权、生命权、人身自由权。

（4）客观方面表现为以暴力、胁迫、麻醉或其他方法劫持他人的行为。

（二）处罚

以勒索财物为目的绑架他人的，或者绑架他人作为人质的，处10年以上有期徒刑或者无期徒刑，并处罚金或者没收财产；致使被绑架人死亡或者杀害被绑架人的，处死刑并处没收财产。

三、人质劫持事件的应对常识

尽管我国社会稳定，经济发展，但对劫持人质案件的防范不能松懈，普通市民也应掌握一些应对常识。劫持人质案件往往都是经过精心策划和充分准备的，而且为了其目的往往会孤注一掷、铤而走险，因此，一旦被恐怖分子劫为人质，一定沉着应对，不要轻举妄动。

（一）应对劫持一定保持沉着冷静的心理状态

（1）在被劫持现场，一旦发生个别爆炸事故，最好在原地趴下，不能惊慌失措地乱跑。

（2）在被劫持现场，一旦发生毒气泄漏事故，尽量用湿的毛巾、手帕或者衣服捂住鼻子和嘴，先进行自救。同时，利用肢体语言，如挥动衣服、手臂等呼唤营救人员来搭救自己。这个时候切记不要呼喊，因为这样只会吸入更多的毒气。另外，疏散之后，还要到特定地方进行毒气洗消。

（3）当劫持发生在剧场之时，由于剧场空间较大，人员较多，也比较拥挤，这个时候可能会在剧场里面待上一段时间，这时人质应该对自己的行为给予约束，以免给前去营救的营救队员造成行动上的障碍。

（4）孤身一人被恐怖分子劫持，内心难免恐慌，这个时候最重要的是尽量保持镇定，不要做无谓的抗争，更要坚定自己能被营救的信心。

（5）当恐怖分子人数较少的时候，这个时候切记不要存在侥幸心理，不要因为恐怖分子的数量较少就去做抗争，这个时候可能会引来伤亡。

（二）应对劫持的注意事项

（1）遭到劫持后，节省精力和体力至关重要。这是因为劫持事件对人质的心理素质和身体状况都是一种极端考验。因为从国外发生的劫持人质事件看，解决起来都需要经过长时间的较量，事件的进展也难预测。

（2）被劫持为人质之后，要适时观察恐怖分子的弱点。这是因为，在许多情况下，恐怖分子都会使用兴奋剂维持亢奋，以缓解巨大的压力。但药效过后精神会变得相当差，注意力和判断力也都会随之降低。这个时候人质就可以根据恐怖分子的语气、语调和用词等，判定恐怖分子是否服药和药效的强弱，寻找恐怖分子的弱点。

（3）被劫持的人质应坚信能被解救，不要惊慌失措，否则只会让恐怖分子狗急跳墙，危害人质安全。在莫斯科剧院的劫持人质事件中，就曾出现过由于个别人质精神崩溃、行为失常，从而引发了恐怖分子的狠毒报复。

（4）当营救队员攻击完毕之后，人质应该按照规定路线离开劫持现场，并迅速进行疏散，这个时候不要乱跑、不要拥挤，以免碰到恐怖分子设置的爆炸物。

（三）应对劫持的8个“不要”

（1）不要自认为口才好，企图和恐怖分子进行谈判。因为恐怖分子往往是非正常推理，通常没有逻辑性，这个时候最保险的办法就是暂且任听其摆布。

（2）不要以跳窗、自杀或者其他方式来威胁恐怖分子，这样只会是徒劳无功，竹篮打水一场空。

（3）不要把老人、妇女、儿童放在人质队伍的前面，以这种方式企图换取恐怖分子的同情是十分幼稚的，这样之后会让恐怖分子感到更加得意扬扬。

（4）切记不要意气用事，不要单靠个人力量硬拼，更不要行为失控，不要因为一个人的行为而断送了大家的性命。

（5）当营救队员的警犬走到你身边之时，不要惊慌，因为警犬都是经过特殊训练的，其绝对不会对人质造成伤害。

（6）当人质中有自己的亲人的时候，营救之时不要担心自己的亲人，因为营救都是分批进行的，人质最后都是能救出去的，一般营救原则是先外后内、先重后轻、先老幼后成年。

（7）不要想去弄清楚营救队员的真实身份，不要在获救之后掀开其武装面罩，因为这样会暴露营救队员的面目，从而给恐怖分子以报复的机会。切记这是一场特殊行动，特殊行动不能产生特殊的感情。

（8）不要忘记出行的时候带上自己的证件，如身份证、工作证等。这样一旦被劫持，营救的时候就能够证明自己的身份，同时也有利于营救队员排查恐怖分子，以免其混在人质队伍中。

（四）脱险秘诀

（1）遭遇恐怖分子劫持之时，一定要镇定，千万不能慌，这时首当其冲要克服心中的恐慌。

（2）遭到劫持后，应密切观察恐怖分子的动静，设法传递信息，将有关恐怖分子的情况传递出去。

（3）人质要积极配合营救人员对恐怖分子发起的攻击，并按照营救人员的指令撤离。犯罪动机是推动犯罪嫌疑人实施犯罪行为的内部驱动力，它直接决定了犯罪行为的方式和危害程度，在反劫持人质行动中，及时准确判断劫持人质者的动机是公安机关进行决策与指挥的关键环节，有着特殊的意义。

（五）留意危险人群

为了降低危险，广大市民更要对恐怖分子保持警惕，要对各种恐怖事件的发生有所准备，从某种意义上讲，医生建议8类人特别需要防患于未然。武汉市精神卫生中心刘小林教授认为，如下8类人尤需防患于未然。

（1）情绪波动大，易受刺激，易采取过激行为的。

（2）狂躁不安，行为异常的。

（3）自我认识失调，感情适应不良的。

(4) 人际交往严重困难,环境应激性差,相对自闭孤独的。
(5) 缺乏爱异性的能力,不能恰当地表达爱,致情结产生的。
(6) 因家庭经济困难等原因,情绪消沉、低迷、抑郁的。
(7) 对现实产生偏见和不满,丧失生活信心的。
(8) 有其他特殊心理问题的。

(六) 谈判人员需要具备的素质

(1) 丰富的法律知识和本土的文化体系,包括法律、哲学、政治、建筑、气象、心理、生理,这些在其脑子里可以灵活变换,使其灵机的状态可以发挥到最佳状态。

(2) 脑子反应一定要快,其反应是根据现场谈判的一种工作直觉。

(3) 脸上必须带有演员的特点,能够通过自己的动作声音,把感情深深地压到语音的分贝之中,通过脸上痛苦的、焦虑的两个眸子,能够把感情迅速地传达给劫持者,使其能够感觉到谈判者是真心来帮助自己的,至少在感情上是同步化的。

(4) 生动的口头表达能力。谈判者的主要能力就表现在口头表达能力上,几句话迅速打动对方,出现感动、迷惘、错乱,甚至自我怀疑并出现自我动摇,最后由谈判手将其牵引出来。

四、人质劫持事件的应急处置方案

(一) 建立统一指挥系统

劫持人质案件现场情况复杂,需要多种力量、多个部门,大规模地协同作战。相关部门应指派专人担当现场指挥员。现场指挥员到达现场后,首先应了解现场的基本情况,然后根据战略目标、现场环境、犯罪嫌疑人情况、人质情况等部署相应数量的外围封锁力量、现场封锁缉捕力量、调查勘查力量、特殊逮捕力量和机动力量。

(二) 建立现场、外围封锁区

担当现场封锁任务的人员到达现场以后,应立即履行现场封锁职责,将队伍分为 3 个作业组,即狙击组、逮捕组、侦察组,各就各位。狙击组要抢先占据能够有效地控制劫持者的位置,如制高点;逮捕组要尽量接近现场,以便必要时能快速冲入现场实施逮捕;侦察组应选择能够看到劫持者的位置,以便从各个不同角度监视劫持者的活动情况。

先到达现场并对现场实施包围的治安人员,待建立现场封锁区之后,撤离现场。在一段距离建立外围封锁区,封锁所有通往现场的道路,禁止一切无关车辆和行人介入;然后把封锁区内的民众安全撤离到封锁线之外。并安排专人负责封锁区以外的交通管理,保证救援通道的畅通无阻。

(三) 专业人员展开谈判

谈判是一种目前使用最多的和平解救被劫持人质的方法,其主要目的是通过对话采取政策攻心、情感教育等,促使犯罪嫌疑人主动释放人质,缴械投降;同时,也能为武力解决赢得时间和创造战机。谈判的具体作用在于：缓解和稳定劫持者紧张情绪，平稳局势，控制事态，通过与劫持者对话，全面深入了解案情，获取情报；通过对话，促使劫持者放下武器，释放人质，和平解决劫持案件。

（四）武力解救人质

根据不同环境，基本战术可以分为以下几种：利用化学防爆武器的战术方法、利用狙击手战术方法、寻机接近犯罪嫌疑人的战术方法、强攻的战术方法。这些方法适用于不同的情况。

1. 化学防爆武器

在解救人质的战斗中为了快速制服犯罪嫌疑人，防止误伤人质，可采用非致命性化学防爆武器。这些武器要求见效迅速、副作用小，且能瞬间使犯罪嫌疑人失去反抗能力，防止犯罪嫌疑人伤害人质。如催泪弹、麻醉弹、声扰弹、高压水枪、麻醉气体等。这种战术的使用条件一般为空间比较封闭，空气流动性小的环境。而这种方法的弊端是对人质也有一定的伤害，所以应谨慎使用。

2. 化装接近

选派经验丰富的侦查人员，装扮成医生、亲属、司机等，以给劫持者或人质治伤、送饭、送赎金、驾驶汽车为名，贴近劫持者，趁其不备，使用非致命武器或徒手将其制服。在情况允许时，也可先派人打入劫持者团伙内部，而后选择时机，里应外合救出人质或捕歼劫持者。

3. 狙击手

利用狙击手击毙犯罪嫌疑人风险小，只要把握好机会一般能取得良好的效果。使用该战术时，首先要占据有利的射击位置，使犯罪嫌疑人暴露于狙击手的射击范围内。在决定实施方案前，要查明犯罪嫌疑人是否使用了煤气、汽油等易燃易爆物。同时，应将击毙犯罪嫌疑人的命令下达到狙击手，由狙击手选择适当时机击毙犯罪嫌疑人。

4. 强行攻入

强攻的战术是最冒险的一种方案，可能造成很大的伤亡和损失，非迫不得已不宜使用。在使用该战术之前，首先应摸清犯罪嫌疑人所处空间的具体情况、犯罪嫌疑人的人数、具体位置、武器种类和数量等。并根据现场具体情况制定伤亡可能性最小的战术方案。

实训课堂

应对人质劫持事件，应注意哪些事项？哪些做法是错误的？

第二节 “7·5”人质劫持案

时间：2005 年 7 月 5 日

地点：深圳福永人民医院

事件：一男子挟持一名女孩，后被警方制服，女孩获救

一、事件回放

2005 年 7 月 5 日 11 时 40 分，深圳市公安局宝安分局 110 指挥中心接报称，在福永人民医院有一名男子用击碎的啤酒瓶劫持一名小女孩。接报后福永派出所所长立即带领值班民警赶赴现场，在调动警力封锁现场的同时，将警情上报分局指挥中心。

几辆警车急促地驶进宝安区福永人民医院，没有开警灯，也没有拉警笛，警车刚一停稳，几名便衣民警便迅速冲进门诊部大厅。大厅内劫匪手持击碎的玻璃瓶，锋利无比，直顶着被劫持女孩的颈部，稍有闪失就会危及人质的安全，福永派出所的民警一边与嫌疑人周旋，一边将案情向分局汇报，请求支援。

经现场访问，案发过程简单而明朗。当日中午 11 时 30 分许，一名脸带旧伤的男子手提酒瓶在宝安区福永人民医院门诊部大厅收费处排队，该男子不时喝酒引起医院保安注意并上前劝阻，两人发生争执。不料，当看病的事主廖女士(35 岁，广东兴宁市人)带着两个孩子经过时，该男子突然挟持她身边年仅 8 岁的小女孩罗某，将酒瓶砸破对准罗某腹部，继而又将酒瓶对准罗某脖子，划伤罗某的下巴和脖子，后将罗某劫持到医院一楼咨询台后面正对大门与保安僵持。他一只手紧紧抓住罗某背部，另一只手拿着玻璃片架在她脖子上，罗某被迫跪在旁边的白色椅子上。

宝安公安分局指挥中心接报后，现场立即成立了由分局曾副局长担任总指挥的指挥部，并上报市局请求派谈判专家和特警支队协助。现场的民警也按照“谈判专家”的要求，封锁现场疏散围观群众，以维护现场安静，避免有警笛、警灯、穿制服的民警出现，刺激绑匪情绪，为解救人质提供最佳环境。

中午 12 时 50 分，绑匪情绪仍然十分激动。深圳公安局特警支队的特警队员此时也赶到现场，其携带狙击步枪、破门器、强力剪等器械，随时待命准备强攻。根据情绪高度紧张状态下很容易口渴的情况，指挥部决定假如劫匪要喝水，就在给其喝的水中加入麻醉剂三唑仑，使其迅速昏迷，以安全解救人质，抓捕劫匪。

13 时 45 分，犯罪嫌疑人终于支持不住，向医院工作人员要水喝。医院工作人员按照指挥部指示，将两瓶加入三唑仑的冰红茶扔给犯罪嫌疑人，犯罪嫌疑人迫不及待，喝下一整瓶冰红茶。

13 时 50 分，犯罪嫌疑人手中的酒瓶落地，人也跟着慢慢栽倒，行动组立即出动，以迅雷不及掩耳之势按倒犯罪嫌疑人，并成功解救被劫持人质。此次劫持人质事件的处置取得了圆满成功。

二、事件的紧急处置

（一）封锁现场快，控制局面快

福永派出所接报后，所长带领值班民警赶赴现场，并立即调动警力封锁现场。分局增援警力到达后，将记者、围观群众等无关人员全部清理到医院外，很快控制了局面。

（二）正确采取了谈判策略

谈判专家到达现场后，建议在现场环境等诸多因素不允许强攻的情况下，及时、有效地疏散人群，避免有警灯、警笛、穿制服的民警出现，以致刺激劫匪情绪。然后，5 名谈判专家轮流上阵与劫匪对话。虽然因劫匪情绪激动没有达到瓦解其意志的目的，但一定程度上安抚了劫匪，让其认识到警方和平解决此次人质劫持事件的诚意，为下一步处置赢得了时间、创造了条件。

（三）充分评估预测形势，适时采取有效处置措施

现场指挥人员根据天时、地理、环境等自然因素，在成功经验的启迪下，综合分析、评估预测，趁犯罪嫌疑人因精神紧张、天气炎热、又喝了酒而要求喝水的时候，将事先准备好的麻醉药剂三唑仑由医院的医生用针筒注入冰红茶饮料中，犯罪嫌疑人一接到扔给他的冰红茶就迫不及待，喝下一整瓶后，其手中的酒瓶落地，人也跟着慢慢栽倒，行动组立即出动，以迅雷不及掩耳之势按倒犯罪嫌疑人，并成功解救被劫持人质。适时适地有效措施的采取，对安全解决人质起到了关键的作用。

三、启示

（一）必须遵循“人质安全第一”的原则

劫持人质案件的具体情况千差万别，引起的原因也各不相同，此类案件的共同点是犯罪嫌疑人手中挟持有人质，能够随时危害所劫持人质的生命安全。因此，在侦破此类案件中，必须坚持“人质安全第一”的原则，以安全解救出人质为第一要务。在确保人质安全的前提下，根据案件的实际情况，精心组织，周密部署，相机行事，果断出击。

（二）必须制定处置劫持人质等突发性暴力犯罪案件的长效机制

劫持人质、绑架人质等作为一种社会危害大、影响恶劣、后果严重的刑事案件，将随着经济的发展呈不断上升的趋势。要想打赢这样一场攻坚战，必须加强反劫持、反绑架等严重犯罪技能的专门培训，加强前瞻性研究，突出对犯罪走势、犯罪活动规律的调查，建立机制，超前防范。要不断总结经验教训，制定和完善处置工作预案，规范缉捕战术的运用，加强实战演练。

（三）必须坚持出警快速、严格保密、内紧外松的原则

要充分发挥快速反应机制打击现行犯罪巨大效能，按照公安机关快速反应机制，闻警而动，迅速形成对犯罪嫌疑人的围追堵截之势，有效地缩短侦破过程。同时，为防止案犯察觉到公安机关介入，对人质安全构成极大威胁，一切侦查工作应秘密进行。

（四）必须坚持冷静沉着和灵活多变相结合的人质解救方式

由于解救人质的行动必须以确保人质的生命安全为第一要素，而不是仅以将犯罪嫌疑人缉拿归案为目的。因此，在解救人质时，应在确保人质人身安全的前提下，采取灵活多变

的解救行动，如果采取武力解救没有切实的把握，不妨先答应犯罪分子的一切条件，待犯罪嫌疑人释放人质后，再将其缉拿归案。

（五）必须培养专业的谈判人员，以应对狡猾且具有丰富反侦查经验的绑匪

在案件侦破中，绑匪必然会同公安机关直接或间接地对话，这既是侦查人员同绑匪斗智斗勇的过程，又是比反应抢速度的较量，为更多地获取犯罪信息，并防止犯罪分子产生怀疑，必须逐步培养机警果敢的谈判人员，能够在现场随机应变，及时果断地应对绑匪提出的各种要求，处置现场各种应急情况。

四、未来的工作目标

（一）人质劫持事件处置工作的目标

劫持人质事件的危害性很大，为了更好地应对人质劫持事件需要尽快达到以下目标。

(1) 国家要出台培训反劫持谈判专家的章程，包括选拔、培训、使用等一系列的机制。

(2) 要在警察现有的某些警种里面，把反劫持谈判作为警员培训中不可缺少的技能。

(3) 处理类似案件，为了体现以人为本的精神，必须把谈判作为处理事件过程中必不可少的工作环节，并且力争把谈判作为最主要的解决手段。

(4) 把反劫持谈判技能作为每年高级警官轮训时的技能课来上。

（二）新型非致命武器的研发

根据未来反恐斗争的需要，今后应重点发展以下非致命武器。

(1) 要加强非致命枪械的研发，主要用于控制人群、使人员失能、防止人员进入禁区、驱散建筑物内的人员等，如激光武器、电子手枪、电飞镖枪、麻醉枪、次声波枪等。

(2) 要加强对非致命弹药的研发，主要包括闪光声响弹、光学炸弹、碳纤维导弹等。

(3) 要加强对非致命器械的研发，主要包括单兵自卫器、激光照明器械、催吐警棍、电休克枪械等。

(4) 重视反器材装备的研发，主要用于切断地面车辆、舰船和飞机的通道或破坏、摧毁这些平台或平台上的设备等。

(5) 加强止动装备的研发，如捕捉网、黏性泡沫、高级黏胶等。

扩展阅读

世界历史上最著名的5次武力营救人质事件

1. 法国：特大劫机恐怖事件

1994年12月24日上午11时许，一架法国航空公司的空中客车A300飞机，在阿尔及利亚首都的布迈丁机场被武装恐怖分子劫持，机上265名乘客和12名机组人员被扣作人质。

26日凌晨，被劫持的法国客机降落到法国马赛机场。因恐怖分子拒绝交出人质，巴拉迪尔总理决定用武力解决。26日17时，劫机犯突然从飞机驾驶舱口向机场的指挥塔开枪射击。17时15分，50余名特种警察以迅雷不及掩耳之势分成几个小组同时向飞机的头部、中部和尾部进击。整个行动仅用了10多分钟，历时54h的特大劫机恐怖事件得到成功解决，274名人质全部获救，只有少数人受轻伤，4名恐怖分子全部被击毙。

2. 秘鲁：大使馆人质事件

1996年12月18日晚，日本驻秘鲁大使官邸正在举行日本天皇诞辰庆祝活动时，突然被一伙武装分子占领，秘鲁政界要人和一些国家使节等400余人被“图帕克·阿马鲁革命运动”扣作人质。

1997年4月22日，当地时间15时27分，一声巨响，硝烟中的使馆，从地底下冒出一群荷枪实弹的突击队员，仅用了15min，恐怖分子就全部被击毙。秘鲁军队和特种警察部队共200多名士兵，在时任秘鲁总统藤森的亲自指挥下，冲入日本驻秘鲁大使馆，在38min内彻底解决战斗。

3. 美国：伊朗扣押美国人质事件

1979年2月，霍梅尼领导人民推翻巴列维国王的统治、建立伊朗伊斯兰共和国后，扣留美国人质的学生要求美国引渡前国王。

1980年4月24日，为了营救在伊朗的美国人质，90名军事人员和8架直升机开始了行动。在这些飞机前往距离德黑兰200英里的加油站的途中，两架直升机发生了故障，在到达加油地点后，另一架飞机又发生了事故。因此不得不决定取消这次行动。这些飞机在撤退过程中，一架直升机同一架C130飞机相撞，两架飞机同时着火，8名机上人员死亡，4名烧伤。人质没救出来，却先死了营救人员。此次武力营救虽然失败，但促成了随后的美伊谈判。

4. 俄罗斯：文化宫大劫持

2002年10月23日晚9时左右，莫斯科文化宫内气氛热烈，风靡一时的音乐剧《东北风》刚上演到第二幕。突然，四五十名戴着面罩、身着迷彩服的武装人员闯入大厅，其对着天花板鸣枪，并高声叫喊。

俄罗斯强力部门立即对这起恐怖事件做出反应，数千名特种部队士兵包围了文化宫大楼，几十辆救护车和消防车也开赴现场待命。

清晨6时23分，就在向文化宫注入催眠气体近1h，特种部队官兵突破进入，枪战持续了半个多小时。在这次行动中，共有90多名人质和50名劫匪丧生，特种部队官兵无一伤亡。

5. 德国：“黑九月”劫持奥运

1972年9月5日凌晨，8名巴勒斯坦“黑九月”组织武装人员入侵慕尼黑奥运村。其强行闯入以色列代表团的住所，当场打死了包括一名以色列举重教练在内的两名以色列人，并把其余9名以色列运动员扣为人质，面对这一突发事件，西德警方决定发动突然袭击。

经过数日的谈判，西德当局同意武装人员和人质乘用直升机飞往一处空军基地，并从那里离开西德。当第一批人走下第一架飞机时，枪声响起，手榴弹也随之爆炸。激战之中，8名恐怖分子中的5人被击毙，3名被擒。

安全小贴士

识别恐怖嫌疑人的办法

实施恐怖袭击的嫌疑人脸上不会贴有标记，但是会有一些不同寻常的举止行为可以引起人们的警惕。

(1) 神情恐慌、言行异常者。

(2) 着装、携带物品与其身份明显不符，或与季节不协调者。

(3) 冒称熟人、假献殷勤者。

(4) 在检查过程中，催促检查或态度蛮横、不愿接受检查者。

(5) 频繁进出大型活动场所。

(6) 反复在警戒区附近出现。

(7) 疑似公安部门通报的嫌疑人员。

讨论题

在人质劫持现场，谈判员的主要目的是拖延时间。人质劫持事件的时间拖得越长，和平解决的可能性就越大。拖延时间的策略包括向上级征求意见、延迟最终期限、将劫持者的注意力转移到一些细枝末节上。

2012 年 6 月 12 日 17 时许，北京市朝阳区王四营乡，一位老人带着 1 岁多的孙子出门遛弯儿，在快到观音堂桥下时，一名男子突然走了过来，一把抱住孩子，左手卡住孩子的脖子，右手持刀顶住孩子的腹部。闻讯赶到的孩子父亲看到母亲和孩子被劫持，立即冲了上去，但被对方用刀逼退。赶到现场的民警为了保护人质的安全，开始与犯罪嫌疑人谈判。试在这一特定的劫持情境下，设计一下拖延时间的具体办法。

第三节　交通工具爆炸事件的应对与安全教育

交通工具爆炸案是指以杀伤交通工具内的人员为目的，从而造成重大恐怖效果的袭击作案形式。目前，常见的形式是公共汽车爆炸。自 20 世纪 80 年代以来，又出现了两种新的交通工具爆炸形式：飞机和地铁爆炸。

一、交通工具爆炸案特点及法律定性

(一) 特点

交通工具爆炸之所以引起广泛的关注，主要在于其具有以下特点。

(1) 防范不易。每天在世界各地运行的各类公共交通工具数以亿计，难以形成严格的

防范制度。仅对交通枢纽加强安检，也将带来运输成本的增加，且会给旅客出行带来不便，从而严重影响运输业的发展。

(2) 救护困难。对运行中遭受袭击的交通工具进行救助是十分困难的，甚至是不可能的。因此，一旦遭受袭击，后果往往是灾难性的。

(3) 侦破艰难。此类案件的侦查和起诉异常艰难。泛美103客机爆炸案至今仍有疑义，莫斯科地铁爆炸案更是难以起诉的无头案。此类案件一旦案发，正义难以伸张，罪犯逍遥法外，给国家和人民造成的伤害都是难以估计的。因此，如何建立一套行之有效的防范机制，找到国家和公民经济与安全利益的结合点，是当前各国亟须解决的问题。

（二） 破坏交通工具罪特征

破坏交通工具罪(《刑法》第116条、第119条第1款)是指故意破坏火车、汽车、电车、船只、航空器，足以使火车、汽车、电车、船只、航空器发生倾覆、毁坏危险，危害公共安全的行为。这是一种以交通工具作为特定破坏对象的危害公共安全的犯罪。其具有如下特点。

(1) 本罪侵害的客体是公共交通运输安全。

(2) 本罪在客观方面表现为对火车、汽车、电车、船只、航空器进行破坏，足以造成上述交通工具发生倾覆或者毁坏危险的行为。

(3) 本罪的主体是一般主体，即任何年满16周岁具有刑事责任能力的自然人。

(4) 本罪主观方面是出于故意，包括直接故意和间接故意。

（三） 处罚

犯本罪的，处3年以上10年以下有期徒刑。依《刑法》第119条的规定，造成严重后果的，处10年以上有期徒刑、无期徒刑或者死刑。

严重后果，主要是指致使火车、汽车、电车、船只、航空器等交通公共安全，造成了较轻的危害后果，或者虽然造成较重的危害后果，但不是严重危害后果的。当然，破坏交通工具的行为与严重后果之间应具有因果关系，如果严重后果是由其他原因而不是行为人的破坏行为引起的，也不能适用较重的量刑档次即第119条第1款的规定。

在坚持以危害后果的严重程度为主要依据确定适用较重或较轻的量刑档次的基础上，还要综合考察犯罪行为人的犯罪事实、情节等，进一步选择轻重不同的刑罚，以使罪刑相适应。

二、我国近期发生的公共汽车爆炸案及应对措施

（一） 我国近期发生的公共汽车爆炸案

2009年6月5日下午召开的新闻发布会称，成都公交车燃烧事故已造成25人遇难，76人受伤，其中特重伤6人。四川省和成都市有关领导对此高度重视，受伤人员将得到最好的救治，事故调查组成立，相关责任人将被严肃处理。

2009年6月5日8时2分，成都市一辆满载乘客的9路公交车在行驶中发生燃烧，造成27

人遇难，74 人受伤。2009 年 7 月 2 日该案告破，系故意放火案，犯罪嫌疑人张云良已当场死亡。

2010 年 7 月 21 日 16 时许，一辆机场大巴行至长沙机场高速公路 6km 处时突然起火，造成 2 人死亡，3 人重伤，11 人轻伤或轻微伤。当晚 24 时，犯罪嫌疑人谌海涛即被抓获归案

2012 年 7 月 28 日下午 5 时许，北京一黑衣男子用塑料瓶携带了少量汽油乘车，简单泼洒后实施纵火。公交司机迅速停车疏散乘客，并用车载灭火器及时灭火，由于汽油量较少且处理及时，并未造成人员伤亡。车停之后，纵火男子迅速逃逸后被警方抓获。

（二） 案件分析

1. 案发时段

案发时段均为上下班高峰期，厦门“6·7”爆炸案为周五下午下班时间，更属于绝对的人员密集时段，犯罪分子在这种时段实施爆炸犯罪，基本排除了示威诉求，犯罪动机极端恶劣。

2. 案发地点

案发地点均为公共交通车辆的行驶途中，其中福州、成都、昆明和长沙等地的 5 起案件发生在市区人员密集场所，厦门案的案发地虽不是在绝对人员密集地段，但无论是前两起的常规公交还是厦门案的 BRT 公交本身就是人员密集的公共交通工具，犯罪分子在这类地点实施爆炸犯罪，无论出于什么动机，基本无视周边人民群众的生命安全，犯罪性质极其严重。

3. 作案目标

均针对公交车实施爆炸，目标都是指向乘坐公共交通工具的人民群众，无论犯罪分子是针对个体目标实施犯罪，还是要针对社会表示不满，其主动或被动选择的对象都直指广大民众，如实施打击环节遇到困难，必将衍生出社会稳定层面灾难性损失。

4. 作案手段

以自制爆炸物或以明油等为媒介引发爆炸。

（三） 防范措施

1. 加大排查不安定因素的力度，提高预防可能出现的危害公共安全犯罪行为的能力

各级公安机关，特别是基层派出所、国保、治安等部门要结合日常工作切实加强情报信息的收集、报告工作，加强对公共交通运输工具以及危险品制造、生产、存放、运输单位安全的管控，对辖区内大型油库和中小型加油站进行监督管理，严格明油出入审查，同时对辖区内修理厂、汽车美容院等涉车行业，烟花爆竹、化工厂、混合仓库等涉危行业的从业人员进行排查。

2. 提高发现、控制、制止、应对突发案（事）件的预警、应急、协作能力

自觉提升交巡警部门对于路面车辆运行的经常性的安全检查的责任心和严谨度，加强路口查报站、巡防哨卡车辆、人员安全检查，尽可能在站点、哨卡等固定地点消除隐患。

3. 公共交通工具安检升级

由于公共交通的大众性，因此要在终端加强安检。厦门交通运输管理局宣布，对所有公交车辆采取安全员跟班、跟车措施。厦门快速公交刷卡进站位置新增了快速公交安保人员，检查重点是易燃易爆物品。对于市民来说，鞭炮、汽油、酒精等易燃易爆物品，严禁携带上公

交车。一旦驾驶员发现,将立即坚决制止。

北京警方近日启动覆盖轨道交通站口、通道、站台、安检点等所有部位的轨道交通"地上地下一体化"警务工作模式,为提高公共交通安检等级,逢包必检、逢液必检。南京地铁为提升安检力度和巡逻密度,在人员较复杂的南京南站,金属、液体以及炸药探测仪和通道安检全部已投入使用。

4. 推广应用先进防爆技术设施

厦门交通管理局要求尽快在全市165辆BRT车辆上安装自动爆玻器,以提高客车安全性能。在客车厂试验中心,自动爆玻器的爆玻过程显示,司机在驾驶位按下按钮的一瞬间,12m长的公交车上4扇玻璃出现无数裂痕,乘客只要用手一推,整扇玻璃立刻分崩离析,可第一时间从这些窗口逃生。

三、交通工具爆炸事件应对常识

公交车、地铁、火车、校车等普通公共交通工具的安全事关每一个人。公交系统通常人员密集,一旦起火或爆炸,伤亡必定惨重。学习一些应对知识,能有效减少自身的伤害程度。

(一) 发现可疑爆炸物的应对方法

(1) 不要触动。

(2) 及时报警。

(3) 迅速撤离。疏散时,有序撤离,不要互相拥挤,以免发生踩踏造成伤亡。

(4) 协助警方的调查。目击者应尽量识别可疑物发现的时间、大小、位置、外观,有无人动过等情况,如有可能,用手中的照相机进行照相或录像,从而为警方提供有价值的线索。

(二) 遇有匿名威胁爆炸或扬言爆炸的应对方法

(1) 信:要"宁可信其有,不可信其无",不能心存侥幸心理。

(2) 快:尽快从"现场"撤离。

(3) 细:细致观察周围的可疑人、事、物。

(4) 报:迅速报警、让警方了解情况。

(5) 记:用照相机或者摄像机等将"现场"记录下来。

(三) 地铁内发生爆炸的应对方法

(1) 迅速按下列车报警按钮,使司机在监视器上获取报警信号。

(2) 依靠车内的消防器材进行灭火。

(3) 列车在运行期间,不要有拉门、砸窗、跳车等危险行为。

(4) 在隧道内疏散时,听从指挥,沉着冷静、紧张有序地通过车头或车尾疏散门进入隧道,向邻近车站撤离。

(5) 寻找简易防护物,如衣服、纸巾等捂鼻,采用低姿势撤离。视线不清时,可手摸墙壁撤离。

(6) 受到火灾威胁时，不要盲目跟从人流相互拥挤、乱冲乱摸，要注意朝明亮处、迎着新鲜空气跑。

(7) 身上着火不要奔跑，可就地打滚或用厚重衣物压灭。

(8) 注意观察现场可疑人、可疑物，协助警方调查。

(9) 在平时乘坐地铁时，要注意熟悉环境，留心地铁的消防设施和安全装置。

（四） 公交车爆炸起火的应对方法

(1) 保持头脑冷静。寻找最近的出路，如门、窗等，找到出路后，应立即以最快速度离开车厢。如果乘坐的公交车是封闭式的车厢，在火灾发生的时候，可以使用车载救生锤迅速破窗逃生。如果没有找到救生锤，可以利用一切硬物来砸碎车玻璃逃生。

(2) 司乘人员在火灾发生的时候，应该将车辆驶往人烟稀少的位置，将乘客疏散至安全地点。如果公交车是在加油站等容易发生爆炸的场所起火，则应立即将车驶离。

(3) 利用车载灭火器。当公交车起火时，司乘人员应该立即使用车载灭火器(一般在驾驶员座位旁)将火扑灭。

(4) 如果在逃生过程中，可就地打滚将火压灭。发现他人身上的衣服着火时，可以脱下自己的衣服或用其他布物，将他人身上的火捂灭。

（五） 购买保险

交通意外保险是以被保险人的身体为保险标的，以被保险人作为乘客在乘坐客运大众交通工具期间因遭受意外伤害事故，导致身故、残疾、医疗费用支出等为给付保险金条件的保险。主要包括火车、飞机、轮船、汽车、地铁等交通工具。

1. 交通意外保险的保险责任

在保险期间内，被保险人以乘客身份乘坐民航客机或商业营运的火车、轮船、汽车期间因遭受意外伤害事故导致身故或残疾的，保险人依照约定给付保险金，且给付各项身故保险金和残疾保险金之和不超过各对应项的保险金额。其中，包括身故保险责任和残疾保险责任。

2. 选择合适的交通意外保险

对于长期出差的商旅人士，乘坐交通工具的几率比较频繁，每次买一份意外险既麻烦又不划算，可以考虑买一份一年期的含有交通工具保障的意外保险。

对于短期偶尔出差的人士，可以选择短期的含有交通工具保障的意外险，保障涵盖出行期间即可，一般保障7～15天的这种短期的交通意外险，保额都会相对较高，且保费也比较便宜，一般在20～50元。

3. 购买保险的注意事项

在购买交通意外保险时，一定要注意保险期限和责任范围。

实训课堂

(1) 地铁内发生爆炸时，应采取哪些应对方法？

(2) 公交车爆炸起火后，应该采取哪些应对方法？

第四节 厦门公共汽车爆炸案

时间：2013 年 6 月 7 日下午 6 时 30 分左右

地点：厦门市金山公交站往南 500m 处

事件：一公交车在行驶过程中突然起火，造成重大人员伤亡

2013 年 6 月 7 日，福建省厦门市一公交车在行驶过程中突然起火，造成重大人员伤亡。经公安机关初步认定，这是一起严重刑事案件。事件发生后，公安部高度重视，连夜部署各地公安机关迅速采取有效措施，积极会同有关部门，进一步加强安全隐患排查整治。由国务院有关部门和公安部治安、刑侦、消防等部门负责人以及有关专家组成的国务院工作组 8 日凌晨 1 时许抵达厦门开展工作。

截至 2013 年 6 月 8 日凌晨 1 时 12 分，大火已造成 47 人死亡，30 余人受伤。为了保证高考顺利进行，厦门快速公交将正常运行，犯罪嫌疑人陈水总被当场烧死。从厦门市教育局获悉，厦门公交车起火案件中 8 名下落不明考生，通过 DNA 比对，已确认全部遇难。

一、事件回顾

2013 年 6 月 7 日傍晚 18 时 20 分许，福建省厦门市湖里区金山街道一辆车号为闽 DY-7396的 BRT 公交车在驶离金山站 400m 米处，突然发现后门起火，并且伴有冒烟现象。

起火后，司机赶紧停下了车辆，并且打开了前后车门，人们从车上逃出。

据公交车司机叙述，起火后大概有三四十个人逃下了车，大火燃烧的速度非常快，大约烧了 10min，中间发出爆炸声。目前，有 30 名受伤的伤员被送往了厦门的厦门大学附属第一医院和解放军第 174 医院。

18 时 45 分，火被扑灭。截至 8 日凌晨 1 时 12 分，大火已造成 47 人死亡，34 人受伤。19 时，在厦门快速公交蔡塘站，大量人员正从高架路上往地面疏散。

2013 年 6 月 8 日，厦门快速公交恢复运行。

二、事故调查

（一） 案件定性

经初步认定，这是一起严重刑事案件。厦门市政府新闻办 10 日下午发布了公安机关综合各方面的调查结果，确认犯罪嫌疑人陈水总实施了放火案。犯罪嫌疑人陈水总，厦门本地人，1954 年生。警方通过深入、细致地侦查和技术比对，并在其家中查获遗书，证实陈水总因自感生活不如意、悲观厌世，而泄愤纵火。

（二） 陈水总犯罪四大证据

(1) 现有证据表明，陈水总携带汽油上了闽 DY-7396 公交车。现场在起火点提取到折

叠式手拉车残留金属架、编织袋残片等相关物品。经走访调查和侦查工作确认，6月5日16时，陈水总在厦门某售油处购买了汽油；6月7日16时左右，陈水总拉着一个载有编织袋的手推车离家，之后上了车。侦查员在搜查陈水总住家时，提取到残留汽油的铁桶。

(2) 有多名同车幸存者指认，陈水总在闽DY-7396公交车行驶BRT快1B线进岛方向至金山站与蔡塘站之间时纵火。

(3) 经笔迹鉴定，陈水总6月7日致妻女的两封绝笔书系陈水总本人亲笔所写。

(4) 经DNA技术鉴定比对，证实犯罪嫌疑人陈水总在"6·7"公交车放火案中被当场烧死。

（三）善后处置

事发后，厦门市委、市政府领导第一时间赶到现场，立即启动应急预案，成立应急指挥部，各工作小组立即展开伤员抢救、善后工作处理等相关工作。

1. 恢复交通

案发后，厦门市成立应急指挥部，下设医疗救助、善后理赔等5个工作小组，分别负责全力救治受伤人员、清点伤亡人数、清理现场、对事故路段进行安全检测检查、侦查与调查取证、勘查事故原因等工作。

8日5时30分，由厦门市交通运输质量监督站牵头组织专家对起火的高架BRT段进行了全面安全检测，检测结果表明路面和所有设施都良好，符合通行条件。厦门BRT快1线、快2线由此上午恢复运行。

2. 妥善解决无法参加高考的7名伤者

在厦门公交车起火案中，有15位参加今年高考的学生在事发公交车上，7位学生已被送往医院救治，另有8名学生至今下落不明。政府应全力做好学生家长关心疏导工作，照顾好住院学生；对这些受伤无法继续参加今年高考的学生，福建省教育厅表态将会根据实际情况，采取措施妥善解决。

三、事故反思

（一）应急设备缺失：部分公共交通救生锤不知去向

在成都公交起火事件中，公众极为关心是公交车是否配备安全锤？在事故发生后，有人质疑车上未配备安全锤。虽然调查显示现场确有3只安全锤，但有关部门在随后对全城近5 000辆公交车的检查中却发现，灭火器和安全锤未配齐的现象依然存在。

（二）密闭环境疏散受阻：火情、推挤都可致车门难打开

公交车的车门开关，一般都是使用电气控制系统。火焰可能在最开始就破坏了电气控制系统，即便没有，当失控的人群哭喊着，凭本能拍打推挤车门时，需要向内收起的车门在人群的压力下也难以打开。

（三） 特殊交通救援困难：BRT缺少消防通道，地铁擦碰花4小时疏散

地铁相对封闭的空间、密集的人流给救险增加了很大难度，在快速公交（BRT）带来通畅快捷出行的同时，安全问题也摆在人们面前：一是消防进攻通道少，灭火救援难度大；二是高架车道无供水设施，供水灭火渠道单一。

（四） 狭小空间放大杀伤力：车厢内起火1.5min后出现有害气体

日本消防部门有研究发现，地铁车厢内起火后，在1.5min后就会出现对人体有害的气体，在2～5min内，车厢内浓烟弥漫，乘客就很难看清楚物体和寻找逃生出口，相邻车厢在5～10min内也会出现相同情况。在公交车上，内部的橡胶、塑料、车内燃油以及乘客的行李、衣服，都足以使大火在极短的时间里席卷车厢。

（五） 车辆超载也是一大原因：司机拒载违法

公交车的超载历来为人们所诟病，这也是一大安全隐患。然而，《城市公共汽电车客运管理办法》中明显存在超载与拒载的矛盾规定。上班的高峰期，乘客打破头往车里挤，明显已经超载，但售票员和司机都无权强制要求超出的乘客下车，否则就是违法，乘客可以以拒载为由投诉司售人员。

四、改进措施

（一） 常态安保：从根源上杜绝隐患

如果我国有专职的公安队伍编制，公安人员经常着便衣深入公交车、长途客车进行检查，那么携带违禁物品的人就会减少，对不法分子也是一种震慑，乘客的安全自然就会得到保护。

（二） 改进工具：防火型公交可10s内控制火势

由四川省公安消防总队研发的公共交通车辆安全防护系统，能够快速有效地控制火灾，在5s内防护系统响应启动，在10s内控制火势、60s内扑灭各类型公交车客舱和发动机舱内的固体和液体火灾，从而保护油箱（气瓶），防止爆炸，人们期待这种系统能够更快普及。

（三） 专业救援：高架桥要有应对设施，地铁要有轨道消防车

跟地面救援不同，地铁交通的救援除了具备路面救援的消防器材外，还须引进一些专门为地下空间救援配置的设备和器材。这些器材主要有路轨两用消防车、长距离供水车和排烟车。

（四） 冷静自救：危急时刻驾驶员要承担救生员职责

在出现突发事件时，如何组织乘客进行自救才是最重要的，因为公交车可能停靠在前不

着村后不着店的地方，警察、消防和其他救援人员不可能在第一时间赶到，所以运输企业在培训司机和司乘人员时，应该将“应对突发事件，引导乘客突围”作为重要的培训内容。

1. 冷静面对火灾

当乘坐的公交车发生火灾时，千万不要惊慌失措，要保持头脑冷静。寻找最近的出路，如门、窗等，找到出路立即以最快速度离开车厢。如果乘坐的公交车是封闭式的车厢，在火灾发生的时候应该迅速破窗逃生。现在封闭式公交车均配备有破窗用的救生锤，可以在危急时刻砸碎车窗逃生；如果没有找到救生锤，可以利用一切硬物来砸碎车玻璃逃生。

2. 司乘人员要疏散

司乘人员在火灾发生的时候，应该将车辆驶往人烟稀少的位置，将乘客迅速疏散至安全地点。

3. 远离易燃易爆区

如果公交车是在加油站等容易发生爆炸的场所起火，司乘人员应该立即将车驶离，以免造成更大的事故。

4. 利用车载灭火器

当公交车起火时，视火情大小，当起火的程度很低时，司乘人员应该立即使用车载灭火器将火扑灭。如果不能解决，可立即拨打 119 和 110 求救电话。

5. 起火地点要说清

在发生火灾时，报警人员应该学会如何报警。首先要说清楚起火场所、火势和燃烧物；其次是把报警人员的联系方式留下；最后是要到路口迎接消防车，以便让消防人员尽快到达火灾现场。如果在逃生过程中，衣服不慎起火来不及脱，可就地打滚将火压灭。当发现他人身上的衣服着火时，可以脱下自己的衣服或用其他布物，将他人身上的火捂灭，切忌着火人乱跑或用灭火器向着火人身上喷射。

扩展阅读

国外公共交通工具爆炸事件应对经验

1. 伦敦公交系统使用密集摄像头监控

虽然伦敦公交系统没有任何安检措施，不过千万别以为这样就可以为所欲为，每次进入站台就能听到广播，“你已经进入监控区域，请规范自己的言行”。据估计，伦敦有超过 50 万个摄像头，是世界上监控最严密的城市，一周 7 天每天 24h 实时监控。除此之外，根据规定，英国总共有 400 多万个闭路电视电控头。虽然没有安检措施，但是如果有人在公共区域举止可疑，就会被及时发现。

2. 莫斯科地铁的安保措施

目前，莫斯科地铁内的各个车站和过道都安装有摄像头，录像资料保留 3 天。计划以后将改为数字图像，这样可以在调度室“实时”观察任何一个车站和过道的情况，录像资料保留一个月，以备查用。

为了降低突发事件可能造成的损失，有关部门计划在车辆内安装新式车窗玻璃，一旦发生爆炸，玻璃不会破碎，而是连同窗框一起脱落。

在安全教育方面，俄罗斯除了在中学开设安全和逃生课程之外，紧急救援部也在有计划地向居民宣传安全防范和自救的知识。几乎所有地面和地下交通工具在报站时都会提醒乘客“下车时不要忘记自己的东西。看到可疑的东西千万不要动，请立即向司机或附近的警察报告”。

3. 美国加强对交通枢纽的安检力度

洛克比空难后，美国加强了对机场的监管力度，并开始研制客货仓安全隔离等装置，取得了明显的效果，但也由此造成了人们出行的不便，增加了安全的成本。对运输业，尤其是航空业造成了不小的冲击。在众多的反恐措施中，美国建立的反恐预警机制可以根据恐怖活动威胁情报等级的高低，适时调整安检力度，最大限度地保持安全和经济利益的平衡。

安全小贴士

救生锤的使用方法

救生锤也名安全锤，是一种封闭舱室里的辅助逃生工具。它一般安装于汽车等封闭舱室内容易取到的地方，在车内出现火灾或汽车落入水中等紧急情况下，可以方便地取出并砸碎玻璃窗门，以顺利逃生。钢化玻璃的中间部分是最牢固的，四角和边缘是最薄弱的。最好的办法是用安全锤敲打玻璃的边缘和四角，尤其是玻璃上方边缘最中间的地方，一旦玻璃有了裂痕，再多敲几下就可以了。

讨论题

29岁的周艳记得，车子开过金山站不久，大概下午6时15分左右，浓烈的汽油味开始在车厢内弥漫。以为是外面传进来的。没太在意。同样没太在意汽油味的还有厦门双十中学高二的一位学生。当汽油味飘散时，这名站在司机旁边的学生，在玩手机。

据“海峡都市报闽南版”官方微博报道，该学生讲述，“先有人喊停车，没过多久就有人喊着火了”，大家都往车门拥。“我回头看，车厢中后部冒着浓烟。不久烟往我这边窜，呛得难受，隐约看到火。我当时很害怕，也想往车门那边挤，但是人太多，根本挤不过去。”他说，“后来，我看左边有人从窗户跳出去，我也跟着从窗户钻出去。”结合上述材料，分析乘客应如何提高自我安全保护意识。

第五节　群体性突发事件的应对与安全教育

群体性突发事件是指突然发生的，由多人参与，以满足某种需要为目的，使用扩大事态、加剧冲突、滥施暴力等手段，扰乱、破坏或直接威胁社会秩序，危害公共安全，应予立即处置的群体性事件。

一、群体性突发事件的特征及原因

（一）群体性突发事件的特征

从理论上来讲，群体性突发事件一般具有以下几个方面的特征：主体的群体性、对抗目的性、客观的危害性、事件的突发性、原因的复杂性。

1. 主体的群体性

此类事件爆发时往往参与人数众多，且呈现规模化，在突发群体性事件的初始阶段参与人员以实现某种共同的利益诉求为动机迅速聚集于特定的空间内，同时"非直接利益相关者"也可能不断地加入进来，规模处于难以预测的增长状态。

2. 原因的复杂性

突发群体性事件发生的根本原因为合法利益特别是物质利益受到侵害，这些侵害是由复杂的原因引起的。例如，由劳资关系、农村征地、城市拆迁、企业改制重组、移民安置补偿等问题而引发的突发群体性事件极为典型。在当前的制度背景下，虽然此类突发群体性事件多被评价为违法性事件，但其所欲表达和实现的利益却往往具有正当合法性。

3. 事件的突发性

通常以某种突发事件为"导火索"，从表面上看，具有突发性和偶然性的特点，如果预警和应对机制乏力，则事态会迅速恶化升级。例如，2009 年 5 月 19 日，甘肃省白银市会宁县因处理交通违章引发的一起群体性事件就是这样。一般情况下，从爆发到平息的时间较短，需要政府具备较高的预警和应对能力。

4. 对抗目的性

从行为方式的角度看，突发群体性事件具有对抗性，参与者为了使事件的影响扩大，引起政府和社会的高度关注，往往会采取极端的行为方式，如阻断交通、冲击党政机关、打砸抢烧等，警民冲突时有发生，且常造成人员伤亡的严重后果。

5. 客观的危害性

突发群体性事件不仅会造成直接财产损失，导致人员伤亡，而且会造成一定区域和空间内的社会秩序的突然混乱。此外，还在社会中产生了负面的示范效应，从而影响整个社会的长期稳定秩序的预期。

（二）原因

突发群体性事件的原因可分为直接原因和深层原因。直接原因是指民众的合法权益长期受到权力和资本的侵害，且无法通过合法、有效的体制内途径解决，则最终选择极端的方式表达权利救济的意愿。

突发群体性事件的频繁发生，从表面上看，与我国现阶段经济和社会发展中存在的突出经济问题和利益矛盾密不可分，实质上隐藏在直接原因背后的深层原因是社会制度的不健全。体制性的深层原因有如下表现。

1. 利益诉求机制不畅

利益诉求机制，即利益表达的各种形式和途径的综合系统。从表面上看，我国民众利益诉求的途径具有多样性，如申诉控告、信访制度、人民代表大会制度、政治协商制度、新闻媒体、行业组织、社会团体、投诉热线、协商谈判和行政首长接待日等。然而，现实中利益诉求机制不畅是不可否认的事实。

当正常的方式和渠道受阻以后，非正常的方式和渠道就成为必然的选择。在某一诱因出现时，利益诉求和负面情绪都会通过突发群体性事件爆发出来，演变为群体性的极端行为或违法行为。

2. 公权力监督机制失灵

突发群体性事件的发生多源于事关群众切身利益的事项上，如劳资纠纷、农村征地、城市拆迁、环境污染、公民集体维权等，在其发生过程中基层政府的公权力运行失范成为关键诱因之一。民众的社会情感受到伤害、负面情绪不断累积，遇有进一步激化矛盾的偶发事件时，体制外的对抗性群体力量就会产生，民众对权力腐败的积怨和自身权益无法保障的负面情绪就会通过突发群体性事件宣泄出来。

3. 利益协调机制不健全

（1）利益约束机制不健全

对各种利益集团的约束力度有待加强，严格实施特许行业的准入，依法刚性约束垄断行业的非法竞争行为和纳税行为，以使商业、政治等各个领域都能步入法治轨道。

（2）利益收入分配制度不完善

政治力量参与社会利益分配势必导致腐败的产生，并且社会优势资源集中于少数富裕群体、精英阶层；此外，垄断行业和发达地区在市场竞争中获得了更多的政策性支持，加大了行业差距、区域差距，因此在制定法律法规时，必须充分考虑社会弱势群体的需要和声音。

（3）社会保障和福利制度不完善

财政支出直接投放到教育、医疗等方面比例过低，社会保障与社会福利供应不足，导致社会贫富悬殊、两极分化现象严重。

4. 矛盾调解机制不完善

行政调处是指行政机关和职能部门对矛盾和冲突予以调处的方式，主要包括行政调解、行政复议、行政裁决和信访等。在涉及征地、拆迁等事项时所做出的不公平的调解结果会伤害民众的社会法感情，激起民怨，从而加剧矛盾。

司法救济在引发群体性事件的诱因事件中，常因民众的合法利益诉求无法通过司法途径获得救济而导致矛盾在日积月累之后以突发群体性事件的形式爆发出来。

二、突发群体性事件的处置原则

对突发群体性事件的解决，必须讲究控制和处理突发群体性事件的策略。具体应把握“快、稳、化、活、公、清”六字方针。

（一）快

所谓“快”，就是要及早发现，及早介入。要快速制胜应当做到如下3点：一要快速发现，快速报告；二要快速出动，快速到位；三要快速展开，快速介入，以便抓住先机，争取主动，尽快控制事态的发展。

（二）稳

所谓“稳”，就是要稳定群众情绪。在突发性群体事件发生时，信息传播混乱，主要是由于秩序的混乱和人们心理状态的失衡以及情绪的波动造成的。因此，必须一方面揭露谣言，控制信息的混乱传播；另一方面及时披露事实真相，正确地引导公众的注意力，防止事态的进一步扩大。

（三）化

所谓“化”，就是指在处理突发群体性事件时，要坚持协调和化解矛盾的原则。从总体上讲，突发群体性事件属人民内部矛盾，解决此类矛盾最恰当的方式应该是采取化解矛盾、平息事态、解决问题的方法。

（四）活

所谓“活”，就是要弄清事件起因、分类处置、灵活施策。当处理群体性事件时，务必要弄清事件爆发的原因、群众心态和现场情况，慎重决策，要注意方法的灵活性和策略的多样性，要具体情况具体分析。

（五）公

所谓“公”，就是指分清是非、秉公处理。公生明，廉生威。公正才能明断，明断才能服众。分清是非既是秉公执法的依据，也是解决人民内部矛盾的基本方法。不管是何种矛盾引发的群体性事件，处理时务必要公正，任何偏袒和压制都会导致矛盾的激化和事态的恶化。

（六）清

所谓“清”，就是指全面总结经验，彻底清除复发隐患和同类事件发生的根源。当事件被平息后，要认真反思。第一，要进一步做好善后工作，彻底清除复发隐患；第二，要及时总结经验教训，举一反三，并从中探求规律性的东西，彻底清除同类或相近事件发生的根源。

三、构建和完善突发群体性事件的预防和应对机制

（一）建立全面预防机制

建立全面系统的防范机制。防范突发群体性事件要治本，即要从根本上、源头上消除事件发生的土壤和条件。为此，需要有一种程式化的、稳定的、一系列配套的制度设计。

1. 要坚持社会公正原则，协调利益关系

要建立系统规范的社会保障制度和社会福利网络，努力解决城乡人口的低收入和贫困问题，以释放社会成员所承担的社会风险。要下大力气营造让每个社会成员、社会细胞、社会单元"各得其所"的公平的社会环境。

2. 要建立、健全社会安全控制系统

(1) 构建理性化的社会沟通系统。理性化的沟通系统可以让群众通过各种渠道及时、充分地表达自己的利益要求，政府可以适时地根据群众意见做出政策调整。

(2) 培育社会缓冲与消融机制。要进一步加强、引导、规范社会中间组织建设，通过建立各种社团组织，确立公民政治，建立兴趣社团，构建国家与社会、精英与民众之间以及富人和穷人之间的中介机制和传导沟通机制，使之发挥理顺关系、处理矛盾等保障社会安全运行的积极作用。

3. 要建立社会监控与预警机制

建立预警机制是防范和解决社会矛盾的基础，是社会稳定和发展的指示器，是科学决策的可靠手段。

(二) 群体性突发事件的解决措施

(1) 改善政府形象，密切干群关系，营造互助、和谐的社会文化氛围。防范突发群体性事件需要动员全社会各部门的力量积极参与，其中政府作为拥有公共权力、管理公共事务、代表公共利益、承担公共责任的特殊的社会组织，它既可以通过制定政策法规改善自身形象来影响和调节公众的行为，又可以通过控制意识形态来引导、营造社会的思想文化氛围，进而缓解和消除公众之间因摩擦、矛盾和隔阂引起的离散和不稳定现象。

(2) 推进政治体制改革，树立民主、秩序、廉洁、务实、高效的政府形象。进一步推进政治体制改革，树立良好的政府形象是维护国家政治、经济稳定和社会安定的关键所在。

(3) 增强公众的文化和社会认同感。由于文化和社会认同感是在深层发挥作用的，因此其对于维护社会秩序、防范突发群体性事件有着特别重要的作用。强化文化和社会认同，要注重在全社会形成共同理想和精神支柱，倡导社会公平、社会互助和社会和谐，建立协作型的人际关系，进而缓解和消除公众之间因摩擦、矛盾和隔阂引起的离散和不稳定现象，从而增强社会的凝聚力、向心力和整合力。

处理群体性突发事件时，应掌握哪些原则？

第六节　云南孟连群体性突发事件

时间：2008 年 7 月 19 日

地点：普洱市孟连傣族拉祜族佤族自治县

事件：执行任务的公安民警被不明真相的500多名群众围攻、殴打，冲突过程中，民警被迫使用防暴枪自卫，2人被击中致死

2008年7月19日，普洱市孟连傣族拉祜族佤族自治县发生一起群体性突发事件，执行任务的公安民警被不明真相的500多名群众围攻、殴打，冲突过程中，民警被迫使用防暴枪自卫，2人被击中致死。事件发生后，党中央、国务院和省委、省政府高度重视，社会广泛关注。通过各级党委政府的努力和社会各界的支持，经过4天的艰苦努力，事件处置工作取得了初步成果，局势较为平稳，伤亡人员得到妥善安置，群众情绪基本缓和，整个事态正朝着好的方向发展。

一、事件起因和经过

（一）事件起因

孟连事件表面上看是警民冲突，实质上是胶农与企业的经济利益长期纠纷所引发的一起较为严重的群体性社会安全突发事件，是人民内部矛盾在特定条件下的集中表现。2008年橡胶的价格不断上涨，利益分配纠纷逐渐激化，胶农长期以来对橡胶公司的积怨逐步发展成为对基层干部、基层党委政府的不满，加之少数违法人员乘机进行调唆、误导，在个别地方出现了围攻、打砸橡胶公司，甚至围攻、殴打县乡工作组人员，打砸公私财物，非法收缴群众费用，欺压群众等情况，严重影响了当地社会治安稳定。

（二）事件经过

"勐马"和"公信"是孟连县最大的橡胶企业，经历了从乡镇企业到股份合作制企业、私营企业的两次改制，但改制并不彻底，留有产权不清晰、管理不规范、分配不合理的后遗症。橡胶价格飞涨和农特税取消带来的利益被橡胶公司老板独享，引致胶农愤慨。胶农决定中止出售胶乳给公司，自行给价高的收购者，遭到公司派出的保安阻止，双方多次发生冲突。

孟连县委、县政府认为，这些事件是农村黑恶势力作怪，要求普洱市调用警力进行打击。省政法委派出工作组到孟连调研后认为，当地社会治安问题的根本原因是群众利益纠纷，再次重申对少数人采取强制措施可能引起群体事件的风险。

2008年7月2日，普洱市委常委会依然决定打击孟连农村黑恶势力，跨县调警之事不再向省里报告。2008年7月11日，市公安局调动的警力向孟连集结。

2008年7月19日上午，公安机关依法对勐马镇勐啊村芒朗组分别涉嫌聚众扰乱社会秩序罪、故意伤害罪的5名犯罪嫌疑人采取强制传唤措施，在依法强制传唤任务执行完毕后，按计划向村民开展法制宣传教育时，500多名不明真相的人员在极少数别有用心人的煽动下，情绪激动、行为过激，多次冲越警戒线，手持长刀、钢管、铁棍、木棒向民警进行攻击性劈砍、殴打，致使多名民警受伤，民警在生命受到严重威胁，经多次喊话劝阻、退让、鸣枪警告无效的情况下，被迫使用防暴枪自卫，由于距离较近，致使2人死亡。事件还造成41名公安民警和19名群众受伤，9辆执行任务车辆不同程度损毁。

二、事件调查结果

23 日下午，在普洱市新闻发布会上，普洱市新闻发言人杨锦昆称事件处置工作取得了初步成果，受伤人员得到救治，死者遗体已进行火化，群众情绪基本稳定，整个事态正朝着好的方向发展。

孟连县委、县政府为进一步整顿社会治安，调整理顺各方利益关系，于 2008 年 7 月 15 日派出工作组到勐马镇和公信乡各村寨宣传《孟连县深化橡胶产业产权及经营管理体制改革指导意见》和《孟连傣族拉祜族佤族自治县人民政府关于对公信乡勐马镇部分农村地区进行社会治安重点整治的通告》及《关于限令违法犯罪人员投案自首的通告》，要求在限令到期之前违法犯罪人员主动投案自首。

三、处理措施

事件发生后，中央和云南省委、省政府要求采取有力措施平息事态。省委书记白恩培、省长秦光荣等领导做出批示，要求抢救伤者，安抚好死者家属，做好善后工作和群众工作，组成工作组赶赴现场，去查明事件起因，及时公布真相。由省委副书记李纪恒，省委常委、省委政法委书记孟苏铁、副省长曹建方挂帅组成的工作组，前往孟连县指导事件处置工作。省、市、县领导深入事发地点，采取一切措施，尽最大努力平息事态，并与胶农直接对话，听取其意见和诉求，防止事态进一步恶化。

经过 4 天的艰苦努力，事件处置工作取得了初步成果。受伤人员得到救治，死者遗体已进行火化，群众情绪基本稳定。

把妥善处理好胶农、企业和各方利益作为当前和今后一段时间党委、政府的首要任务，抓紧开展胶农与橡胶企业利益调整工作。省政府已成立孟连县橡胶产业利益调整工作指导小组，普洱市成立孟连县橡胶产业利益调整工作领导小组，将开展深入的调查研究，在摸清基本情况、认真准确测算的基础上，尽快研究制定孟连县橡胶产业利益调整方案。方案出来后，要及时公开征求意见特别是广大胶农的意见，征得大多数群众认可后择机组织实施，从根本上解决问题，彻底消除引发矛盾的根源。

采取有力措施，迅速开展“兴边富民”送温暖活动。组织市、县、乡三级“兴边富民”工作队，进村入户，帮助群众学习文化科技、学习党的方针政策、学习国家法律法规，制定发展目标，完善发展思路，开展基础设施建设，改善发展条件，协调解决矛盾，维护社会治安。在做强做大橡胶产业的同时，拓宽经济发展的门路，做好其他优势产业的发展，使农民有更多的增收机会。

深刻反思，认真总结经验教训。切实改进思想作风和工作作风，始终把群众的安危冷暖放在心上，认真解决好群众的切身利益。

四、教训及启示

孟连事件后果严重、影响恶劣，不仅造成了国家和人民生命财产的重大损失，而且严重伤害了边疆少数民族群众的感情，严重损害了党和政府的形象，教训非常深刻，现归纳如下。

（一）群众利益无小事

孟连事件的最根本原因是孟连县胶农与橡胶公司的利益纠纷长期得不到解决，矛盾不断积累、激化。群众利益无小事。在社会转轨时期，由于体制、机制等原因，社会矛盾处于多发期。为政者只有时刻掌握社会各阶层、各主体利益诉求，随时做到心中有数，认真梳理社会各种利益冲突，及时化解利益纠纷，才能防微杜渐，妥善处理人民内部各种矛盾。

（二）要正确认识当前社会矛盾的根源

孟连事件本身是胶农与企业的经济利益长期纠纷所引发的一起较为严重的群体性突发事件，是人民内部矛盾在特定历史条件下的集中表现，事发当时，当地有关领导却将“7·19”孟连事件错误定性为农村恶势力引发的社会治安问题。草率对待民众诉求，轻率定性矛盾性质，错误采取解决矛盾的方式，这样做不仅不能解决矛盾，而且还会激化矛盾。

（三）要牢记廉洁从政的纪律

随着云南省委、省政府对“7·19”孟连事件的调查处理，当地有关领导干部违纪违法问题随之水落石出：原孟连县委书记胡文彬个人长期使用橡胶公司提供的豪华越野车；普洱市、孟连县少数领导干部参与橡胶公司入股、分红，参与胶林买卖、租赁。

（四）要切实改变工作作风

胶农的利益诉求长期得不到解决，集中反映出一些领导干部工作态度和作风存在问题，离群众的期盼差距太远。要切实引以为鉴，从深入基层了解社情民意和同人民群众交朋友着手，加强基层党政组织的领导班子建设，提高基层党政组织在群众中的公信力、号召力和凝聚力。

（五）要着力提高领导干部应急处置能力

在孟连事件中，在一线指挥的普洱市委常委、政法委书记谢丕坤对形势研判不准、时机选择不当、工作方案不缜密、组织指挥不协调、对可能出现的严重势态估计不足，最终造成严重后果。要提高领导干部应对突发事件的能力，在工作方式上，应该从经验管理走向科学管理；在提高方式上，应该从自学文件规范转向模拟实战培训，应该建立党政军警四维纵向应急控制制度，尽量避免判断失误，从而最大限度地实现应急举措科学化。

扩展阅读

我国近期发生的突发群体性事件

(1) 2008年6月，贵州省黔南布依族苗族自治州瓮安县发生一起严重打砸抢烧突发事件，造成百余名公安民警受伤，县委、县政府和县公安局被焚烧打砸，公共财产损失严重。

(2) 2008 年 7 月 19 日,云南省普洱市孟连傣族拉祜族佤族自治县发生一起群体性突发事件,执行任务的公安民警被不明真相的 500 多名群众围攻、殴打,冲突过程中,民警被迫使用防暴枪自卫,2 人被击中致死。

(3) 2009 年 6 月 17 日晚 8 时许,石首市公安局接到群众报警,该市永隆大酒店门前发现一具男尸。6 月 19 日,不明真相的群众在该市东岳路和东方大道设置路障,阻碍交通,围观起哄,现场秩序出现混乱。6 月 20 日凌晨,事态开始恶化。少数不法分子借机制造事端,在停放尸体的酒店内纵火滋事,并煽动不明真相的围观群众,袭击前来灭火的消防战士和公安民警,造成多名警察受伤,消防车被掀翻砸坏。

(4) 2010 年 4 月 29 日上午 9 时 30 分,黑龙江富锦长春岭农民指责政府圈占农民土地的长春岭村近 500 名村民,驾驶 50 多台农用四轮车到富锦市政府上访,在同三公路和佳木斯至前进镇的铁路交会地带形成聚集,造成交通阻断。16 时 40 分,村民与前来处置的公安干警、武警和消防官兵发生冲突,现场防暴指挥车等车辆被砸,有多名公安干警、武警和群众不同程度受伤。

(5) 2010 年 6 月 11 日晚,安徽省马鞍山大润发卖场附近发生上万民众的群体抗暴事件,事发起因是当地花山区旅游局局长汪国庆驾车撞倒前面的一位学生,局长下车后态度蛮横,双方发生口角,局长对学生大打出手,在场围观的群众非常愤慨,要求局长赔礼道歉,局长不但不道歉,反而请警方出动保护。民众将警车围了起来。马鞍山市政府调动防暴警察和武警部队,冲向警车驱散人群,将人群分成两列为警车开道。群众见状后更加被激怒,双方在摩擦中不少群众被打伤,警车带着局长趁乱逃离现场。民众以石头当武器反击,有的向防暴警察扔矿泉水瓶,武警开始向人群扔了很多的催泪瓦斯,现场的群众散去。

(6) 2011 年 6 月,广东潮安县古巷镇周围发生因外来工讨薪问题而演变成的暴力事件与族群冲突。广东潮州古巷事件共有 1 辆汽车被烧毁,3 辆汽车被毁坏,15 辆汽车受损;共有 18 名群众受伤,没有人员死亡。潮州市政法、公共安全专家部门已对伤害外来工熊某的 3 名犯罪嫌疑人予以正式批捕,并移交司法部门追究刑事责任。

(7) 2012 年 4 月 10 日,重庆万盛区发生群众聚集事件。发生聚集是因为重庆万盛区和綦江县合并为綦江区后,所引发当地群众利益诉求,并希望“复区”。4 月 11 日,当地警方介入,采取措施后,聚集人群散去,社会秩序基本恢复正常。4 月 12 日,重庆市政府对此表示回应,并叙述了事件起因、经过。据市政府新闻发言人称,参加此次聚集的人数最多在 1 万人左右,事件造成 12 辆警车被砸,4 辆警车被烧,在冲突中并无人员死亡。有个别民警和群众受轻微伤,也均得到及时有效治疗。事后,重庆市政府、市委高度关注,并出台相关政策以解决群众诉求。

安全小贴士

突然遭遇拥挤的人群怎么办

(1) 发觉拥挤的人群向着自己行走的方向拥来时,应该马上避到一旁,但是不要奔跑,以免摔倒。

（2）如果路边有商店、咖啡馆等可以暂时躲避的地方，可以暂避一时。切记不要逆着人流前进，那样非常容易被推倒在地。

（3）若身不由己陷入人群之中，一定要先稳住双脚。切记远离店铺的玻璃窗，以免因玻璃破碎而被扎伤。

（4）遭遇拥挤的人流时，一定不要采用体位前倾或者低重心的姿势，即便鞋子被踩掉，也不要贸然弯腰提鞋或系鞋带。

（5）如有可能，抓住一样坚固牢靠的东西，如路灯柱，待人群过去后，迅速而镇静地离开现场。

讨论题

群体性事件参与的人比较多，而且参与人的情绪比较激动，不听劝告、不服疏导，甚至出现打、砸、烧的违法犯罪行为等。但是，一般来说，群体性事件都是因一些诉求得不到满足而引起的，虽然解决问题的方式不正当、不合法，大部分都是属于民事或者行政纠纷性质，只有极个别的人、极个别的事件，在极少数人的挑拨下，才转为刑事问题、刑事案件。综上分析，谈谈如何依法处理群体性突发事件。

附录

附录1　教育部办公厅文件

教发厅函〔2013〕79号

教育部办公厅关于在当前安全生产大检查中重点加强洪水、泥石流等自然灾害防范工作的紧急通知

各省、自治区、直辖市教育厅(教委)，新疆生产建设兵团教育局，部属各高等学校：

今年入夏以来，我国多地发生强降雨引发的洪水、泥石流等自然灾害，造成重大人员伤亡和财产损失。为进一步贯彻落实《教育部关于教育系统集中开展安全生产大检查的通知》(教发函〔2013〕106号)，在正在进行的安全生产大检查中重点加强降雨、洪水、泥石流等自然灾害防范工作，确保2013年秋季正常有序开学，现就有关事项通知如下。

一、做好受损学校校舍的排查鉴定和维修加固工作

发生洪水等自然灾害的地区，各级教育部门和学校要组织专门力量进行拉网式排查，开展受损校舍的维修加固工作，严禁使用维修加固后仍不能保证安全的校舍，确保师生在安全的校舍开学上课。抓紧开展受损的教育仪器、课 桌椅等教学设施设备的清理和维修工作。做好清淤排水工作，保障开学前校园整洁卫生。

二、加强卫生防疫和饮水安全工作

受洪水、泥石流等自然灾害影响的学校，要加强与当地卫生防疫等有关部门的联系，组织专业力量开展校园消毒、防疫工作，并认真做好饮用水检查和处理工作，确保饮水安全。

三、科学安排秋季开学时间

各级教育部门和学校要视灾情情况，以确保师生安全为前提，妥善安排秋季开学时间。

四、切实做好自然灾害的防范工作

各级教育部门和学校要加强与当地气象、防汛抗旱等部门的沟通，密切关注灾情变化，提早做好自然灾害应对防范工作。特别是处于洪水、泥石流等自然灾害易发、多发地区的学校，要安排专人值守，随时掌握灾情，及早做出预警。

教育部办公厅

2013年8月22日

附录2 教育部文件

教基一〔2013〕8号

教育部 公安部 共青团中央 全国妇联
关于做好预防少年儿童遭受性侵工作的意见

各省、自治区、直辖市教育厅(教委)、公安厅(局)、团委、妇联,新疆生产建设兵团教育局、公安局、团委、妇联:

近年来,在党中央、国务院的正确领导下,在各级党委政府及教育、公安、共青团、妇联等有关部门的共同努力下,少年儿童保护工作取得了积极进展,少年儿童安全事故数量和非正常死亡人数逐年下降。但是,少年儿童保护工作也出现了一些新情况、新问题,亟待加以研究解决。例如,寄宿制学校增多导致学校日常安全管理难度加大,留守儿童由于缺乏父母监管容易出现安全问题,社会不良风气影响少年儿童身心发展,特别是今年以来媒体集中曝光的个别地方出现的少年儿童被性侵犯案件,引发了社会各界的高度关注。为切实预防性侵犯少年儿童案件的发生,进一步加强少年儿童保护工作,确保教育系统和谐稳定,现提出以下意见。

一、科学做好预防性侵犯教育

各地教育部门、共青团、妇联组织要通过课堂教学、讲座、班队会、主题活动、编发手册等多种形式开展性知识教育、预防性侵犯教育,提高师生、家长对性侵犯犯罪的认识。广泛宣传"家长保护儿童须知"及"儿童保护须知",教育学生特别是女学生提高自我保护意识和能力,了解预防性侵犯的知识,知晓什么是性侵犯以及遭遇性侵犯后如何寻求他人帮助。教育学生特别是女学生提高警觉,外出时尽量结伴而行,离家时一定要告诉父母返回时间、和谁在一起、联系方式等,牢记父母电话及报警电话。要运用各类媒体普及有关知识,有条件的地方可设立学生保护热线和网站。

二、定期开展隐患摸底排查

各地教育部门要定期组织力量对中小学校进行拉网式排查,全面检查学校日常安全管理制度是否存在漏洞,重点检查教职工、学生是否有异常情况,特别是要关注班级内学生尤其是女学生有无学习成绩突然下滑、精神恍惚、无故旷课等异常表现及产生的原因。要加强对边远地区、山区学校、教学点的排查,切实做到县不漏校、校不漏人。对排查中发现的安全隐患要及时整改,发现的性侵犯事件线索和苗头要认真核实;涉及违法犯罪的,要及时报警并报告上级部门。

三、全面落实日常管理制度

各地教育部门要坚持"谁主管、谁负责,谁开办、谁负责"的原则,落实中小学校长作为校园内部安全管理和学生保护第一责任人的责任。要指导学校建立低年级学生上下学接送交接制度，不得将晚离校学生交与无关人员。健全学生请假、销假制度，严禁学生私自离校。加强人防、物防和技防建设，完善重点时段和关键部位的安全监管。严格落实值班、巡查制度，加强校园周边治安综合治理。严格实行外来人员、车辆登记制度和内部人员、车辆出入证制度。

四、从严管理女生宿舍

各地教育部门和寄宿制学校要对所有女生宿舍实行“封闭式”管理，尚未实现“封闭式”管理的要抓紧时间改善宿舍条件。女生宿舍原则上应聘用女性管理人员。未经宿管人员许可，所有男性，包括教师和家长，一律不得进入女生宿舍。宿舍管理人员发现有可疑人员在女生宿舍周围游荡，要立即向学校报告并采取相应防范措施。学生临时有事离校回家，必须向学校请假并电话告知家长，经宿舍管理人员同意并登记后方可离校。做好学生夜间点名工作，发现有无故夜不归宿者要及时报告。

五、切实加强教职员工管理

各地教育部门要把好入口关，落实对校长、教师和职工从业资格有关规定，加强对临时聘用人员的准入资质审查，坚决清理和杜绝不合格人员进入学校工作岗位，严禁聘用受到剥夺政治权利或者故意犯罪受到刑事处罚人员、有精神病史人员担任教职员工。要将师德教育、法制教育纳入教职员工培训内容及考核范围，加强考核和评价，落实管理职责。要加强对教职员工的品行考核，对品行不良、侮辱学生、影响恶劣的，由县级以上教育行政部门撤销其教师资格。要关注教职员工队伍心理状况及工作状况，加强心理辅导，防止个别教职员工出现极端心理问题，并及时预防个别教职员工出现的不良行为。

六、密切保持家校联系

各地教育部门、妇联组织要通过开展家访、召开家长会、举办家长学校等方式，提醒家长尽量多安排时间和孩子相处交流，切实履行对孩子的监护责任，特别要做好学生离校后的监管看护教育工作。要让家长了解必要的性知识和预防性侵犯知识，并通过适当方式向孩子进行讲解。学校要同家庭随时保持联系，特别要关注留守儿童家庭，及时掌握孩子情况，特别是发现孩子有异常表现时，家校双方要及时沟通，深入了解孩子表现情况，共同分析异常原因，及时采取应对措施。学校家长委员会、家长学校要与社区家长学校密切联系，构筑学校、家庭、社区有效衔接的保护网络。

七、妥善处置中小学生性侵犯事件

各地教育部门要建立中小学生性侵犯案件及时报告制度，一旦发现学生在学校内遭受性侵犯，学校或家长要立即报警并彼此告知，同时学校要及时向上级教育主管部门报告，报告时相关人员有义务保护未成年人合法权益，严格保护学生隐私，防止泄露有关学生个人及其家庭的信息，避免再次伤害。教育部门和学校要与共青团、妇联、家庭和医院等积极配合，向被性侵犯的学生及其家人提供帮助，及时开展相应的心理辅导和家庭支持，帮助其尽快走出心理阴影。被性侵犯的学生有转学需求的，教育部门和学校应予以安排。对性侵学生者，各地要依法严惩，决不姑息。

八、努力营造良好社会环境和舆论氛围

各地教育部门、公安机关要分析学校及周边安全形势，掌握治安乱点和突出问题，大力整治学校及周边安全隐患。各地公安机关要重点排查民办学校、城乡结合部学校、寄宿制学校内部及周边的安全隐患，严厉打击对少年儿童性侵犯的违法犯罪活动。要加强校园周边巡逻防控，防止发生社会人员性侵犯在校女学生案件。各地教育部门要协调有关部门进一步加强对学生保护工作的正面宣传引导，防止媒体过度渲染报道性侵犯学生案件，营造全社会共同关心、关爱学生健康成长的良好氛围。

九、积极构建长效机制

各地教育部门要将预防性侵犯教育作为安全教育的重要内容，在开学后、放假前等重点时段集中开展，纳入对新上岗教职工和新入学学生的培训教育中。共青团组织要将预防性侵犯教育作为青少年自护教育活动的重要方面，依托各地“12355”青少年服务台，开设自护教育热线，组织专业社工、公益律师、志愿者开展有针对性的自护教育、心理辅导和法律咨询。妇联组织要将预防性侵犯教育纳入女童尤其是农村留守流动女童家庭教育指导服务重点内容，维护女童合法权益。要加强协同配合，努力构建教育、公安、共青团、妇联、家庭、社会六位一体的保护中小学生工作机制，做到安全监管全覆盖。

教育部 公安部
共青团中央 全国妇联
2013年9月3日

附录3 中华人民共和国突发事件应对法

（2007年8月30日第十届全国人民代表大会常务委员会第二十九次会议通过）

第一章 总 则

第一条 为了预防和减少突发事件的发生，控制、减轻和消除突发事件引起的严重社会危害，规范突发事件应对活动，保护人民生命财产安全，维护国家安全、公共安全、环境安全和社会秩序，制定本法。

第二条 突发事件的预防与应急准备、监测与预警、应急处置与救援、事后恢复与重建等应对活动，适用本法。

第三条 本法所称突发事件，是指突然发生，造成或者可能造成严重社会危害，需要采取应急处置措施予以应对的自然灾害、事故灾难、公共卫生事件和社会安全事件。

按照社会危害程度、影响范围等因素，自然灾害、事故灾难、公共卫生事件分为特别重大、重大、较大和一般4级。法律、行政法规或者国务院另有规定的，从其规定。

突发事件的分级标准由国务院或者国务院确定的部门制定。

第四条 国家建立统一领导、综合协调、分类管理、分级负责、属地管理为主的应急管理体制。

第五条 突发事件应对工作实行预防为主、预防与应急相结合的原则。国家建立重大突发事件风险评估体系，对可能发生的突发事件进行综合性评估，以减少重大突发事件的发生，最大限度地减轻重大突发事件的影响。

第六条 国家建立有效的社会动员机制，增强全民的公共安全和防范风险的意识，提高全社会的避险救助能力。

第七条 县级人民政府对本行政区域内突发事件的应对工作负责；涉及两个以上行政区域的，由有关行政区域共同的上一级人民政府负责，或者由各有关行政区域的上一级人民政府共同负责。

突发事件发生后，发生地县级人民政府应当立即采取措施控制事态发展，组织开展应急救援和处置工作，并立即向上一级人民政府报告；必要时，可以越级上报。突发事件发生地县级人民政府不能消除或者不能有效控制突发事件引起的严重社会危害的，应当及时向上级人民政府报告。上级人民政府应当及时采取措施，统一领导应急处置工作。

法律、行政法规规定由国务院有关部门对突发事件的应对工作负责的，从其规定；地方人民政府应当积极配合并提供必要的支持。

第八条 国务院在总理领导下研究、决定和部署特别重大突发事件的应对工作；根据实际需要，设立国家突发事件应急指挥机构，负责突发事件应对工作；必要时，国务院可以派出工作组指导有关工作。

县级以上地方各级人民政府设立由本级人民政府主要负责人、相关部门负责人、驻当地中国人民解放军和中国人民武装警察部队有关负责人组成的突发事件应急指挥机构，统一领导、协调本级人民政府各有关部门和下级人民政府开展突发事件应对工作；根据实际需要，设立相关类别突发事件应急指挥机构，组织、协调、指挥突发事件应对工作。

上级人民政府主管部门应当在各自职责范围内，指导、协助下级人民政府及其相应部门做好有关突发事件的应对工作。

第九条 国务院和县级以上地方各级人民政府是突发事件应对工作的行政领导机关，其办事机构及具体职责由国务院规定。

第十条 有关人民政府及其部门做出的应对突发事件的决定、命令，应当及时公布。

第十一条 有关人民政府及其部门采取的应对突发事件的措施，应当与突发事件可能造成的社会危害的性质、程度和范围相适应；有多种措施可供选择的，应当选择有利于最大程度地保护公民、法人和其他组织权益的措施。

公民、法人和其他组织有义务参与突发事件应对工作。

第十二条 有关人民政府及其部门为应对突发事件，可以征用单位和个人的财产。被征用的财产在使用完毕或者突发事件应急处置工作结束后，应当及时返还。财产被征用或者征用后毁损、灭失的，应当给予补偿。

第十三条 因采取突发事件应对措施，诉讼、行政复议、仲裁活动不能正常进行的，适用有关时效中止和程序中止的规定，但法律另有规定的除外。

第十四条 中国人民解放军、中国人民武装警察部队和民兵组织依照本法和其他有关法律、行政法规、军事法规的规定以及国务院、中央军事委员会的命令，参加突发事件的应急救援和处置工作。

第十五条 中华人民共和国政府在突发事件的预防、监测与预警、应急处置与救援、事后恢复与重建等方面，同外国政府和有关国际组织开展合作与交流。

第十六条 县级以上人民政府做出应对突发事件的决定、命令，应当报本级人民代表大会常务委员会备案；突发事件应急处置工作结束后，应当向本级人民代表大会常务委员会做出专项工作报告。

第二章 预防与应急准备

第十七条 国家建立健全突发事件应急预案体系。

国务院制定国家突发事件总体应急预案，组织制定国家突发事件专项应急预案；国务院有关部门根据各自的职责和国务院相关应急预案，制定国家突发事件部门应急预案。

地方各级人民政府和县级以上地方各级人民政府有关部门根据有关法律、法规、规章、上级人民政府及其有关部门的应急预案以及本地区的实际情况，制定相应的突发事件应急预案。应急预案制定机关应当根据实际需要和情势变化，适时修订应急预案。应急预案的制定、修订程序由国务院规定。

第十八条 应急预案应当根据本法和其他有关法律、法规的规定，针对突发事件的性质、特点和可能造成的社会危害，具体规定突发事件应急管理工作的组织指挥体系与职责和突发事件的预防与预警机制、处置程序、应急保障措施以及事后恢复与重建措施等内容。

第十九条 城乡规划应当符合预防、处置突发事件的需要，统筹安排应对突发事件所必需的设备和基础设施建设，合理确定应急避难场所。

第二十条 县级人民政府应当对本行政区域内容易引发自然灾害、事故灾难和公共卫生事件的危险源、危险区域进行调查、登记、风险评估，定期进行检查、监控，并责令有关单位采取安全防范措施。

省级和设区的市级人民政府应当对本行政区域内容易引发特别重大、重大突发事件的危险源、危险区域进行调查、登记、风险评估，组织进行检查、监控，并责令有关单位采取安全防范措施。县级以上地方各级人民政府按照本法规定登记的危险源、危险区域，应当按照国家规定及时向社会公布。

第二十一条 县级人民政府及其有关部门、乡级人民政府、街道办事处、居民委员会、村民委员会应当及时调解处理可能引发社会安全事件的矛盾纠纷。

第二十二条 所有单位应当建立健全安全管理制度，定期检查本单位各项安全防范措施的落实情况，及时消除事故隐患；掌握并及时处理本单位存在的可能引发社会安全事件的问题，防止矛盾激化和事态扩大；对本单位可能发生的突发事件和采取安全防范措施的情况，应当按照规定及时向所在地人民政府或者人民政府有关部门报告。

第二十三条 矿山、建筑施工单位和易燃易爆物品、危险化学品、放射性物品等危险物品的生产、经营、储运、使用单位，应当制定具体应急预案，并对生产经营场所、有危险物品的建筑物、构筑物及周边环境开展隐患排查，及时采取措施消除隐患，防止发生突发事件。

第二十四条 公共交通工具、公共场所和其他人员密集场所的经营单位或者管理单位应当制定具体应急预案，为交通工具和有关场所配备报警装置和必要的应急救援设备、设施，注明其使用方法，并显著标明安全撤离的通道、路线，保证安全通道、出口的畅通。

有关单位应当定期检测、维护其报警装置和应急救援设备、设施，使其处于良好状态，确保正常使用。

第二十五条 县级以上人民政府应当建立健全突发事件应急管理培训制度，并对人民政府及其有关部门负有处置突发事件职责的工作人员定期进行培训。

第二十六条 县级以上人民政府应当整合应急资源，建立或者确定综合性应急救援队伍。人民政府有关部门可以根据实际需要设立专业应急救援队伍。

县级以上人民政府及其有关部门可以建立由成年志愿者组成的应急救援队伍。单位应当建立由本单位职工组成的专职或者兼职应急救援队伍。县级以上人民政府应当加强专业应急救援队伍与非专业应急救援队伍的合作，联合培训、联合演练，提高合成应急、协同应急的能力。

第二十七条 国务院有关部门、县级以上地方各级人民政府及其有关部门、有关单位应当为专业应急救援人员购买人身意外伤害保险，并为其配备必要的防护装备和器材，以减少应急救援人员的人身风险。

第二十八条 中国人民解放军、中国人民武装警察部队和民兵组织应当有计划地组织开展应急救援的专门训练。

第二十九条 县级人民政府及其有关部门、乡级人民政府、街道办事处应当组织开展应急知识的宣传普及活动和必要的应急演练。

居民委员会、村民委员会、企业事业单位应当根据所在地人民政府的要求，结合各自的实际情况，开展有关突发事件应急知识的宣传普及活动和必要的应急演练。

新闻媒体应当无偿开展突发事件预防与应急、自救与互救知识的公益宣传。

第三十条 各级各类学校应当把应急知识教育纳入教学内容，并对学生进行应急知识教育，以培养学生的安全意识和自救与互救能力。

教育主管部门应当对学校开展应急知识教育进行指导和监督。

第三十一条 国务院和县级以上地方各级人民政府应当采取财政措施，保障突发事件应对工作所需经费。

第三十二条 国家建立健全应急物资储备保障制度，完善重要应急物资的监管、生产、储备、调拨和紧急配送体系。

设区的市级以上人民政府和突发事件易发、多发地区的县级人民政府应当建立应急救援物资、生活必需品和应急处置装备的储备制度。县级以上地方各级人民政府应当根据本地区的实际情况，与有关企业签订协议，保障应急救援物资、生活必需品和应急处置装备的生产、供给。

第三十三条 国家建立健全应急通信保障体系，完善公用通信网，建立有线与无线相结合、基础电信网络与机动通信系统相配套的应急通信系统，确保突发事件应对工作的通信畅通。

第三十四条 国家鼓励公民、法人和其他组织为人民政府应对突发事件工作提供物资、资金、技术支持和捐赠。

第三十五条 国家发展保险事业，建立国家财政支持的巨灾风险保险体系，并鼓励单位和公民参加保险。

第三十六条 国家鼓励、扶持具备相应条件的教学科研机构培养应急管理专门人才，鼓励、扶持教学科研机构和有关企业研究开发用于突发事件预防、监测、预警、应急处置与救援的新技术、新设备和新工具。

第三章 监测与预警

第三十七条 国务院建立全国统一的突发事件信息系统。

县级以上地方各级人民政府应当建立或者确定本地区统一的突发事件信息系统，汇集、储存、分析、传输有关突发事件的信息，并与上级人民政府及其有关部门、下级人民政府及其有关部门、专业机构和监测网点的突发事件信息系统实现互联互通，加强跨部门、跨地区的信息交流与情报合作。

第三十八条 县级以上人民政府及其有关部门、专业机构应当通过多种途径收集突发事件信息。

县级人民政府应当在居民委员会、村民委员会和有关单位建立专职或者兼职信息报告员制度。获悉突发事件信息的公民、法人或者其他组织，应当立即向所在地人民政府、有关主管部门或者指定的专业机构报告。

第三十九条 地方各级人民政府应当按照国家有关规定向上级人民政府报送突发事件信息。县级以上人民政府有关主管部门应当向本级人民政府相关部门通报突发事件信息。专业机构、监测网点和信息报告员应当及时向所在地人民政府及其有关主管部门报告突发事件信息。有关单位和人员报送、报告突发事件信息，应当做到及时、客观、真实，不得迟报、谎报、瞒报、漏报。

第四十条 县级以上地方各级人民政府应当及时汇总分析突发事件隐患和预警信息，必要时，应组织相关部门、专业技术人员、专家学者进行会商，对发生突发事件的可能性及其可能造成的影响进行评估；认为可能发生重大或者特别重大突发事件的，应当立即向上级人民政府报告，并向上级人民政府有关部门、当地驻军和可能受到危害的毗邻或者相关地区的人民政府通报。

第四十一条 国家建立健全突发事件监测制度。

县级以上人民政府及其有关部门应当根据自然灾害、事故灾难和公共卫生事件的种类和特点，建立健全基础信息数据库，完善监测网络，划分监测区域，确定监测点，明确监测项目，提供必要的设备、设施，配备专职或者兼职人员，并对可能发生的突发事件进行监测。

第四十二条 国家建立健全突发事件预警制度。

可以预警的自然灾害、事故灾难和公共卫生事件的预警级别，按照突发事件发生的紧急程度、发展势态和可能造成的危害程度分为一级、二级、三级和四级，分别用红色、橙色、黄色和蓝色标示，一级为最高级别。

预警级别的划分标准由国务院或者国务院确定的部门制定。

第四十三条 当可以预警的自然灾害、事故灾难或者公共卫生事件即将发生或者发生的可能性增大时，县级以上地方各级人民政府应当根据有关法律、行政法规和国务院规定的权限和程序，发布相应级别的警报，决定并宣布有关地区进入预警期，同时向上一级人民政府报告，必要时，可以越级上报，并向当地驻军和可能受到危害的毗邻或者相关地区的人民政府通报。

第四十四条 发布三级、四级警报，宣布进入预警期后，县级以上地方各级人民政府应当根据即将发生的突发事件的特点和可能造成的危害，采取下列措施。

（1）启动应急预案。

（2）责令有关部门、专业机构、监测网点和负有特定职责的人员及时收集、报告有关信息，向社会公布反映突发事件信息的渠道，加强对突发事件发生、发展情况的监测、预报和预警工作。

（3）组织有关部门和机构、专业技术人员、有关专家学者等，随时对突发事件信息进行分析评估，预测发生突发事件可能性的大小、影响范围和强度以及可能发生的突发事件的级别。

（4）定时向社会发布与公众有关的突发事件预测信息和分析评估结果，并对相关信息的报道工作进行管理。

（5）及时按照有关规定向社会发布可能受到突发事件危害的警告，宣传避免、减轻危害的常识，公布咨询电话。

第四十五条 发布一级、二级警报，宣布进入预警期后，县级以上地方各级人民政府除采取本法第四十四条规定的措施外，还应当针对即将发生的突发事件的特点和可能造成的危害，采取下列一项或者多项措施。

（1）责令应急救援队伍、负有特定职责的人员进入待命状态，并动员后备人员做好参加应急救援和处置工作的准备。

（2）调集应急救援所需物资、设备、工具，准备应急设施和避难场所，并确保其处于良好状态、随时可以投入正常使用。

（3）加强对重点单位、重要部位和重要基础设施的安全保卫，维护社会治安秩序。

（4）采取必要措施，以确保交通、通信、供水、排水、供电、供气、供热等公共设施的安全和正常运行。

（5）及时向社会发布有关采取特定措施避免或者减轻危害的建议、劝告。

（6）转移、疏散或者撤离易受突发事件危害的人员并予以妥善安置，转移重要财产。

（7）关闭或者限制使用易受突发事件危害的场所，控制或者限制容易导致危害扩大的公共场所的活动。

（8）法律、法规、规章规定的其他必要的防范性、保护性措施。

第四十六条 对即将发生或者已经发生的社会安全事件，县级以上地方各级人民政府及其有关主管部门应当按照规定向上一级人民政府及其有关主管部门报告；必要时，可以越级上报。

第四十七条 发布突发事件警报的人民政府应当根据事态的发展，按照有关规定适时调整预警级别并重新发布。

有事实证明不可能发生突发事件或者危险已经解除的，发布警报的人民政府应当立即宣布解除警报，终止预警期，并解除已经采取的有关措施。

第四章 应急处置与救援

第四十八条 突发事件发生后，履行统一领导职责或者组织处置突发事件的人民政府应当针对其性质、特点和危害程度，立即组织有关部门，调动应急救援队伍和社会力量，依照本章的规定和有关法律、法规、规章的规定采取应急处置措施。

第四十九条 自然灾害、事故灾难或者公共卫生事件发生后，履行统一领导职责的人民政府可以采取下列一项或者多项应急处置措施。

(1) 组织营救和救治受害人员，疏散、撤离并妥善安置受到威胁的人员以及采取其他救助措施。

(2) 迅速控制危险源，标明危险区域，封锁危险场所，划定警戒区，实行交通管制以及其他控制措施。

(3) 立即抢修被损坏的交通、通信、供水、排水、供电、供气、供热等公共设施，向受到危害的人员提供避难场所和生活必需品，实施医疗救护和卫生防疫以及其他保障措施。

(4) 禁止或者限制使用有关设备、设施，关闭或者限制使用有关场所，中止人员密集的活动或者可能导致危害扩大的生产经营活动以及采取其他保护措施。

(5) 启用本级人民政府设置的财政预备费和储备的应急救援物资，必要时调用其他急需物资、设备、设施、工具。

(6) 组织公民参加应急救援和处置工作，要求具有特定专长的人员提供服务。

(7) 保障食品、饮用水、燃料等基本生活必需品的供应。

(8) 依法从严惩处囤积居奇、哄抬物价、制假售假等扰乱市场秩序的行为，稳定市场价格，维护市场秩序。

(9) 依法从严惩处哄抢财物、干扰破坏应急处置工作等扰乱社会秩序的行为，维护社会治安。

(10) 采取防止发生次生、衍生事件的必要措施。

第五十条 社会安全事件发生后，组织处置工作的人民政府应当立即组织有关部门并由公安机关针对事件的性质和特点，依照有关法律、行政法规和国家其他有关规定，采取下列一项或者多项应急处置措施。

(1) 强制隔离使用器械相互对抗或者以暴力行为参与冲突的当事人，妥善解决现场纠纷和争端，控制事态发展。

(2) 对特定区域内的建筑物、交通工具、设备、设施以及燃料、燃气、电力、水的供应进行控制。

(3) 封锁有关场所、道路，查验现场人员的身份证件，限制有关公共场所内的活动。

(4) 加强对易受冲击的核心机关和单位的警卫，在国家机关、军事机关、国家通信社、广播电台、电视台、外国驻华使领馆等单位附近设置临时警戒线。

(5) 法律、行政法规和国务院规定的其他必要措施。

严重危害社会治安秩序的事件发生时，公安机关应当立即依法出动警力，根据现场情况依法采取相应的强制性措施，尽快使社会秩序恢复正常。

第五十一条 当发生突发事件，且严重影响国民经济正常运行时，国务院或者国务院授权的有关主管部门可以采取保障、控制等必要的应急措施，保障人民群众的基本生活需要，最大限度地减轻突发事件的影响。

第五十二条 履行统一领导职责或者组织处置突发事件的人民政府，必要时可以向单位和个人征用应急救援所需设备、设施、场地、交通工具和其他物资，请求其他地方人民政府提供人力、物力、财力或者技术支援，要求生产、供应生活必需品和应急救援物资的企业组织生产、保证供给，要求提供医疗、交通等公共服务的组织提供相应的服务。

履行统一领导职责或者组织处置突发事件的人民政府，应当组织协调运输经营单位，优先运送处置突发事件所需物资、设备、工具、应急救援人员和受到突发事件危害的人员。

第五十三条 履行统一领导职责或者组织处置突发事件的人民政府，应当按照有关规定统一、准确、及时发布有关突发事件事态发展和应急处置工作的信息。

第五十四条 任何单位和个人不得编造、传播有关突发事件事态发展或者应急处置工作的虚假信息。

第五十五条 突发事件发生地的居民委员会、村民委员会和其他组织应当按照当地人民政府的决定、命令，进行宣传动员，组织群众开展自救和互救，协助维护社会秩序。

第五十六条 受到自然灾害危害或者发生事故灾难、公共卫生事件的单位，应当立即组织本单位应急救援队伍和工作人员营救受害人员，疏散、撤离、安置受到威胁的人员，控制危险源，标明危险区域，封锁危险场所，并采取其他防止危害扩大的必要措施；同时，向所在地县级人民政府报告；对因本单位的问题引发的或者主体是本单位人员的社会安全事件，有关单位应当按照规定上报情况，并迅速派出负责人赶赴现场开展劝解、疏导工作。

突发事件发生地的其他单位应当服从人民政府发布的决定、命令，配合人民政府采取的应急处置措施，做好本单位的应急救援工作，并积极组织人员参加所在地的应急救援和处置工作。

第五十七条 突发事件发生地的公民应当服从人民政府、居民委员会、村民委员会或者所属单位的指挥和安排，配合人民政府采取的应急处置措施，积极参加应急救援工作，协助维护社会秩序。

第五章 事后恢复与重建

第五十八条 突发事件的威胁和危害得到控制或者消除后，履行统一领导职责或者组织处置突发事件的人民政府应当停止执行依照本法规定采取的应急处置措施，同时采取或者继续实施必要措施，防止发生自然灾害、事故灾难、公共卫生事件的次生、衍生事件或者重新引发社会安全事件。

第五十九条 突发事件应急处置工作结束后，履行统一领导职责的人民政府应当立即组织对突发事件造成的损失进行评估，组织受影响地区尽快恢复生产、生活、工作和社会秩序，制定恢复重建计划，并向上一级人民政府报告。

受突发事件影响地区的人民政府应当及时组织和协调公安、交通、铁路、民航、邮电、建设等有关部门恢复社会治安秩序，尽快修复被损坏的交通、通信、供水、排水、供电、供气、供热等公共设施。

第六十条 受突发事件影响地区的人民政府开展恢复重建工作需要上一级人民政府支持的，可以向上一级人民政府提出请求。上一级人民政府应当根据受影响地区遭受的损失和实际情况，提供资金、物资支持和技术指导，组织其他地区提供资金、物资和人力支援。

第六十一条 国务院根据受突发事件影响地区遭受损失的情况，制定扶持该地区有关行业发展的优惠政策。

受突发事件影响地区的人民政府应当根据本地区遭受损失的情况，制定救助、补偿、抚慰、抚恤、安置等善后工作计划并组织实施，妥善解决因处置突发事件引发的矛盾和纠纷。

公民参加应急救援工作或者协助维护社会秩序期间，其在本单位的工资待遇和福利不变；表现突出、成绩显著的，由县级以上人民政府给予表彰或者奖励。

县级以上人民政府对在应急救援工作中伤亡的人员依法给予抚恤。

第六十二条 履行统一领导职责的人民政府应当及时查明突发事件的发生经过和原因，总结突发事件应急处置工作的经验教训，制定改进措施，并向上一级人民政府提出报告。

第六章 法律责任

第六十三条 地方各级人民政府和县级以上各级人民政府有关部门违反本法规定，不履行法定职责的，由其上级行政机关或者监察机关责令改正；有下列情形之一的，根据情节对直接负责的主管人员和其他直接责任人员依法给予处分。

(1) 未按规定采取预防措施，导致发生突发事件，或者未采取必要的防范措施，导致发生次生、衍生事件的。

(2) 迟报、谎报、瞒报、漏报有关突发事件的信息，或者通报、报送、公布虚假信息，造成后果的。

(3) 未按规定及时发布突发事件警报、采取预警期的措施，导致损害发生的。

(4) 未按规定及时采取措施处置突发事件或者处置不当，造成后果的。

(5) 不服从上级人民政府对突发事件应急处置工作的统一领导、指挥和协调的。

(6) 未及时组织开展生产自救、恢复重建等善后工作的。

(7) 截留、挪用、私分或者变相私分应急救援资金、物资的。

(8) 不及时归还征用的单位和个人的财产，或者对被征用财产的单位和个人不按规定给予补偿的。

第六十四条 有关单位有下列情形之一的，由所在地履行统一领导职责的人民政府责令停产停业，暂扣或者吊销许可证或者营业执照，并处5万元以上20万元以下的罚款；构成违反治安管理行为的，由公安机关依法给予处罚。

(1) 未按规定采取预防措施，导致发生严重突发事件的。

(2) 未及时消除已发现的可能引发突发事件的隐患，导致发生严重突发事件的。

(3) 未做好应急设备、设施日常维护、检测工作，导致发生严重突发事件或者突发事件危害扩大的。

(4) 突发事件发生后，不及时组织开展应急救援工作，造成严重后果的。

前款规定的行为，其他法律、行政法规规定由人民政府有关部门依法决定处罚的，从其规定。

第六十五条 违反本法规定，编造并传播有关突发事件事态发展或者应急处置工作的虚假信息，或者明知是有关突发事件事态发展或者应急处置工作的虚假信息而进行传播的，责令改正，给予警告；造成严重后果的，依法暂停其业务活动或者吊销其执业许可证；负有直接责任的人员是国家工作人员的，还应当对其依法给予处分；构成违反治安管理行为的，由公安机关依法给予处罚。

第六十六条 单位或者个人违反本法规定，不服从所在地人民政府及其有关部门发布的决定、命令或者不配合其依法采取的措施，构成违反治安管理行为的，由公安机关依法给予处罚。

第六十七条 单位或者个人违反本法规定，导致突发事件发生或者危害扩大，给他人人身、财产造成损害的，应当依法承担民事责任。

第六十八条 违反本法规定，构成犯罪的，依法追究刑事责任。

第七章 附 则

第六十九条 发生特别重大突发事件，对人民生命财产安全、国家安全、公共安全、环境安全或者社会秩序构成重大威胁，采取本法和其他有关法律、法规、规章规定的应急处置措施不能消除或者有效控制、减轻其严重社会危害，需要进入紧急状态的，由全国人民代表大会常务委员会或者国务院依照宪法和其他有关法律规定的权限和程序决定。

紧急状态期间采取的非常措施，依照有关法律规定执行或者由全国人民代表大会常务委员会另行规定。

第七十条 本法自2007年11月1日起施行。

附录4 教育部颁布的《学生伤害事故处理办法》

第一章 总 则

第一条 为积极预防、妥善处理在校学生伤害事故，保护学生、学校的合法权益，根据《中华人民共和国教育法》、《中华人民共和国未成年人保护法》和其他相关法律、行政法规及有关规定，制定本办法。

第二条 在学校实施的教育教学活动或者学校组织的校外活动中，以及在学校负有管理责任的校舍、场地、其他教育教学设施、生活设施内发生的，造成在校学生人身损害后果的事故的处理，适用本办法。

第三条 学生伤害事故应当遵循依法、客观公正、合理适当的原则，及时、妥善地处理。

第四条 学校的举办者应当提供符合安全标准的校舍、场地、其他教育教学设施和生活设施。教育行政部门应当加强学校安全工作，指导学校落实预防学生伤害事故的措施，指导、协助学校妥善处理学生伤害事故，维护学校正常的教育教学秩序。

第五条 学校应当对在校学生进行必要的安全教育和自护自救教育；应当按照规定，建立健全安全制度，采取相应的管理措施，预防和消除教育教学环境中存在的安全隐患；当发生伤害事故时，应当及时采取措施救助受伤害学生。

学校对学生进行安全教育、管理和保护，应当针对学生年龄、认知能力和法律行为能力的不同，采用相应的内容和预防措施。

第六条 学生应当遵守学校的规章制度和纪律；在不同的受教育阶段，应当根据自身的年龄、认知能力和法律行为能力，避免和消除相应的危险。

第七条 未成年学生的父母或者其他监护人（以下称为监护人）应当依法履行监护职责，配合学校对学生进行安全教育、管理和保护工作。

学校对未成年学生不承担监护职责，但法律有规定的或者学校依法接受委托承担相应监护职责的情形除外。

第二章　事故与责任

第八条　学生伤害事故的责任，应当根据相关当事人的行为与损害后果之间的因果关系依法确定。

因学校、学生或者其他相关当事人的过错造成的学生伤害事故，相关当事人应当根据其行为过错程度的比例及其与损害后果之间的因果关系承担相应的责任。当事人的行为是损害后果发生的主要原因，应当承担主要责任；当事人的行为是损害后果发生的非主要原因，承担相应的责任。

第九条　因下列情形之一造成的学生伤害事故，学校应当依法承担相应的责任。

（1）学校的校舍、场地、其他公共设施以及学校提供给学生使用的学具、教育教学和生活设施、设备不符合国家规定的标准，或者有明显不安全因素的。

（2）学校的安全保卫、消防、设施设备管理等安全管理制度有明显疏漏，或者管理混乱，存在重大安全隐患，而未及时采取措施的。

（3）学校向学生提供的药品、食品、饮用水等不符合国家或者行业的有关标准、要求的。

（4）学校组织学生参加教育教学活动或者校外活动，未对学生进行相应的安全教育，并未在可预见的范围内采取必要的安全措施的。

（5）学校知道教师或者其他工作人员患有不适宜担任教育教学工作的疾病，但未采取必要措施的。

（6）学校违反有关规定，组织或者安排未成年学生从事不宜未成年人参加的劳动、体育运动或者其他活动的。

（7）学生有特异体质或者特定疾病，不宜参加某种教育教学活动，学校知道或者应当知道，但未予以必要的注意的。

（8）学生在校期间突发疾病或者受到伤害，学校发现，但未根据实际情况及时采取相应措施，导致不良后果加重的。

（9）学校教师或者其他工作人员体罚或者变相体罚学生，或者在履行职责过程中违反工作要求、操作规程、职业道德或者其他有关规定的。

（10）学校教师或者其他工作人员在负有组织、管理未成年学生的职责期间，发现学生行为具有危险性，但未进行必要的管理、告诫或者制止的。

（11）对未成年学生擅自离校等与学生人身安全直接相关的信息，学校发现或者知道，但未及时告知未成年学生的监护人，导致未成年学生因脱离监护人的保护而发生伤害的。

（12）学校有未依法履行职责的其他情形的。

第十条　学生或者未成年学生监护人由于过错，有下列情形之一，造成学生伤害事故，应当依法承担相应的责任。

（1）学生违反法律法规的规定，违反社会公共行为准则、学校的规章制度或者纪律，实施按其年龄和认知能力应当知道具有危险或者可能危及他人的行为的。

（2）学生行为具有危险性，学校、教师已经告诫、纠正，但学生不听劝阻、拒不改正的。

（3）学生或者其监护人知道学生有特异体质，或者患有特定疾病，但未告知学校的。

（4）未成年学生的身体状况、行为、情绪等有异常情况，监护人知道或者已被学校告知，但未履行相应监护职责的。

(5) 学生或者未成年学生监护人有其他过错的。

第十一条 学校安排学生参加活动,因提供场地、设备、交通工具、食品及其他消费与服务的经营者,或者学校以外的活动组织者的过错造成的学生伤害事故,有过错的当事人应当依法承担相应的责任。

第十二条 因下列情形之一造成的学生伤害事故,学校已履行了相应职责,行为并无不当的,无法律责任。

(1) 地震、雷击、台风、洪水等不可抗的自然因素造成的。

(2) 来自学校外部的突发性、偶发性侵害造成的。

(3) 学生有特异体质、特定疾病或者异常心理状态,学校不知道或者难于知道的。

(4) 学生自杀、自伤的。

(5) 在对抗性或者具有风险性的体育竞赛活动中发生意外伤害的。

(6) 其他意外因素造成的。

第十三条 下列情形下发生的造成学生人身损害后果的事故,学校行为并无不当的,不承担事故责任;事故责任应当按有关法律法规或者其他有关规定认定。

(1) 在学生自行上学、放学、返校、离校途中发生的。

(2) 在学生自行外出或者擅自离校期间发生的。

(3) 在放学后、节假日或者假期等学校工作时间以外,学生自行滞留学校或者自行到校发生的。

(4) 其他在学校管理职责范围外发生的。

第十四条 因学校教师或者其他工作人员与其职务无关的个人行为,或者因学生、教师及其他个人故意实施的违法犯罪行为,造成学生人身损害的,由致害人依法承担相应的责任。

第三章 事故处理程序

第十五条 发生学生伤害事故,学校应当及时救助受伤害学生,并应当及时告知未成年学生的监护人;有条件的,应当采取紧急救援等方式救助。

第十六条 发生学生伤害事故,情形严重的,学校应当及时向主管教育行政部门及有关部门报告;属于重大伤亡事故的,教育行政部门应当按照有关规定及时向同级人民政府和上一级教育行政部门报告。

第十七条 学校的主管教育行政部门应学校要求或者认为必要,可以指导、协助学校进行事故的处理工作,尽快恢复学校正常的教育教学秩序。

第十八条 发生学生伤害事故,学校与受伤害学生或者学生家长可以通过协商方式解决;双方自愿,可以书面请求主管教育行政部门进行调解。成年学生或者未成年学生的监护人也可以依法直接提起诉讼。

第十九条 教育行政部门收到调解申请,认为必要的,可以指定专门人员进行调解,并应当在受理申请之日起60日内完成调解。

第二十条 经教育行政部门调解,双方就事故处理达成一致意见的,应当在调解人员的见证下签订调解协议,结束调解;在调解期限内,双方不能达成一致意见,或者调解过程中一方提起诉讼，人民法院已经受理的，应当终止调解。调解结束或者终止，教育行政部门应当书面通知当事人。

第二十一条 对经调解达成的协议，一方当事人不履行或者反悔的，双方可以依法提起诉讼。

第二十二条 事故处理结束，学校应当将事故处理结果书面报告主管的教育行政部门；重大伤亡事故的处理结果，学校主管的教育行政部门应当向同级人民政府和上一级教育行政部门报告。

第四章 事故损害的赔偿

第二十三条 对发生学生伤害事故负有责任的组织或者个人，应当按照法律法规的有关规定，承担相应的损害赔偿责任。

第二十四条 学生伤害事故赔偿的范围与标准，按照有关行政法规、地方性法规或者最高人民法院司法解释中的有关规定确定。

教育行政部门进行调解时，认为学校有责任的，可以依照有关法律法规及国家有关规定，提出相应的调解方案。

第二十五条 对受伤害学生的伤残程度存在争议的，可以委托当地具有相应鉴定资格的医院或者有关机构，依据国家规定的人体伤残标准进行鉴定。

第二十六条 学校对学生伤害事故负有责任的，根据责任大小，适当予以经济赔偿，但不承担解决户口、住房、就业等与救助受伤害学生、赔偿相应经济损失无直接关系的其他事项。学校无责任的，如果有条件，可以根据实际情况，本着自愿和可能的原则，对受伤害学生给予适当的帮助。

第二十七条 因学校教师或者其他工作人员在履行职务中的故意或者重大过失造成的学生伤害事故，学校予以赔偿后，可以向有关责任人员追偿。

第二十八条 未成年学生对学生伤害事故负有责任的，由其监护人依法承担相应的赔偿责任。学生的行为侵害学校教师及其他工作人员以及其他组织、个人的合法权益，造成损失的，成年学生或者未成年学生的监护人应当依法予以赔偿。

第二十九条 根据双方达成的协议、经调解形成的协议或者人民法院的生效判决，应当由学校负担的赔偿金，学校应当负责筹措；学校无力完全筹措的，由学校的主管部门或者举办者协助筹措。

第三十条 县级以上人民政府教育行政部门或者学校举办者有条件的，可以通过设立学生伤害赔偿准备金等多种形式，依法筹措伤害赔偿金。

第三十一条 学校有条件的，应当依据保险法的有关规定，参加学校责任保险。

教育行政部门可以根据实际情况，鼓励中小学参加学校责任保险。提倡学生自愿参加意外伤害保险。在尊重学生意愿的前提下，学校可以为学生参加意外伤害保险创造便利条件，但不得从中收取任何费用。

第五章 事故责任者的处理

第三十二条 发生学生伤害事故，学校负有责任且情节严重的，教育行政部门应当根据有关规定，对学校的直接负责的主管人员和其他直接责任人员，分别给予相应的行政处分；有关责任人的行为触犯刑律的，应当移送司法机关依法追究刑事责任。

第三十三条 学校管理混乱，存在重大安全隐患的，主管的教育行政部门或者其他有关部门应当责令其限期整顿；对情节严重或者拒不改正的，应当依据法律法规的有关规定，给予相应的行政处罚。

第三十四条 教育行政部门未履行相应职责，对学生伤害事故的发生负有责任的，由有关部门对直接负责的主管人员和其他直接责任人员分别给予相应的行政处分；有关责任人的行为触犯刑律的，应当移送司法机关依法追究刑事责任。

第三十五条 违反学校纪律，对造成学生伤害事故负有责任的学生，学校可以给予相应的处分；触犯刑律的，由司法机关依法追究刑事责任。

第三十六条 受伤害学生的监护人、亲属或者其他有关人员，在事故处理过程中无理取闹，扰乱学校正常教育教学秩序，或者侵犯学校、学校教师或者其他工作人员的合法权益的，学校应当报告公安机关依法处理；造成损失的，可以依法要求赔偿。

第六章 附 则

第三十七条 本办法所称学校，是指国家或者社会力量举办的全日制的中小学（含特殊教育学校）、各类中等职业学校、高等学校。本办法所称学生是指在上述学校中全日制就读的受教育者。

第三十八条 幼儿园发生的幼儿伤害事故，应当根据幼儿为完全无行为能力人的特点，参照本办法处理。

第三十九条 其他教育机构发生的学生伤害事故，参照本办法处理。

在学校注册的其他受教育者在学校管理范围内发生的伤害事故，参照本办法处理。

第四十条 本办法自2002年9月1日起实施，原国家教委、教育部颁布的与学生人身安全事故处理有关的规定，与本办法不符的，以本办法为准。

在本办法实施之前已处理完毕的学生伤害事故不再重新处理。

参考文献

[1] 吴宜蓁．危机传播[M]．苏州:苏州大学出版社,2005.
[2] 胡百精．危机传播管理[M]．北京:中国传媒大学出版社,2005.
[3] 侯光明．大学生安全知识[M]．北京:机械工业出版社,2006.
[4] 胡望洋．突发公共事件应急预案指南[M]．北京:高等教育出版社,2007.
[5] 吴江．应对突发事件知识读本[M]．北京:新华出版社,2008.
[6] 邹建华．突发事件舆论引导策略[M]．北京:中共中央党校出版社,2009.
[7] 赵志立．危机传播概论[M]．北京:清华大学出版社,2009.
[8] 王芳．危机传播经典案例透析[M]．北京:中国社会科学出版社,2010.
[9] 李涛,陈登国,孙刚．突发事件应急救援手册[M]．北京:军事医学出版社,2010.
[10] 曾庆香,李蔚．群体性事件:信息传播与政府应对[M]．北京:中国书籍出版社,2010.
[11] 金舒．应对突发事件方法与技巧[M]．北京:国家行政学院出版社,2011.
[12] 艾学蛟．突发事件经典案例解析与使用指南[M]．北京:中国长安出版社,2011.
[13] 廖为建．公共危机传播管理[M]．广州:中山大学出版社,2011.
[14] 陈光．高校突发事件应对策略论[M]．北京:光明日报出版社,2011.
[15] 张振学．领导者应对和处理突发事件的 9 种能力[M]．北京:中国致公出版社,2011.
[16] 中央财经大学中国发展和改革研究院案例与调查评价中心．应对突发事件案例·点评·启示[M]．北京:国家行政学院出版社,2011.
[17] 赵国忠．教师安全管理手册[M]．南京:南京大学出版社,2011.
[18] 于一才．突发事件应对与安全教育[M]．北京:航空工业出版社,2011.
[19] 江川．突发事件应急管理案例与启示[M]．北京:人民出版社,2013.
[20] 刘耀玺,姚海雷．突发事件应对与安全教育[M]．北京:中国时代经济出版社,2013.

推荐网站:

[1] 中国天气网．http://www. weather. com. cn.
[2] 中国警察网．http://www. cpd. com. cn.
[3] 百度百科．http://baike. baidu. com.
[4] 国家安全生产监督管理总局官网．http://www. chiansafety. gov. cn.
[5] 国家减灾网．http://www. jianzai. gov. cn.
[6] 中国地震信息网．http://www. csi. ac. cn.